C语言学习路线图

C语言经典编程
282例

明日科技　编著

U0368671

清华大学出版社

北京

内 容 简 介

本书以基础知识为框架，介绍了各部分知识所对应的常用开发实例，并进行了透彻的解析。本书内容包括初识 C 语言、简单的 C 程序、算法入门、常用数据类型、运算符与表达式、数据输入与输出函数、选择和分支结构程序设计、循环结构、数组、函数编程基础、指针、常用数据结构、位运算操作符、存储管理、预处理和函数类型、文件读写、图形图像处理。

本书所精选的实例都是一线开发人员在实际项目中所积累的，并进行了技术上的解析，给出了详细的实现过程。通过对本书的学习，能够提高读者的开发能力。

本书提供了大量的源程序、素材，提供了相关的模块库、案例库、素材库、题库等多种形式的辅助学习资料，还提供迅速及时的微博、QQ、论坛等技术支持。

本书内容详尽，实例丰富，非常适合作为零基础学习人员的学习用书和大中专院校师生的学习教材，也适合作为相关培训机构的师生和软件开发人员的参考资料。

图书在版编目（CIP）数据

C 语言经典编程 282 例/明日科技编著. —北京：清华大学出版社，2012（2025.4重印）
（C 语言学习路线图）
ISBN 978-7-302-27659-3

I. ①C… II. ①明… III. ①C 语言-程序设计 IV. ①TP312

中国版本图书馆 CIP 数据核字（2011）第 267875 号

责任编辑：赵洛育 刘利民
版式设计：文森时代
责任校对：王国星
责任印制：杨 艳

出版发行：清华大学出版社
    网 址：https://www.tup.com.cn，https://www.wqxuetang.com
    地 址：北京清华大学学研大厦 A 座   邮 编：100084
    社 总 机：010-83470000   邮 购：010-62786544
    投稿与读者服务：010-62776969，c-service@tup.tsinghua.edu.cn
    质 量 反 馈：010-62772015，zhiliang@tup.tsinghua.edu.cn
印 装 者：三河市铭诚印务有限公司
经 销：全国新华书店
开 本：185mm×260mm   印 张：27.75 字 数：645 千字
版 次：2012 年 2 月第 1 版   印 次：2025 年 4 月第 21 次印刷
定 价：89.80 元

产品编号：045363-03

前 言

Preface

学会站在巨人的肩膀上！

软件开发的终极目标是完成满足用户需求的软件。一个软件往往包含复杂的功能，作为一名程序员，需要在有限的时间内实现它们，这对于新手而言并不容易。为什么富有开发经验的程序员编程效率非常高呢？答案就是他们做过类似的程序，适当修改以前的代码，就可以满足现在的要求。因此，如何快速积累编程经验就成了新手的当务之急。显然，单单依靠项目来积累编程经验是非常慢的。

本书图文并茂、难易并举，汇集了 282 个日常开发中应用广泛的实例，内容涵盖了 C 语言编程的方方面面。每个实例分为实例说明、实现过程和技术要点 3 部分进行讲解。通过对本书的学习，不仅能快速掌握相关知识点，还可以逐步提升编程能力。

本书内容

本书以 C 语言的基础知识结构为框架，给出了每部分知识中可能遇到的疑难问题或开发技巧。本书共分 17 章，主要包括初识 C 语言、简单的 C 程序、算法入门、常用数据类型、运算符与表达式、数据输入与输出函数、选择和分支结构程序设计、循环结构、数组、函数编程基础、指针、常用数据结构、位运算操作符、存储管理、预处理和函数类型、文件读写、图形图像处理。

为了更清晰地阐述问题和给出问题的解决方案，本书设置了以下栏目。

- ☑ 实例说明：详细描述本实例的用途，并给出实例的运行结果图。
- ☑ 实现过程：逐步讲解如何解决本实例的问题，并给出关键代码、注意事项等。
- ☑ 技术要点：对本实例使用的关键技术进行总结，方便日后使用。

本书特色

- ☑ 贴近应用。本书精选的实例都真正来自开发一线。以实例形式进行讲解，使其更容易被读者接受。
- ☑ 横向链接。本书知识框架与《C 语言开发入门及项目实战》一书相对应，可以在学习完《C 语言开发入门及项目实战》一书的基础上使用本书，以提高自己的技能。
- ☑ 解析透彻。本书对每个问题的相关知识进行细致地讲解，并进行知识拓展，使读者不仅知其然而且知其所以然。
- ☑ 授人以渔。本书在讲解技术的同时，还注重对读者能力的培养，使读者掌握分析问题与解决问题的能力。

Note

本书配套资源

本书提供了内容丰富的配套资源，包括源程序、素材，以及模块库、案例库、题库、素材库等多项辅助内容，读者朋友可以通过如下方式获取。

第 1 种方式：

（1）登录 www.tup.com.cn，在网页右上角的搜索文本框中输入本书书名（注意区分大小写和留出空格），或者输入本书关键字，或者输入本书 ISBN 号（注意去掉 ISBN 号间隔线"-"），单击"搜索"按钮。

（2）找到本书后单击超链接，在该书的网页下侧单击"网络资源"超链接，即可下载。

第 2 种方式：

访问本书的新浪微博 C 语言图书，找到配套资源的链接地址进行下载。

读者人群

本书非常适合以下人员阅读：

- ☑ C 语言编程行业的开发人员
- ☑ 有一定语言基础，想进一步提高技能的人员
- ☑ 大中专院校的老师和学生
- ☑ 即将走向工作岗位的大学毕业生
- ☑ 相关培训机构的老师和学员
- ☑ C 语言编程爱好者

读者服务&本书勘误

读者在使用本书过程中遇到的所有问题，均可通过以下方式联系我们。

1. 新浪微博：C 语言图书。

及时发布读者答疑、本书勘误、配套资料更新等内容。

2. 腾讯 QQ：4006751066。

3. 登录网站：www.mingribook.com，在论坛、勘误发布、读者纠错、技术支持、读者之家等栏目中的相关模块中提问、留言或查看。

本书作者

本书由明日科技组织编写，参加编写的有孙秀梅、曹飞飞、王雪、朱晓、赵永发、李鑫、陈丹丹、王国辉、张振坤、李伟、沈博、潘凯华、刘欣、李慧、高春艳、王小科、赵会东、李继业、赛奎春、杨丽、李丽、刘龄龄、王明招、孙茜、陈英、肖鑫等。

由于作者水平有限，疏漏和不足之处在所难免，敬请广大读者朋友批评指正。

编　者

目 录

Contents

Note

初识 C 语言

本章读者可以学到如下实例：

实例 001　第一个 C 语言程序

（**实例位置：配套资源\SL\1\001**）

实例说明

输出"Hello，world！"是大多数初学者运行调试的第一个程序，可以说输出"Hello，world！"是 C 语言最简单的程序。运行结果如图 1.1 所示。

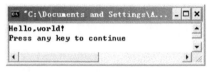

图 1.1　输出"Hello，world！"

实现过程

（1）安装 Visual C++ 6.0 后，选择"开始"/Microsoft Visual Studio 6.0/Microsoft Visual Studio 6.0 命令，打开 Visual C++ 6.0。

（2）创建一个新文件。在 Visual C++ 6.0 的界面中选择 File/New 命令，或者使用 Ctrl+N 快捷键。

（3）创建一个 C 源文件。选择 C++ Source File 选项，在右侧的 File 文本框中输入要创建的 C 源文件的名称。

（4）指定源文件的保存地址和文件的名称后，单击 OK 按钮，创建一个新文件，输入程序代码，编译运行即可。

（5）程序主要代码如下：

```c
#include <stdio.h>
main()
{
    printf("Hello,world!");
    printf("\n");
}
```

技术要点

初学者在编写程序时，经常会忘记在语句后面添加分号，在编写本实例时，一定要注意在两个 printf 语句后面加上分号。

实例 002　一个完整的 C 语言程序

（**实例位置：配套资源\SL\1\002**）

实例说明

用程序求 10+20，并输出结果。运行结果如图 1.2 所示。

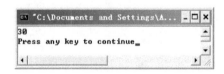

图 1.2　输出计算结果

实现过程

（1）打开 Visual C++ 6.0 开发环境，新建

一个 C 源文件，并输入要创建的 C 源文件的名称。

（2）引用头文件，代码如下：

```
#include <stdio.h>
```

（3）定义数据类型。在本实例中，i、n、sum 均为基本整型，并为 sum 赋初值 0。

（4）i 赋值为 10，n 为 20，将 i 与 n 求和，并将结果赋值给 sum，最后输出 sum 的值。

（5）程序主要代码如下：

```
main()
{
    int i,n,sum=0;
    i=10;
    n=20;
    sum=i+n;
    printf("%d\n",sum);
}
```

技术要点

在将变量 i 和 n 相加的结果赋值给变量 sum 时要注意，不要将变量 i 与 n 相加的位置和变量 sum 的值写错。如果将代码"sum=i+n;"写成"i+n=sum;"，运行程序就会产生如图 1.3 所示的错误提示。

```
-----------------Configuration: Cpp1 - Win32 Debug-------------------
Compiling...
Cpp1.cpp
C:\Documents and Settings\Administrator\My Documents\Cpp1.cpp(7) : error C2106: '=' : left operand must be l-value
Error executing cl.exe.

Cpp1.exe - 1 error(s), 0 warning(s)
```

图 1.3　错误提示

实例 003　输出名言

（实例位置：配套资源\SL\1\003）

实例说明

是否能够成为真正的编程高手，主要在于是否有毅力坚持学习和练习。本实例要求输出名言"贵有恒，何必三更起五更睡；最无益，只怕一日曝十日寒。"主要是想让读者激励自己，坚持学习 C 语言。运行结果如图 1.4 所示。

图 1.4　输出名言

实现过程

（1）打开 Visual C++ 6.0 开发环境，新建一个 C 源文件，并输入要创建的 C 源文件的名称。

（2）引用头文件，代码如下：

```
#include <stdio.h>
```

（3）使用 printf 语句输出名言。

（4）程序主要代码如下：

```
main()
{
    printf("贵有恒，何必三更起五更睡；最无益，只怕一日曝十日寒。");
    printf("\n");
}
```

技术要点

因为 TC 2.0 编译器不支持汉字输入，而本程序的第一条 printf 语句中输出的是中文汉字，所以本程序无法直接使用 TC 2.0 实现。

编译器 VC++ 6.0 不仅可以支持鼠标操作，还支持中文汉字输入和输出操作，所以本程序使用 VC++ 6.0 编译器实现。

实例 004　用 TC 2.0 打开文件

（实例位置：配套资源\SL\1\004）

实例说明

在本地磁盘 D 盘中创建一个 .txt 文件，在 Turbo C 2.0 中打开该文件。结果如图 1.5 所示。

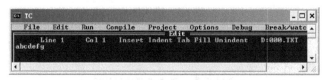

图 1.5　打开 .txt 文本文件

实现过程

（1）打开 TC 2.0 开发环境，选择 File/Load 命令。

（2）在 Load File Name 中输入保存在 D 盘的路径，按 Enter 键即可。

技术要点

输入保存文本文件的路径时要注意，在输入文本文件的名称后，还要加上 .txt 后缀名。如果没有加上后缀名，打开文本文件的结果如图 1.6 所示。

图 1.6　打开没有输入后缀名的文本文件

指点迷津：

对比图 1.5 和图 1.6，图 1.5 打开的是后缀名为.txt 的文本文件，图 1.6 打开的是后缀名为.c 的文件。当打开文件的后缀名为.c 时，可以不输入后缀名，只要输入保存文件的路径和文件名即可。

实例 005　计算正方形的周长

（实例位置：配套资源\SL\1\005）

实例说明

已知正方形的边长为 4，根据已知条件计算出正方形的周长并输出。运行结果如图 1.7 所示。

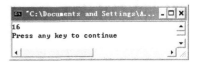

图 1.7　输出正方形周长

实现过程

（1）打开 Visual C++ 6.0 开发环境，新建一个 C 源文件，并输入要创建的 C 源文件的名称。

（2）引用头文件，代码如下：

```
#include <stdio.h>
```

（3）变量 a 定义为整型变量，表示正方形的边长。变量 b 定义为整型变量，用以存储正方形的周长。根据正方形的周长等于其边长乘以 4，求出正方形的周长并输出。

（4）程序主要代码如下：

```
main()
{
    int a,b;
    a=4;
    b=a*4;
    printf("%d\n",b);
}
```

技术要点

程序中的运算符与日常生活中的运算符大致相同，但并非完全一致。例如程序代码：

```
b=a*4;
```

在日常生活中可以写成如下形式：

```
b=4a
```

但在程序代码中不能写成日常生活中的形式，否则程序会报错。

简单的 C 程序

本章读者可以学到如下实例：

实例 006　输出一个正方形

（实例位置：配套资源\SL\2\006）

实例说明

使用输出语句输出一个正方形，输出结果如图 2.1 所示。

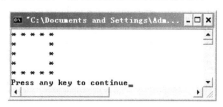

图 2.1　输出一个正方形

实现过程

（1）打开 Visual C++ 6.0 开发环境，新建一个 C 源文件，并输入要创建的 C 源文件的名称。

（2）引用头文件，代码如下：

```
#include <stdio.h>
```

（3）用 printf 语句输出图形。

（4）程序主要代码如下：

```
main()
{
    printf("* * * * *\n");
    printf("*       *\n");
    printf("*       *\n");
    printf("*       *\n");
    printf("* * * * *\n");
}
```

技术要点

在 printf 语句中有"\n"符号，但在输出的显示结果中却没有显示，只是进行了换行操作，这种符号称为转义符。字符常量可以分为一般字符常量和特殊字符常量两种。

1. 一般字符常量

一般字符常量的形式如'A'、'a'、'8'。

2. 特殊字符常量

特殊字符常量也称为转义符，是一种非常特殊的字符常量，它以"\"开头，后跟一个或者几个字符。每个转义符具有特定的含义，将"\"后面的字符转换成另外的意义。例如，转义符"\n"中的"n"不再代表字母 n，而是作为"换行"符。

常用的转义符如表 2.1 所示。

表 2.1 转义符及其含义

转 义 符	含 义	ASCII 码
\a	鸣铃（BEL）	7
\b	退格（BS），将当前位置回退一格	8
\f	换页（FF），将当前位置移到下页开头	12
\n	换行（LF），将当前位置移到下一行开头	10
\r	回车（CR），将当前位置移到行首	13
\t	水平制表（HT），跳到下一个 Tab 位置	9
\v	垂直制表（VT），竖向跳格	11
\'	表示一个单引号字符	39
\"	表示一个双引号字符	34
\\	表示一个反斜杠字符 "\"	92
\?	表示一个问号字符	63
\0	表示一个空字符（NULL）	0
\ddd	任意字符	1～3 位八进制
\xhh	任意字符	1～2 位十六进制

指点迷津：

（1）转义符只能是小写字母，每个转义符只能看作一个字符。

（2）垂直制表符 "\v" 和换页符 "\f" 对屏幕没有任何影响，但会影响打印机执行相应的操作。

（3）在 C 语言程序中，通常会用转义符表示不可打印的字符。

实例 007   输出一个三角形

（实例位置：配套资源\SL\2\007）

实例说明

使用输出语句输出一个三角形，运行结果如图 2.2 所示。

实现过程

（1）打开 Visual C++ 6.0 开发环境，新建一个 C 源文件，并输入要创建的 C 源文件的名称。

（2）引用头文件，代码如下：

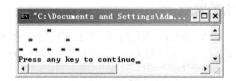

图 2.2 输出三角形

```
#include <stdio.h>
```

（3）运用 printf 语句输出三角形。

（4）程序主要代码如下：

```
main()
{
    printf("      *      \n");
    printf("  *       *  \n");
    printf("*  *  *  *  *\n");
}
```

技术要点

关于转义符的知识可查看实例 006 的技术要点。

实例 008　一个简单的求和程序

（实例位置：配套资源\SL\2\008）

实例说明

设计一个简单的求和程序，通过本实例掌握如何使用 Visual C++ 6.0 创建、编辑、编译、连接和运行 C 程序。运行结果如图 2.3 所示。

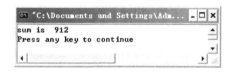

图 2.3　求和程序的运行结果

实现过程

（1）打开 Visual C++ 6.0 开发环境，新建一个 C 源文件，并输入要创建的 C 源文件的名称。

（2）引用头文件，代码如下：

```
#include <stdio.h>
```

（3）定义 3 个整型变量 a、b、sum，并为 a 和 b 赋初值 123 和 789。

（4）进行求和运算，将 a+b 的值赋给 sum。

（5）输出结果。

（6）程序主要代码如下：

```
main()
{
    int a, b, sum;                  /*声明变量*/
    a=123;                          /*为变量赋初值*/
    b=789;                          /*为变量赋初值*/
    sum=a+b;                        /*求和运算*/
    printf("sum is   %d\n",sum);    /*输出结果*/
}
```

技术要点

因为变量 a、b、sum 都是整型变量，所以输出结果用 "%d" 格式。如果用其他格式则会出现错误。

实例 009 求 10！

（实例位置：配套资源\SL\2\009）

实例说明

编写代码实现求 10！，运行结果如图 2.4 所示。

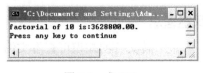

图 2.4 求 10！

实现过程

在写程序之前首先要理清求 10！的思路。求一个数 n 的阶乘也就是用 n×(n-1)×(n-2)×…×2×1，n 为 0 和 1 时要单独考虑，此时它们的阶乘均为 1。

（1）打开 Visual C++ 6.0 开发环境，新建一个 C 源文件，并输入要创建的 C 源文件的名称。

（2）引用头文件，代码如下：

```
#include <stdio.h>
```

（3）定义数据类型，本实例中 i、n 均为基本整型，fac 为单精度型并赋初值 1。

（4）用 if 语句判断，如果输入的数是 0 或 1，输出阶乘是 1。

（5）当 while 语句中的表达式 i 小于等于输入的数 n 时，执行 while 循环体中的语句，fac=fac*i 的作用是当 i 为 2 时求 2！，当 i 为 3 时求 3！…当 i 为 n 时求 n！。

（6）输出 n 的值和最终所求的 fac 的值。

（7）程序主要代码如下：

```
main()
{
    int i=2,n=10;                      /*定义变量 i、n 为基本整型，并为 i 赋初值 2，为 n 赋初值 10*/
    float fac=1;                       /*定义 fac 为单精度型，并赋初值 1*/
    if(n==0||n==1)                     /*当 n 为 0 或 1 时输出阶乘为 1*/
    {
        printf("factorial is 1.\n");
        return 0;
    }
    while(i<=n)                        /*当数值大于等于 i 时执行循环体语句*/
    {
        fac=fac*i;                     /*实现求阶乘的过程*/
        i++;                           /*变量 i 自加*/
    }
    printf("factorial of %d is:%.2f.\n",n,fac);   /*输出 n 和 fac 的最终结果*/
}
```

技术要点

要将求得的阶乘最终结果定义为单精度或双精度型，如果定义为整型，很容易出现溢出现象。

实例 010　3 个数由小到大排序

（实例位置：配套资源\SL\2\010）

实例说明

　　任意输入 3 个整数，编程实现对这 3 个整数由小到大进行排序，并将排序后的结果显示在屏幕上。运行结果如图 2.5 所示。

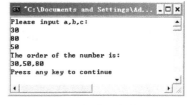

图 2.5　程序运行结果

实现过程

　　（1）打开 Visual C++ 6.0 开发环境，新建一个 C 源文件，并输入要创建的 C 源文件的名称。

　　（2）引用头文件，代码如下：

```
#include <stdio.h>
```

　　（3）定义数据类型，本实例中 a、b、c、t 均为基本整型。

　　（4）使用输入函数获得任意 3 个值赋给 a、b、c。

　　（5）使用 if 语句进行条件判断，如果 a 大于 b，则借助于中间变量 t 互换 a 与 b 值，依此类推比较 a 与 c、b 与 c，最终结果即为 a、b、c 的升序排列。

　　（6）使用输出函数将 a、b、c 的值依次输出。

　　（7）程序主要代码如下：

```
main()
{
    int a, b, c, t;                    /*定义 4 个基本整型变量 a、b、c、t*/
    printf("Please input a,b,c:\n");   /*双引号内的普通字符原样输出并换行*/
    scanf("%d%d%d", &a, &b, &c);       /*输入任意 3 个数*/
    if (a > b)                         /*如果 a 大于 b，借助中间变量 t 实现 a 与 b 值的互换*/
    {
        t = a;
        a = b;
        b = t;
    }
    if (a > c)                         /*如果 a 大于 c，借助中间变量 t 实现 a 与 c 值的互换*/
    {
        t = a;
        a = c;
        c = t;
    }
    if (b > c)                         /*如果 b 大于 c，借助中间变量 t 实现 b 与 c 值的互换*/
    {
        t = b;
        b = c;
        c = t;
```

```
        }
    printf("The order of the number is:\n");
    printf("%d,%d,%d", a, b, c);              /*输出函数顺序输出 a、b、c 的值*/
    }
```

技术要点

（1）if 语句主要有以下 3 种形式：

> if(表达式) 语句

其语义是：如果表达式的值为真，则执行其后的语句，否则不执行该语句。

> if(表达式)
>   语句 1
> else
>   语句 2

其语义是：如果表达式的值为真，则执行语句 1，否则执行语句 2。

> if(表达式 1)
>   语句 1
> else if(表达式 2)
>   语句 2
> else if(表达式 3)
>   语句 3
> …
> else if(表达式 m)
>   语句 m
> else
>   语句 n

其语义是：依次判断表达式的值，当出现某个值为真时，则执行其对应的语句，然后跳到整个 if 语句之外继续执行程序。如果所有的表达式均为假，则执行语句 n，然后继续执行后续程序。

（2）3 种形式的 if 语句中在 if 后面都有"表达式"，一般为逻辑表达式或关系表达式。

在执行 if 语句时先对表达式求解，若表达式的值为 0，按"假"处理；若表达式的值为非 0，按"真"处理，执行指定的语句。

（3）else 子句不能作为语句单独使用，它必须是 if 语句的一部分，与 if 配对使用。

（4）if 与 else 后面可以包含一个或多个内嵌的操作语句，当为多个操作语句时要用"{}"将几个语句括起来成为一个复合语句。

（5）if 语句可以嵌套使用，即在 if 语句中又包含一个或多个 if 语句，在使用时应注意 else 总是与它上面最近的未配对的 if 配对。

脚下留神：

本实例使用 scanf("%d%d%d",&a,&b,&c)从键盘中获得任意 3 个数。在输入数据时，在两个数据之间以一个或多个空格间隔，也可以用 Enter 键、Tab 键，不能用逗号作为两个数据间的分隔符。若用格式输入函数 scanf("%d,%d,%d",&a,&b,&c)输入数据，两个数据之间要用","做间隔。

实例 011　猴子吃桃

（实例位置：配套资源\SL\2\011）

实例说明

猴子吃桃问题：猴子第一天摘下若干个桃子，当即吃了一半，还不过瘾，又多吃了一个。第二天早上又将第一天剩下的桃子吃掉一半，又多吃了一个。以后每天早上都吃了前一天剩下的一半零一个。到第 10 天早上想再吃时，发现只剩下一个桃子了。编写程序求猴子第一天共摘了多少个桃子。运行结果如图 2.6 所示。

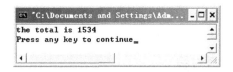

图 2.6　猴子吃桃的运行结果

实现过程

（1）打开 Visual C++ 6.0 开发环境，新建一个 C 源文件，并输入要创建的 C 源文件的名称。

（2）引用头文件，代码如下：

```
#include <stdio.h>
```

（3）定义 day、x1、x2 为基本整型，并为 day 和 x2 赋初值 9 和 1。

（4）使用 while 语句由后向前推出第一天摘的桃子数。

（5）输出结果。

（6）程序主要代码如下：

```
main()
{
    int day,x1,x2;              /*定义 day、x1、x2 3 个变量为基本整型*/
    day=9;
    x2=1;
    while(day>0)
    {
        x1=(x2+1)*2;            /*第一天的桃子数是第二天桃子数加 1 后的 2 倍*/
        x2=x1;
        day--;                 /*因为从后向前推所以天数递减*/
    }
    printf("the total is %d\n",x1);  /*输出桃子的总数*/
}
```

技术要点

本实例的思路基本上是先找出变量间的关系，也就是要明确第一天桃子数和第二天桃子数之间的关系，即第二天桃子数加 1 的 2 倍等于第一天的桃子数。

实例 012 阳阳买苹果

（实例位置：配套资源\SL\2\012）

实例说明

阳阳买苹果，每个苹果 0.8 元，阳阳第一天买两个苹果，第二天开始每天买前一天的两倍，直到购买的苹果个数为不超过 100 的最大值，编程求阳阳每天平均花多少钱？运行结果如图 2.7 所示。

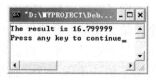

图 2.7 程序运行结果

实现过程

（1）打开 Visual C++ 6.0 开发环境，新建一个 C 源文件，并输入要创建的 C 源文件的名称。

（2）引用头文件代码如下：

```
#include <stdio.h>
```

（3）定义变量 n、day 为基本整型，并分别赋初值 2 和 0，定义变量 money、ave 为单精度型，并给 money 赋初值为 0。

（4）使用 while 语句累加每天所买苹果钱数，自加天数，并计算每天所买苹果数的变化。

（5）求出平均数并输出。

（6）程序主要代码如下：

```
main()
{
    int n=2,day=0;                    /*定义 n、day 为基本整型*/
    float money=0,ave;               /*定义 money、ave 为单精度型*/
    while(n<100)                      /*苹果个数不超过 100，故 while 中的表达式 n 小于 100*/
    {
        money+=0.8*n;                 /*将每天花的钱数累加求和*/
        day++;                        /*天数加 1*/
        n*=2;                         /*每天买前一天个数的两倍*/
    }
    ave=money/day;                    /*求出平均每天花的钱数*/
    printf("The result is %.6f",ave); /*输出每天平均所花钱数*/
}
```

技术要点

首先来分析题目要求，假设每天购买的苹果数为 n，所花钱数总和为 money，那么 money 和 n 之间的关系可以通过一个等式来说明，即 money=money+0.8*n，它的具体含义是截止到目前，所花的钱数等于今天购买的苹果钱数与之前钱数的总和。这里应注意 n 的变化，n 的初值应为 2，随着天数每天增加（day++），n 值随之变化，即 n=n*2，以上过程应在 while 循环体中进行。根据题意可知"购买的苹果个数应是不超过 100 的最大值"，显然 n 值是否小于 100 便是判断 while 语句是否执行的条件。

第3章

算法入门

本章读者可以学到如下实例：

实例 013　任意次方后的最后三位

（实例位置：配套资源\SL\3\013）

实例说明

编程求一个整数任意次方后的最后三位数，即求 x^y 的最后三位数，x 和 y 的值由键盘输入。运行结果如图 3.1 所示。

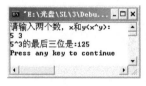

图 3.1　任意次方后的最后三位

实现过程

（1）在 VC++ 6.0 中创建一个 C 文件。

（2）引用头文件，代码如下：

```
#include <stdio.h>
```

（3）这里采用取余的方法求一个数任意次方后的后三位。

（4）程序主要代码如下：

```
void main()
{
    int i, x, y, z = 1;
    printf("请输入两个数，x 和 y(x^y)：\n");
    scanf("%d%d", &x, &y);                      /*输入底数和幂数*/
    for (i = 1; i <= y; i++)
        z = z * x % 1000;                       /*计算一个数任意次方后的后三位*/
    if(z>=100)
    {
        printf("%d^%d 的最后三位是：%d\n", x, y, z);  /*输出最终结果*/
    }
    else
    {
        printf("%d^%d 的最后三位是：0%d\n", x, y, z); /*输出最终结果*/
    }
}
```

技术要点

本实例的算法思想如下：题中要求一个数的任意次方，首先要考虑计算结果是否越界，如何避免产生越界问题同时又不使结果产生误差，这里在求次方时每乘一次都取其后三位，这样就不会出现越界问题，又可完成题目要求。

实例 014　计算某日是该年的第几天

（实例位置：配套资源\SL\3\014）

实例说明

编写一个计算天数的程序，用户从键盘中输入年、月、日，在屏幕中输出此日期是该年的第几天。运行结果如图 3.2 所示。

实现过程

（1）在 VC++ 6.0 中创建一个 C 文件。

（2）引用头文件，代码如下：

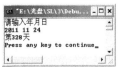

图 3.2 计算某日是该年的第几天

```c
#include <stdio.h>
```

（3）自定义函数 leap()，判断输入的年份是否为闰年。代码如下：

```c
int leap(int a)                          /*自定义函数 leap()用来确定输入的年份是否为闰年*/
{
    if (a % 4 == 0 && a % 100 != 0 || a % 400 == 0)   /*闰年判定条件*/
        return 1;                        /*是闰年返回 1*/
    else
        return 0;                        /*不是闰年返回 0*/
}
```

（4）自定义函数 number()，计算输入的日期为该年的第几天。代码如下：

```c
int number(int year, int m, int d)  /*自定义函数 number()计算输入的日期为该年的第几天*/
{
    int sum = 0, i, j, k, a[12] =
    {
        31, 28, 31, 30, 31, 30, 31, 31, 30, 31, 30, 31
    };                              /*数组 a 存放平年每月的天数*/
    int b[12] =
    {
        31, 29, 31, 30, 31, 30, 31, 31, 30, 31, 30, 31
    };                              /*数组 b 存放闰年每月的天数*/
    if (leap(year) == 1)            /*判断是否为闰年*/
        for (i = 0; i < m - 1; i++)
            sum += b[i];            /*是闰年，累加数组 b 前 m-1 个月份的天数*/
    else
        for (i = 0; i < m - 1; i++)
            sum += a[i];            /*不是闰年，累加数组 a 前 m-1 个月份的天数*/
    sum += d;                       /*将前面累加的结果加上日期，求出总天数*/
    return sum;                     /*返回计算的天数*/
}
```

（5）main()函数作为程序的入口函数，代码如下：

```c
void main()
{
    int year, month, day, n;            /*定义变量为基本整型*/
    printf("请输入年月日\n");
    scanf("%d%d%d", &year, &month, &day);   /*输入年月日*/
    n = number(year, month, day);       /*调用函数 number()*/
    printf("第%d 天\n", n);
}
```

技术要点

本实例主要有以下两个技术要点：

（1）判断输入的年份是否是闰年，这里自定义函数 leap() 来进行判断。该函数的核心内容就是闰年的判断条件为能被 4 整除但不能被 100 整除，或能被 400 整除。

（2）如何求此日期是该年的第几天。这里将 12 个月每月的天数存到数组中，因为闰年 2 月份的天数有别于平年，故采用两个数组 a 和 b 分别存储。当输入年份是平年，月份为 m 时，就累加存储着平年每月天数的数组的前 m-1 个元素，将累加结果加上输入的日，便求出了最终结果。闰年的算法类似。

实例 015 婚礼上的谎言

（实例位置：配套资源\SL\3\015）

实例说明

3 对情侣参加婚礼，3 个新郎为 A、B、C，3 个新娘为 X、Y、Z，有人想知道究竟谁与谁结婚，于是就问新人中的三位，得到如下结果：A 说他将和 X 结婚；X 说她的未婚夫是 C；C 说他将和 Z 结婚。这人事后知道他们在开玩笑，说的全是假话。那么，究竟谁与谁结婚呢？运行结果如图 3.3 所示。

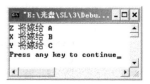

图 3.3 婚礼上的谎言

实现过程

（1）在 VC++ 6.0 中创建一个 C 文件。

（2）引用头文件，代码如下：

```
#include <stdio.h>
```

（3）利用 for 循环对 a、b、c 所有情况进行穷举，使用 if 语句进行条件判断。

（4）程序主要代码如下：

```
void main()
{
    int a, b, c;
    for (a = 1; a <= 3; a++)                              /*穷举 a 的所有可能*/
        for (b = 1; b <= 3; b++)                          /*穷举 b 的所有可能*/
            for (c = 1; c <= 3; c++)                      /*穷举 c 的所有可能*/
                if (a != 1 && c != 1 && c != 3 && a != b && a != c && b != c)
                    /*如果表达式为真，则输出结果，否则继续下次循环*/
                {
                    printf("%c 将嫁给 A\n", 'X' + a - 1);
                    printf("%c 将嫁给 B\n", 'X' + b - 1);
                    printf("%c 将嫁给 C\n", 'X' + c - 1);
                }
}
```

技术要点

本实例的算法思想如下：

用"a=1"表示新郎 A 和新娘 X 结婚，同理如果新郎 A 不与新娘 X 结婚则写成"a！=1"，根据题意得到如下表达式：

a！=1　　A 不与 X 结婚

c！=1　　C 不与 X 结婚

c！=3　　C 不与 Z 结婚

在分析题时还发现题中隐含的条件，即 3 个新郎不能互为配偶，则有 a!=b 且 b!=c 且 a!=c。穷举所有可能的情况，代入上述表达式进行推理运算。如果假设的情况使上述表达式的结果为真，则假设的情况就是正确的结果。

实例 016　百元买百鸡

（实例位置：配套资源\SL\3\016）

实例说明

中国古代数学家张丘建在他的《算经》中提出了一个著名的"百钱买百鸡问题"，鸡翁一，值钱五，鸡母一，值钱三，鸡雏三，值钱一，百钱买百鸡，问翁、母、雏各几何？运行结果如图 3.4 所示。

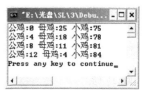

图 3.4　百元买百鸡

实现过程

（1）在 VC++ 6.0 中创建一个 C 文件。

（2）引用头文件，代码如下：

```
#include <stdio.h>
```

（3）使用 for 语句对 3 种鸡的数量在事先确定好的范围内进行穷举并判断，对满足条件的 3 种鸡的数量按指定格式输出，否则进行下次循环。

（4）程序主要代码如下：

```
void main()
{
    int cock, hen, chick;                          /*定义变量为基本整型*/
    for (cock = 0; cock <= 20; cock++)             /*公鸡范围在 0～20 之间*/
        for (hen = 0; hen <= 33; hen++)           /*母鸡范围在 0～33 之间*/
            for (chick = 3; chick <= 99; chick++) /*小鸡范围在 3～99 之间*/
                if (5 *cock + 3 * hen + chick / 3 == 100)  /*判断钱数是否等于 100*/
                    if (cock + hen + chick == 100)         /*判断购买的鸡数是否等于 100*/
                        if (chick % 3 == 0)                /*判断小鸡数是否能被 3 整除*/
                            printf("公鸡：%d 母鸡：%d 小鸡：%d\n", cock, hen,chick);
}
```

技术要点

根据题意设公鸡、母鸡和雏鸡分别为 cock、hen 和 chick，如果 100 元全买公鸡，那么最多能买 20 只，所以 cock 的范围是大于等于 0 且小于等于 20；如果全买母鸡，那么最多能买 33 只，所以 hen 的范围是大于等于 0 且小于等于 33；如果 100 元钱全买小鸡，那么最多能买 99 只（根据题意小鸡的数量应小于 100 且是 3 的倍数）。在确定了各种鸡的范围后进行穷举并判断，判断的条件有以下 3 点：

☑ 所买的 3 种鸡的钱数总和为 100。
☑ 所买的 3 种鸡的数量之和为 100。
☑ 所买的小鸡数必须是 3 的倍数。

实例 017 打渔晒网问题

（实例位置：配套资源\SL\3\017）

实例说明

如果一个渔夫从 2011 年 1 月 1 日开始每三天打一次渔，两天晒一次网，编程实现当输入 2011 年 1 月 1 日以后的任意一天，输出该渔夫是在打渔还是在晒网。运行结果如图 3.5 所示。

图 3.5 打渔晒网问题

实现过程

（1）在 VC++ 6.0 中创建一个 C 文件。

（2）引用头文件，代码如下：

```
#include <stdio.h>
```

（3）自定义函数 leap()，用来判断输入的年份是否是闰年。代码如下：

```
int leap(int a)                              /*自定义函数 leap()用来指定输入的年份是否为闰年*/
{
    if (a % 4 == 0 && a % 100 != 0 || a % 400 == 0)    /*闰年判定条件*/
        return 1;                            /*是闰年返回 1*/
    else
        return 0;                            /*不是闰年返回 0*/
}
```

（4）自定义函数 number()，用来计算输入日期距 2011 年 1 月 1 日共有多少天。代码如下：

```
int number(int year, int m, int d)/*自定义函数 number()计算输入日期距 2011 年 1 月 1 日共有多少天*/
{
    int sum = 0, i, j, k, a[12] =
    {
        31, 28, 31, 30, 31, 30, 31, 31, 30, 31, 30, 31
```

```
        };                          /*数组 a 存放平年每月的天数*/
        int b[12] =
        {
            31, 29, 31, 30, 31, 30, 31, 31, 30, 31, 30, 31
        };                          /*数组 b 存放闰年每月的天数*/
    if (leap(year) == 1)            /*判断是否为闰年*/
            for (i = 0; i < m - 1; i++)
                sum += b[i];        /*是闰年，累加数组 b 前 m-1 个月份的天数*/
    else
            for (i = 0; i < m - 1; i++)
                sum += a[i];        /*不是闰年，累加数组 a 前 m-1 个月份的天数*/
            for (j = 2011; j < year; j++)
    if (leap(j) == 1)
            sum += 366;             /*2011 年到输入的年份是闰年的加 366*/
    else
            sum += 365;             /*2011 年到输入的年份不是闰年的加 365*/
            sum += d;               /*将前面累加的结果加上日期，求出总天数*/
        return sum;                 /*返回计算的天数*/
    }
```

（5）main()函数作为程序的入口函数，代码如下：

```
    void main()
    {
        int year, month, day, n;
        printf("请输入年月日\n");
        scanf("%d%d%d", &year, &month, &day);      /*输入年月日*/
        n = number(year, month, day);          /*调用函数 number()*/
        if ((n % 5) < 4 && (n % 5) > 0)        /*当余数是 1 或 2 或 3 时说明在打渔，否则在晒网*/
            printf("%d:%d:%d  打渔\n", year, month, day);
        else0
            printf("%d:%d:%d  晒网\n", year, month, day);
    }
```

技术要点

本实例主要有以下两个技术要点：

（1）判断输入的年份（2011 年以后包括 2011 年）是否为闰年，这里自定义函数 leap()来进行判断。该函数的核心内容就是闰年的判断条件即能被 4 整除但不能被 100 整除，或能被 400 整除。

（2）求输入日期距 2011 年 1 月 1 日有多少天。首先判断 2011 年距输入的年份有多少年，这其中有多少年是闰年就将 sum 加多少个 366，有多少年是平年便将 sum 加多少个 365。其次要将 12 个月每月的天数存到数组中，因为闰年 2 月份的天数有别于平年，故采用两个数组 a 和 b 分别存储。若输入年份是平年，月份为 m 时就在前面累加日期的基础上继续累加存储着平年每月天数的数组的前 m-1 个元素，将累加结果加上输入的日期便求出了最终结果。闰年的算法类似。

实例018 判断三角形的类型

（实例位置：配套资源\SL\3\018）

实例说明

根据输入的三角形的三条边判断三角形的类型，并输出它的面积和类型。

提示：首先判断所给的三条边是否能组成三角形，若可以构成三角形，则判断该三角形是什么类型，并求三角形的面积。运行结果如图3.6所示

图3.6 判断三角形的类型

实现过程

（1）在 VC++ 6.0 中创建一个 C 文件。

（2）引用头文件，代码如下：

```
#include <stdio.h>
#include <math.h>
```

（3）从键盘中输入三角形的三条边，首先判断其两边之和是否大于第三边，若大于则进一步判断该三角形是什么三角形，否则输入的三边不能组成三角形。

（4）若能构成三角形，则判断这个三角形的类型，并计算面积。程序主要代码如下：

```
void main()
{
    float a, b, c;
    float s, area;
    scanf("%f,%f,%f", &a, &b, &c);                  /*输入三条边*/
    if (a + b > c && b + c > a && a + c > b)         /*判断两边之和是否大于第三边*/
    {
        s = (a + b + c) / 2;
        area = (float)sqrt(s *(s - a)*(s - b)*(s - c));  /*计算三角形的面积*/
        printf("面积是: %f\n", area);                /*输出三角形的面积*/
        if (a == b && a == c)                       /*判断三条边是否相等*/
            printf("等边三角形\n");                   /*输出等边三角形*/
        else if (a == b || a == c || b == c)        /*判断三角形中是否有两边相等*/
            printf("等腰三角形\n");                   /*输出等腰三角形*/
            else if ((a *a + b* b == c *c) || (a *a + c* c == b *b) || (b *b + c* c == a *a))
                                                    /*判断是否有两边的平方和等于第三边的平方*/
            printf("直角三角形\n");                   /*输出直角三角形*/
                else
                    printf("普通三角形");             /*普通三角形*/
    }
    else
        printf("不能构成三角形");                      /*如果两边之和小于第三边，则不能组成三角形*/
}
```

技术要点

实现本实例之前必须知道三角形的一些相关知识，例如如何判断输入的三边是否能组成三角形、三角形面积的求法等。从键盘中输入三条边后，只需判断这三条边中任意两边之和是否大于第三边，如果满足条件，可以构成三角形。再做进一步判断确定该三角形是什么三角形。若两边相等，则是等腰三角形；若三边相等，则是等边三角形；若三边满足勾股定理，则是直角三角形。

脚下留神：

实例中要注意 "&&" 和 "||" 的恰当使用。当需要同时满足多种情况时，使用 "&&" 逻辑运算符，而当只需要满足几种情况中的一种时，则使用 "||" 逻辑运算符。本例在判断三角形类型时首先判断的是等边三角形。

实例 019 直接插入排序

（实例位置：配套资源\SL\3\019）

实例说明

插入排序是把一个记录插入到已排序的有序序列中，使整个序列在插入该记录后仍然有序。插入排序中较简单的一种方法是直接插入排序，其插入位置的确定方法是将待插入的记录与有序区中的各记录自右向左依次比较其关键字值的大小。本实例要求使用直接插入排序法将数字由小到大进行排序。运行结果如图 3.7 所示。

图 3.7 直接插入排序

实现过程

（1）在 VC++ 6.0 中创建一个 C 文件。

（2）引用头文件，代码如下：

```
#include <stdio.h>
```

（3）自定义函数 insort()，实现直接插入排序，代码如下：

```
void insort(int s[], int n)          /*自定义函数 insort()*/
{
    int i, j;
    for (i = 2; i <= n; i++)         /*数组下标从 2 开始，s[0]做监视哨，s[1]一个数据无可比性*/
    {
        s[0] = s[i];                 /*给监视哨赋值*/
```

```
            j = i - 1;                          /*确定要比较元素的最右边位置*/
            while (s[0] < s[j])
            {
                s[j + 1] = s[j];                /*数据右移*/
                j--;                            /*移向左边一个未比较的数*/
            }
            s[j + 1] = s[0];                    /*在确定的位置插入 s[i]*/
        }
    }
```

（4）main()函数作为程序的入口函数，代码如下：

```
    void main()
    {
        int a[11], i;                           /*定义数组及变量为基本整型*/
        printf("请输入 10 个数据：\n");
        for (i = 1; i <= 10; i++)
            scanf("%d", &a[i]);                 /*接收从键盘输入的 10 个数据到数组 a 中*/
        printf("原始顺序：\n");
        for (i = 1; i < 11; i++)
            printf("%5d", a[i]);                /*将未排序前的顺序输出*/
        insort(a, 10);                          /*调用自定义函数 insort()*/
        printf("\n 插入数据排序后顺序：\n");
        for (i = 1; i < 11; i++)
            printf("%5d", a[i]);                /*将排序后的数组输出*/
        printf("\n");
    }
```

技术要点

本实例算法过程如表 3.1 所示。

原始顺序： 25　　12　　36　　45　　2　　9　　39　　22　　98　　37

表 3.1　直接插入排序过程

趟　　数	监　视　哨	排　序　结　果
1	25	（12，）25，36，45，2，9，39，22，98，37
2	12	（12，25，）36，45，2，9，39，22，98，37
3	36	（12，25，36，）45，2，9，39，22，98，37
4	45	（12，25，36，45，）2，9，39，22，98，37
5	2	（2，12，25，36，45，）9，39，22，98，37
6	9	（2，9，12，25，36，45，）39，22，98，37
7	39	（2，9，12，25，36，39，45，）22，98，37
8	22	（2，9，12，22，25，36，39，45，）98，37
9	98	（2，9，12，22，25，36，39，45，98，）37
10	37	（2，9，12，22，25，36，37，39，45，98，）

指点迷津：

本算法中使用了监视哨，主要是为了避免数据在后移时丢失。

实例 020 希尔排序

（实例位置：配套资源\SL\3\020）

实例说明

用希尔排序法对一组数据由小到大进行排序，数据分别为 69、56、12、136、3、55、46、99、88、25。运行结果如图 3.8 所示。

图 3.8 希尔排序

实现过程

（1）在 VC++ 6.0 中创建一个 C 文件。

（2）引用头文件，代码如下：

```
#include <stdio.h>
```

（3）自定义函数 shsort()，实现希尔排序。代码如下：

```
void shsort(int s[], int n)                     /*自定义函数 shsort()*/
{
    int i, j, d;
    d = n / 2;                                  /*确定固定增量值*/
    while (d >= 1)
    {
        for (i = d + 1; i <= n; i++)            /*数组下标从 d+1 开始进行直接插入排序*/
        {
            s[0] = s[i];                        /*设置监视哨*/
            j = i - d;                          /*确定要进行比较的元素的最右边位置*/
            while ((j > 0) && (s[0] < s[j]))
            {
                s[j + d] = s[j];                /*数据右移*/
                j = j - d;                      /*向左移 d 个位置*/
            }
            s[j + d] = s[0];                    /*在确定的位置插入 s[i]*/
        }
        d = d / 2;                              /*增量变为原来的一半*/
    }
}
```

（4）main()函数作为程序的入口函数，代码如下：

```
void main()
{
    int a[11], i;                               /*定义数组及变量为基本整型*/
    printf("请输入 10 个数据：\n");
    for (i = 1; i <= 10; i++)
        scanf("%d", &a[i]);                     /*从键盘中输入 10 个数据*/
    shsort(a, 10);                              /*调用 shsort()函数*/
```

```
        printf("排序后的顺序是：\n");
        for (i = 1; i <= 10; i++)
            printf("%5d", a[i]);                    /*输出排序后的数组*/
        printf("\n");
    }
```

技术要点

希尔排序是在直接插入排序的基础上做的改进，也就是将要排序的序列按固定增量分成若干组，等距离者在同一组中，然后再在组内进行直接插入排序。这里面的固定增量从 n/2 开始，以后每次缩小到原来的一半。

实例 021　冒泡排序

（实例位置：配套资源\SL\3\021）

实例说明

用冒泡法对任意输入的 10 个数由小到人进行排序。运行结果如图 3.9 所示。

图 3.9　冒泡排序

实现过程

（1）在 VC++ 6.0 中创建一个 C 文件。

（2）引用头文件，代码如下：

```
#include <stdio.h>
```

（3）通过两个 for 循环实现冒泡排序的全过程，外层 for 循环决定冒泡排序的趟数，内层 for 循环决定每趟所进行两两比较的次数。

（4）程序主要代码如下：

```
    void main()
    {
        int i, j, t, a[11];                    /*定义变量及数组为基本整型*/
        printf("请输入 10 个数：\n");
        for (i = 1; i < 11; i++)
            scanf("%d", &a[i]);                /*从键盘中输入 10 个数*/
        for (i = 1; i < 10; i++)               /*变量 i 代表比较的趟数*/
            for (j = 1; j < 11-i; j++)         /*变量 j 代表每趟两两比较的次数*/
                if (a[j] > a[j + 1])
                {
                    t = a[j];                  /*利用中间变量实现两值互换*/
                    a[j] = a[j + 1];
                    a[j + 1] = t;
                }
        printf("排序后的顺序是：\n");
        for (i = 1; i <= 10; i++)
            printf("%5d", a[i]);               /*将冒泡排序后的顺序输出*/
```

```
                printf("\n");
        }
```

技术要点

本实例要求用冒泡法对 10 个数由小到大进行排序，冒泡法的基本思路是，如果要对 n 个数进行冒泡排序，那么要进行 n–1 趟比较，在第 1 趟比较中要进行 n–1 次两两比较，在第 j 趟比较中要进行 n–j 次两两比较。从这个基本思路中就会发现，趟数决定了两两比较的次数，这样就很容易将两个 for 循环联系起来了。

实例 022　快速排序

（**实例位置：配套资源\SL\3\022**）

实例说明

用快速排序法对一组数据由小到大进行排序，数据分别为 99、45、12、36、69、22、62、796、4、696。运行结果如图 3.10 所示。

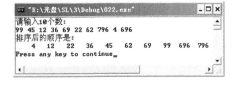

图 3.10　快速排序

实现过程

（1）在 VC++ 6.0 中创建一个 C 文件。

（2）引用头文件，代码如下：

```
#include <stdio.h>
```

（3）自定义函数 qusort()，实现快速排序。代码如下：

```
void qusort(int s[], int start, int end)            /*自定义函数 qusort()*/
{
    int i, j;                                        /*定义变量为基本整型*/
    i = start;                                       /*将每组首个元素赋给 i*/
    j = end;                                         /*将每组末尾元素赋给 j*/
    s[0] = s[start];                                 /*设置基准值*/
    while (i < j)
    {
        while (i < j && s[0] < s[j])
            j--;                                     /*位置左移*/
        if (i < j)
        {
            s[i] = s[j];                             /*将 s[j]放到 s[i]的位置上*/
            i++;                                     /*位置右移*/
        }
        while (i < j && s[i] <= s[0])
            i++;                                     /*位置左移*/
        if (i < j)
        {
            s[j] = s[i];                             /*将大于基准值的 s[j]放到 s[i]位置*/
```

Note

```
            j--;                                /*位置左移*/
        }
    }
    s[i] = s[0];                                /*将基准值放入指定位置*/
    if (start < i)
        qusort(s, start, j - 1);                /*对分割出的部分递归调用 qusort()函数*/
    if (i < end)
        qusort(s, j + 1, end);
}
```

（4）main()函数作为程序的入口函数，代码如下：

```
void main()
{
    int a[11], i;                               /*定义数组及变量为基本整型*/
    printf("请输入 10 个数：\n");
    for (i = 1; i <= 10; i++)
        scanf("%d", &a[i]);                     /*从键盘中输入 10 个要进行排序的数*/
    qusort(a, 1, 10);                           /*调用 qusort()函数进行排序*/
    printf("排序后的顺序是：\n");
    for (i = 1; i <= 10; i++)
        printf("%5d", a[i]);                    /*输出排好序的数组*/
    printf("\n");
}
```

技术要点

快速排序是冒泡排序的一种改进，主要的算法思想是在待排序的 n 个数据中取第一个数据作为基准值，将所有记录分为 3 组，使第一组中各数据值均小于或等于基准值，第二组做基准值的数据，第三组中各数据值均大于或等于基准值。这便实现了第一趟分割，然后再对第一组和第三组分别重复上述方法，依次类推，直到每组中只有一个记录为止。

实例 023 选择排序

（实例位置：配套资源\SL\3\023）

实例说明

用选择排序法对一组数据由小到大进行排序，数据分别为 526、36、2、369、56、45、78、92、125、52。运行结果如图 3.11 所示。

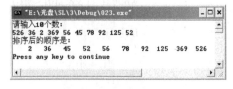

图 3.11 选择排序

实现过程

（1）在 VC++ 6.0 中创建一个 C 文件。

（2）引用头文件，代码如下：

```
#include <stdio.h>
```

（3）程序中用到了两个 for 循环语句。第一个 for 循环是确定位置的，该位置是存放每次从待排序数列中经选择和交换后所选出的最小数。第二个 for 循环是实现将确定位置上的数与后面待排序区间中的数进行比较的。

（4）程序主要代码如下：

```
void main()
{
    int i, j, t, a[11];                      /*定义变量及数组为基本整型*/
    printf("请输入 10 个数：\n");
    for (i = 1; i < 11; i++)
        scanf("%d", &a[i]);                  /*从键盘中输入要排序的 10 个数字*/
    for (i = 1; i <= 9; i++)
        for (j = i + 1; j <= 10; j++)
            if (a[i] > a[j])   /*如果前一个数比后一个数大，则利用中间变量 t 实现两值互换*/
            {
                t = a[i];
                a[i] = a[j];
                a[j] = t;
            }
    printf("排序后的顺序是：\n");
    for (i = 1; i <= 10; i++)
        printf("%5d", a[i]);                 /*输出排序后的数组*/
    printf("\n");
}
```

技术要点

选择排序的基本算法是从待排序的区间中经过选择和交换后选出最小的数值存放到 a[0]中，再从剩余的未排序区间中经过选择和交换后选出最小的数值存放到 a[1]中，a[1] 中的数字仅大于 a[0]，依此类推，即可实现排序。

实例 024 归并排序

（实例位置：配套资源\SL\3\024）

实例说明

用归并排序法对一组数据由小到大进行排序，数据分别为 695、458、362、789、12、15、163、23、2、986。运行结果如图 3.12 所示。

图 3.12 归并排序

实现过程

（1）在 VC++ 6.0 中创建一个 C 文件。

（2）引用头文件，代码如下：

```
#include <stdio.h>
```

（3）自定义函数 merge()，实现一次归并排序。代码如下：

```
void merge(int r[], int s[], int x1, int x2, int x3)   /*自定义实现一次归并排序的函数*/
{
    int i, j, k;
    i = x1;                          /*第一部分的开始位置*/
    j = x2 + 1;                      /*第二部分的开始位置*/
    k = x1;
    while ((i <= x2) && (j <= x3))   /*当 i 和 j 都在两个要合并的部分中时*/
        if (r[i] <= r[j])            /*筛选两部分中较小的元素放到数组 s 中*/
        {
            s[k] = r[i];
            i++;
            k++;
        }
        else
        {
            s[k] = r[j];
            j++;
            k++;
        }
        while (i <= x2)              /*将 x1～x2 范围内未比较的数顺次加到数组 r 中*/
            s[k++] = r[i++];
        while (j <= x3)              /*将 x2+1～x3 范围内未比较的数顺次加到数组 r 中*/
            s[k++] = r[j++];
}
```

（4）自定义函数 merge_sort()，实现归并排序。代码如下：

```
void merge_sort(int r[], int s[], int m, int n)
{
    int p;
    int t[20];
    if (m == n)
        s[m] = r[m];
    else
    {
        p = (m + n) / 2;
        merge_sort(r, t, m, p);
        /*递归调用 merge_sort()函数将 r[m]～r[p]归并成有序的 t[m]～t[p]*/
        merge_sort(r, t, p + 1, n);
        /*递归调用 merge_sort()函数将 r[p+1]～r[n]归并成有序的 t[p+1]～t[n]*/
        merge(t, s, m, p, n);        /*调用函数将前两部分归并到 s[m]～s[n]*/
    }
}
```

（5）程序主要代码如下：

```
void main()
{
    int a[11];
    int i;
```

```
    printf("请输入 10 个数：\n");
    for (i = 1; i <= 10; i++)
        scanf("%d", &a[i]);                    /*从键盘中输入 10 个数*/
    merge_sort(a, a, 1, 10);                    /*调用 merge_sort()函数进行归并排序*/
    printf("排序后的顺序是：\n");
    for (i = 1; i <= 10; i++)
        printf("%5d", a[i]);                   /*输出排序后的数据*/
    printf("\n");
}
```

技术要点

归并是将两个或多个有序记录序列合并成一个有序序列。归并方法有多种，一次对两个有序记录序列进行归并，称为二路归并排序，也有三路归并排序及多路归并排序。本实例是二路归并排序，基本方法如下：

（1）将 n 个记录看成是 n 个长度为 1 的有序子表。

（2）将两两相邻的有序子表进行归并。

（3）重复执行步骤（2），直到归并成一个长度为 n 的有序表。

实例 025   二分查找

（实例位置：配套资源\SL\3\025）

实例说明

本实例采用二分查找法查找特定关键字的元素。要求用户输入数组长度，也就是有序表的数据长度，并输入数组元素和查找的关键字。程序输出查找成功与否，以及成功时关键字在数组中的位置。例如，在有序表 11、13、18、28、39、56、69、89、98、122 中查找关键字为 89 的元素，运行结果如图 3.13 所示。

图 3.13   二分查找

实现过程

（1）在 VC++ 6.0 中创建一个 C 文件。

（2）引用头文件，代码如下：

```
#include <stdio.h>
```

（3）自定义函数 binary_search()，实现二分查找。代码如下：

```
void binary_search(int key, int a[], int n)        /*自定义函数 binary_search()*/
{
    int low, high, mid, count = 0, count1 = 0;
    low = 0;
    high = n - 1;
    while (low < high)                             /*当查找范围不为 0 时执行循环体语句*/
    {
```

```
        count++;                                    /*count 记录查找次数*/
        mid = (low + high) / 2;                     /*求中间位置*/
        if (key < a[mid])                           /*key 小于中间值时*/
            high = mid - 1;                         /*确定左子表范围*/
        else if (key > a[mid])                      /*key 大于中间值时*/
            low = mid + 1;                          /*确定右子表范围*/
        else if (key == a[mid])                     /*当 key 等于中间值时，证明查找成功*/
        {
            printf("查找成功!\n 查找  %d  次!a[%d]=%d", count, mid, key);
                                                    /*输出查找次数及所查找元素在数组中的位置*/
            count1++;                               /*count1 记录查找成功次数*/
            break;
        }
    }
    if (count1 == 0)                                /*判断是否查找失败*/
        printf("查找失败!");                        /*查找失败输出 no found*/
}
```

（4）main()函数作为程序的入口函数，代码如下：

```
void main()
{
    int i, key, a[100], n;
    printf("请输入数组的长度：\n");
    scanf("%d", &n);                                /*输入数组元素个数*/
    printf("请输入数组元素：\n");
    for (i = 0; i < n; i++)
        scanf("%d", &a[i]);                         /*输入有序数列到数组 a 中*/
    printf("请输入你想查找的元素：\n");
    scanf("%d", &key);                              /*输入要查找的关键字*/
    binary_search(key, a, n);                       /*调用自定义函数*/
    printf("\n");
}
```

技术要点

二分查找就是折半查找，其基本思想是：首先选取表中间位置的记录，将其关键字与给定关键字 key 进行比较，若相等，则查找成功；若 key 值比该关键字值大，则要找的元素一定在右子表中，则继续对右子表进行折半查找；若 key 值比该关键字值小，则要找的元素一定在左子表中，继续对左子表进行折半查找。如此递推，直到查找成功或查找失败（查找范围为 0）。

实例 026　分块查找

（实例位置：配套资源\SL\3\026）

实例说明

例如，采用分块查找法在有序表 11、12、18、28、39、56、69、89、96、122、135、

146、156、256、298 中查找关键字为 96 的元素，运行结果如图 3.14 所示。

查找特定关键字元素个数为 15，要求用户输入有序表各元素，程序输出查找成功与否，若成功，还显示元素在有序表中的位置。

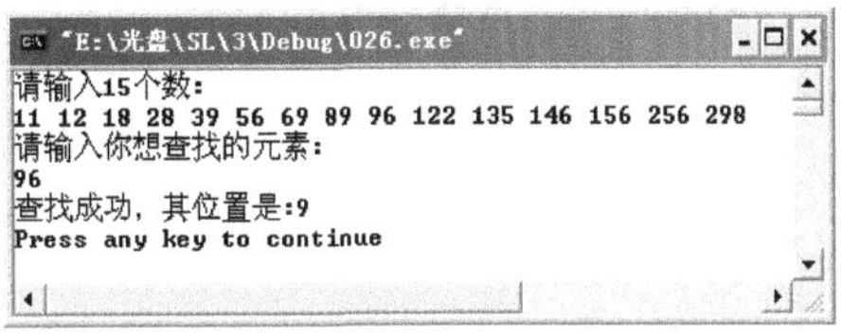

图 3.14　分块查找

实现过程

（1）在 VC++ 6.0 中创建一个 C 文件。

（2）引用头文件，代码如下：

```
#include <stdio.h>
```

（3）定义结构体 index，用于存储块的结构，并定义该结构体数组 index_table。代码如下：

```
struct index                                    /*定义块的结构*/
{
    int key;                                    /*块的关键字*/
    int start;                                  /*块的起始值*/
    int end;                                    /*块的结束值*/
} index_table[4];                               /*定义结构体数组*/
```

（4）自定义函数 block_search()，实现分块查找。代码如下：

```
int block_search(int key, int a[])                      /*自定义实现分块查找*/
{
    int i, j;
    i = 1;
    while (i <= 3 && key > index_table[i].key)           /*确定在哪个块中*/
        i++;
    if (i > 3)                                           /*大于分得的块数，则返回 0*/
        return 0;
    j = index_table[i].start;                            /*j 等于块范围的起始值*/
    while (j <= index_table[i].end && a[j] != key)       /*在确定的块内进行顺序查找*/
        j++;
    if (j > index_table[i].end)        /*如果大于块范围的结束值，则说明没有要查找的数，j 置 0*/
        j = 0;
    return j;
}
```

（5）main()函数作为程序的入口函数，代码如下：

```
void main()
{
    int i, j = 0, k, key, a[16];
    printf("请输入 15 个数: \n");
    for (i = 1; i < 16; i++)
        scanf("%d", &a[i]);                              /*输入由小到大的 15 个数*/
    for (i = 1; i <= 3; i++)
    {
```

```
            index_table[i].start = j + 1;            /*确定每个块范围的起始值*/
            j = j + 1;
            index_table[i].end = j + 4;              /*确定每个块范围的结束值*/
            j = j + 4;
            index_table[i].key = a[j];               /*确定每个块范围中元素的最大值*/
        }
        printf("请输入你想查找的元素: \n");
        scanf("%d", &key);                           /*输入要查询的数值*/
        k = block_search(key, a);                    /*调用函数进行查找*/
        if (k != 0)
            printf("查找成功,其位置是: %d\n", k);     /*如果找到该数,则输出其位置*/
        else
            printf("查找失败!");                      /*若未找到,则输出提示信息*/
    }
```

技术要点

分块查找也称为索引顺序查找,要求将待查的元素均匀地分成块,块间按大小排序,块内不排序,所以要建立一个块的最大(或最小)关键字表,称为索引表。

本实例中将给出的 15 个数按关键字大小分成了 3 块,这 15 个数的排列是一个有序序列,也可以给出无序序列,但必须满足分在第一块中的任意数都小于第二块中的所有数,第二块中的所有数都小于第三块中的所有数。当要查找关键字为 key 的元素时,先用顺序查找在已建好的索引表中查出 key 所在的块中,再在对应的块中顺序查找 key,若 key 存在,则输出其相应位置,否则输出提示信息。

实例 027   哈希查找

(实例位置: 配套资源\SL\3\027)

实例说明

编程实现哈希查找。要求如下:已知哈希表长度为 11,哈希函数为 H(key)=key%11,随机产生待散列的小于 50 的 8 个元素,同时采用线性探测再散列的方法处理冲突。任意输入要查找的数据,无论是否找到均给出提示信息。运行结果如图 3.15 所示。

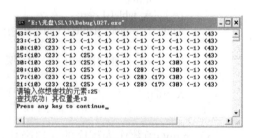

图 3.15   哈希查找

实现过程

(1)在 VC++ 6.0 中创建一个 C 文件。

(2)引用头文件,进行宏定义并声明全局变量,代码如下:

```
#include <stdio.h>
#include <time.h>
#define Max 11
```

```
#define N 8
int hashtable[Max];
```

（3）自定义函数 func()，用于返回哈希函数的值。代码如下：

```
int func(int value)
{
    return value % Max;                                    /*哈希函数*/
}
```

（4）自定义函数 search()，实现哈希查找。代码如下：

```
int search(int key)                                        /*自定义函数实现哈希查找*/
{
    int pos, t;
    pos = func(key);                                       /*哈希函数确定位置*/
    t = pos;                                               /*t 存放确定出的位置*/
    while (hashtable[t] != key && hashtable[t] != - 1)/*如果该位置不等于要查找的关键字且不为空*/
    {
        t = (t + 1) % Max;                                 /*利用线性探测求出下一个位置*/
        if (pos == t)
            /*如果经多次探测又回到原来用哈希函数求出的位置，则说明要查找的数不存在*/
            return    - 1;
    }
    if (hashtable[t] == - 1)            /*如果探测的位置是-1，则说明要查找的数不存在*/
        return NULL;
    else
        return t;
}
```

（5）自定义函数 creathash()，实现哈希表创建。代码如下：

```
void creathash(int key)                                    /*自定义函数创建哈希表*/
{
    int pos, t;
    pos = func(key);                                       /*哈希函数确定元素的位置*/
    t = pos;
    while (hashtable[t] != - 1)            /*如果该位置有元素存在，则进行线性探测再散列*/
    {
        t = (t + 1) % Max;
        if (pos == t)
            /*如果冲突处理后确定的位置与原位置相同，则说明哈希表已满*/
        {
            printf("哈希表已满\n");
            return ;
        }
    }
    hashtable[t] = key;                                    /*将元素放入确定的位置*/
}
```

（6）main()函数作为程序的入口函数，代码如下：

```
void main()
{
```

```
    int flag[50];                              /*定义标记变量*/
    int i, j, t;
    for (i = 0; i < Max; i++)
        hashtable[i] = - 1;                    /*在哈希表中，初始位置全置-1*/
    for (i = 0; i < 50; i++)
        flag[i] = 0;                           /*50 以内所有数未产生时，均标志为 0*/
    srand((unsigned long)time(0));             /*利用系统时间做种子产生随机数*/
    i = 0;
    while (i != N)
    {
        t = rand() % 50;                       /*产生一个 50 以内的随机数赋给 t*/
        if (flag[t] == 0)                      /*查看是否产生过 t*/
        {
            creathash(t);                      /*调用函数创建哈希表*/
            printf("%2d:", t);                 /*输出该元素*/
            for (j = 0; j < Max; j++)
                printf("(%2d) ", hashtable[j]); /*输出哈希表的内容*/
            printf("\n");
            flag[t] = 1;                       /*将产生的这个数标志为 1*/
            i++;                               /*i 自加*/
        }
    }
    printf("请输入你想查找的元素：");
    scanf("%d", &t);                           /*输入要查找的元素*/
    if (t > 0 && t < 50)
    {
        i = search(t);                         /*调用 search()函数进行哈希查找*/
        if (i !=   - 1)
            printf("查找成功！其位置是：%d\n", i);  /*若查找到该元素则输出其位置*/
        else
            printf("查找失败!");                /*未找到，输出提示信息*/
    }
    else
        printf("输入有误!");
}
```

技术要点

哈希函数的构造方法常用的有 5 种，分别是数字分析法、平方取中法、分段叠加、伪随机数法和余数法，其中余数法比较常用。因为本实例中已给出哈希函数所以不必构造，直接按照题中给的哈希函数来运算即可。

虽然通过构造好的哈希函数可以减少冲突，但冲突是不可能完全避免的，所以就相应地产生了避免哈希冲突的常用的 4 种方法，分别是开放定址法（包括线性探测再散列和二次探测再散列）、链地址法、再哈希法和建立公共溢出区。

开放定址法中的线性探测再散列比较常用，该方法的特点是在冲突发生时，顺序查看表中的下一单元，直到找出一个空单元或查遍全表。

实例 028 斐波那契数列

（实例位置：配套资源\SL\3\028）

实例说明

斐波那契（Fibonacci）数列的特点是：第 1 个和第 2 个数都为 1，从第 3 个数开始，该数是前两个数之和。求这个数列的前 30 个元素。运行结果如图 3.16 所示。

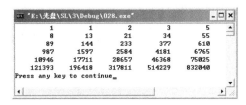

图 3.16 斐波那契数列

实现过程

（1）在 VC++ 6.0 中创建一个 C 文件。

（2）引用头文件，代码如下：

```c
#include <stdio.h>
```

（3）程序中用到两个 for 循环语句，第一个 for 循环实现从第 3 项开始每一项等于前两项之和。第二个 for 循环将存储在数组中的数据以 5 个一行的形式输出。

（4）程序主要代码如下：

```c
void main()
{
    int i;                                  /*定义整型变量 i*/
    long f[31];                             /*定义数组为长整型*/
    f[1] = 1, f[2] = 1;                     /*数组中的第 1 项和第 2 项赋初值为 1*/
    for (i = 3; i < 31; i++)
        f[i] = f[i - 1] + f[i - 2];         /*从第 3 项开始，每一项等于前两项之和*/
    for (i = 1; i < 31; i++)
    {
        printf("%10ld", f[i]);              /*输出数组中的 30 个元素*/
        if (i % 5 == 0)
            printf("\n");                   /*每 5 个元素进行一次换行*/
    }
}
```

技术要点

分析题目要求，可以用如下等式来表示斐波那契数列：

$F_1 = 1$ （n=1）

$F_2 = 1$ （n=2）

$F_n=F_{n-1}+F_{n-2}$　　　　（n>=3）

将 F 的下标看成数组下标即可完成该程序。

实例 029　哥德巴赫猜想

（实例位置：配套资源\SL\3\029）

实例说明

验证 100 以内的正偶数都能分解为两个素数之和，即验证歌德巴赫猜想对 100 以内（大于 2）的正偶数成立。运行结果的后 5 行如图 3.17 所示。

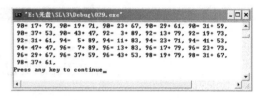

图 3.17　哥德巴赫猜想

实现过程

（1）在 VC++ 6.0 中创建一个 C 文件。

（2）引用头文件，代码如下：

```c
#include <stdio.h>
```

（3）自定义函数 ss()，函数类型为基本整型，作用是判断一个数是否为素数。代码如下：

```c
int ss(int i)                           /*自定义函数判断是否为素数*/
{
    int j;
    if (i <= 1)                         /*小于 1 的数不是素数*/
        return 0;
    if (i == 2)                         /*2 是素数*/
        return 1;
    for (j = 2; j < i; j++)             /*对大于 2 的数进行判断*/
    {
        if (i % j == 0)
            return 0;
        else if (i != j + 1)
            continue;
        else
            return 1;
    }
}
```

（4）对 4～100 之间的正偶数进行拆分，再对拆分出来的数分别调用 ss() 函数进行是否为素数的判断，若均为素数，则按指定格式输出，否则继续下次循环，重新进行拆分及判断。

（5）程序主要代码如下：

```c
void main()
{
    int i, j, k, flag1, flag2, n = 0;
```

```
        for (i = 4; i < 100; i += 2)
            for (k = 2; k <= i / 2; k++)
            {
                j = i - k;
                flag1 = ss(k);                  /*判断拆分出的数是否是素数*/
                if (flag1)
                {
                    flag2 = ss(j);
                    if (flag2)                  /*如果拆分出的两个数均是素数则输出*/
                    {
                        printf("%3d=%3d+%3d,", i, k, j);
                        n++;
                        if (n % 5 == 0)
                            printf("\n");
                    }
                }
            }
        printf("\n");
}
```

技术要点

为了验证歌德巴赫猜想对 100 以内（大于 2）的正偶数是成立的，要将正偶数分解为两部分，再对这两部分进行判断，如果均是素数则满足题意，不是则重新分解继续判断。本实例把素数的判断过程自定义到 ss()函数中，对每次分解出的两个数只要调用 ss()函数来判断即可。

实例 030　尼科彻斯定理

（实例位置：配套资源\SL\3\030）

实例说明

尼科彻斯定理的内容是：任何一个整数的立方都可以写成一串连续奇数的和。编程验证该定理。例如，输入 5，运行结果如图 3.18 所示。

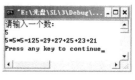

图 3.18　尼科彻斯定理

实现过程

（1）在 VC++ 6.0 中创建一个 C 文件。

（2）引用头文件，代码如下：

```
#include <stdio.h>
```

（3）程序中使用了两个 while 循环语句，第一个 while 语句从可能的最大值开始直到 1 为止进行穷举，第二个 while 循环通过第一个 while 循环所确定的 i 值每次减 2 逐次累加求和，当累加和等于立方值时，输出累加过程并跳出循环，当累加和大于立方值时，也同样跳出第二个循环回到第一个循环中。

（4）程序主要代码如下：

```
void main()
{
    int i, j, k = 0, l, n, m, sum,flag=1;
    printf("请输入一个数：\n");
    scanf("%d", &n);                              /*从键盘中任意输入一个数*/
    m = n * n * n;                                /*计算该数的立方*/
    i = m / 2;                                    /*立方值的一半*/
    if (i % 2 == 0)                               /*当 i 为偶数时 i 值加 1*/
        i = i + 1;
    while (flag==1&&i >= 1)                       /*当 i 大于等于 1 且 flag=1 时执行循环体语句*/
    {
        sum = 0;
        k = 0;
        while (1)
        {
            sum += (i - 2 * k);                   /*奇数累加求和*/
            k++;
            if (sum == m)                         /*如果 sum 与 m 相等，则输出累加过程*/
            {
                printf("%d*%d*%d=%d=", n, n, n, m);
                for (l = 0; l < k - 1; l++)
                    printf("%d+", i - l * 2);
                printf("%d\n", i - (k - 1) *2);   /*输出累加求和的最后一个数*/
                flag=0;
                break;
            }
            if (sum > m)
                break;
        }
        i -= 2;                                   /*如果 i 等于下一个奇数，则继续上面的过程*/
    }
}
```

技术要点

解决本实例的关键是，先确定这串连续奇数的最大值的范围，可以这样分析，任何立方值（这里设为 sum）的一半（这里设为 x）如果是奇数，则 x+x+2 的值一定大于 sum，那么这串连续奇数的最大值不会超过 x；如果 x 是偶数，则需把它变成奇数，那么变成奇数到底是加 1、减 1 还是其他呢？这里选择加 1，因为 x+1+x−1 正好等于 sum，所以当 x 是偶数时，这串连续奇数的最大值不会超过 x+1。在确定了范围后就可以从最大值开始进行穷举。

常用数据类型

本章读者可以学到如下实例:

实例 031 数值型常量的使用

（实例位置：配套资源\SL\4\031）

实例说明

C 语言中数值型常量常见的有整型常量和实型常量。不同的常量有不同的要求，分别以十进制、八进制、十六进制的形式输出 123，再以浮点数的形式输出以标准十进制和科学型表示的 123.4。运行结果如图 4.1 所示。

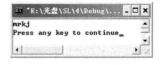

```
CM "E:\光盘\SL\4\Debug...   _ □ ×
83,291,123
123.400000,123.400000
Press any key to continue
```

图 4.1 数值型常量的使用

实现过程

（1）在 VC++ 6.0 中创建一个 C 文件。

（2）引用头文件，代码如下：

```
#include <stdio.h>
```

（3）程序主要代码如下：

```
void main()
{
    printf("%d,%d,%d\n",0123,0x123,123);        /*以整型的形式输出*/
    printf("%f,%f\n",123.4,1.234e2);            /*以浮点型形式输出*/
}
```

技术要点

本实例介绍了程序中数值型常量的使用方法。

可用十进制、八进制、十六进制的形式输出整型常量，其中具体的形式为：十进制常量没有前缀，取值为 0～9；八进制常量的前缀为 0，取值为 0～7；十六进制常量的前缀为 0x 或者 0X，取值为 0～9、A～F 或者 a～f。

例如，十进制数 10 用八进制形式可表示为 012，用十六进制形式可表示为 0xA。

实例 032 字符型变量的使用

（实例位置：配套资源\SL\4\032）

实例说明

要求定义 4 个字符变量，并给这 4 个字符变量赋值，然后利用输出语句将其输出。运行结果如图 4.2 所示。

```
CM "E:\光盘\SL\4\Debug\...   _ □ ×
mrkj
Press any key to continue_
```

图 4.2 字符型变量的使用

实现过程

（1）在 VC++ 6.0 中创建一个 C 文件。

（2）引用头文件，代码如下：

```
#include <stdio.h>
```

（3）程序主要代码如下：

```
void main()
{
    char a,b,c,d;                           /*声明变量*/
    a='m';                                  /*给变量 a 赋值*/
    b='r';                                  /*给变量 b 赋值*/
    c='k';                                  /*给变量 c 赋值*/
    d='j';                                  /*给变量 d 赋值*/
    printf("%c%c%c%c\n",a,b,c,d);            /*输出字符变量*/
}
```

技术要点

字符型变量是用来存储字符常量的变量。将一个字符常量存储到一个字符变量中，实际上是将该字符的 ASCII 码值（无符号整数）存储到内存单元中。

字符型变量在内存空间中占一个字节，取值范围是-128～127。

脚下留神：

使用关键字 char 定义字符型变量，且字符用单撇号括起来。

实例 033　求 100～200 之间的素数

（**实例位置：配套资源\SL\4\033**）

实例说明

求 100～200 之间的全部素数。运行结果如图 4.3 所示。

实现过程

（1）在 VC++ 6.0 中创建一个 C 文件。
（2）引用头文件，代码如下：

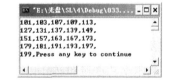

图 4.3　求 100～200 之间的素数

```
#include <stdio.h>
#include <math.h>
```

（3）定义 i、j、n 为基本整型，并为 n 赋初值 0。
（4）第一个 for 语句对 100～200 之间的所有数字进行遍历。第二个 for 语句对遍历到的数字进行判断，看能否被 2～$\sqrt{i}$ 之间的整数整除。
（5）程序主要代码如下：

```
void main()
{
```

```
    int i, j, n = 0;                      /*定义变量为基本整型*/
    for (i = 100; i <= 200; i++)
        for (j = 2; j <= sqrt(i); j++)
            if (i % j == 0)               /*判断是否能被整除*/
                break;                    /*如果能被整除，则说明不是素数，跳出循环*/
            else
                if (j > sqrt(i) - 1)
                {
                    printf("%d,", i);
                    n++;                  /*记录次数*/
                    if (n % 5 == 0)       /*5 个一换行*/
                        printf("\n");
                }
                else
                    continue;
    }
```

技术要点

素数是大于 1 的整数，除了能被自身和 1 整除外，不能被其他正整数整除。本实例的算法过程是：让 i 被 $2 \sim \sqrt{i}$ 除，如果 i 能被 $2 \sim \sqrt{i}$ 之间的任何一个整数整除，则结束循环；若不能被整除，则要判断 j 是否是最接近或等于 $\sqrt{i}$ 的，如果是则证明是素数，否则继续下次循环。

本实例中用到了包含在头文件 math.h 中的 sqrt()函数，其语法格式如下：

```
double sqrt(double x)
```

该函数的作用是返回 x 的开方值。

实例 034 　 利用#输出三角形

（实例位置：配套资源\SL\4\034）

实例说明

利用字符变量和#输出三角形，运行结果如图 4.4 所示。

实现过程

（1）在 VC++ 6.0 中创建一个 C 文件。

（2）引用头文件，代码如下：

```
#include <stdio.h>
```

（3）程序主要代码如下：

```
void main()
{
```

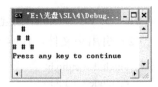

图 4.4　利用#输出三角形

```
    char a;                                      /*定义字符变量*/
    a='#';                                       /*给变量赋值*/
    printf("\40\40%c\n",a);                      /*输出变量和转义符*/
    printf("\40%c\40%c\n",a,a);                  /*输出变量和转义符*/
    printf("%c\40%c\40%c\n",a,a,a);              /*输出变量和转义符*/
}
```

技术要点

首先用 char 关键字定义字符变量 a，然后给这个字符变量赋值，即将#赋给变量 a。利用转义符\40 输出空格，并结合输出#，从而达到输出三角形的目的。

实例 035　十进制转换为二进制

（实例位置：配套资源\SL\4\035）

实例说明

在 C 程序中，主要使用十进制数，有时为了提高效率或其他一些原因，就需要使用二进制数。十进制数和二进制数之间可以直接转换，本实例即将平时在纸上运算的过程写入程序中。运行结果如图 4.5 所示。

图 4.5　十进制转换为二进制

实现过程

（1）在 VC++ 6.0 中创建一个 C 文件。

（2）引用头文件，代码如下：

```
#include <stdio.h>
#include <stdlib.h>
```

（3）数据类型声明，数组元素均赋初值为 0。

（4）使用输入函数获得要进行转换的十进制数。

（5）两个 for 循环语句实现十进制转换二进制的过程，并输出结果。

（6）第二个 for 循环中 if 条件语句使输出结果更直观。

（7）程序主要代码如下：

```
void main()
{
    int i, j, n, m;                              /*定义变量i、j、n、m*/
    int a[16] =
    {
        0
    };                                           /*定义数组a，元素初始值为0*/
    system("cls");                               /*清屏*/
    /*输出双引号内普通字符*/
    printf("请输入一个十进制数（0~32767）: \n");
    scanf("%d", &n);                             /*输入十进制数*/
```

```
        for (m = 0; m < 15; m++)        /*for 循环从 0 位到 14 位，最高位为符号位，本题始终为 0*/
        {
            i = n % 2;                  /*取 2 的余数*/
            j = n / 2;                  /*取被 2 整除的结果*/
            n = j;                      /*将得到的商赋给变量 n*/
            a[m] = i;                   /*将余数存入数组 a 中*/
        }
        for (m = 15; m >= 0; m--)
        {
            printf("%d", a[m]);         /*for 循环，将数组中的 16 个元素从后向前输出*/
            if (m % 4 == 0)
                printf(" ");            /*每输出 4 个元素，输出一个空格*/
        }
        printf("\n");
    }
```

技术要点

将十进制数转换为二进制数有以下几个要点：

（1）本实例中用数组来存储每次对 2 取余的结果，所以在数据类型定义时要定义数组，并将其全部数据元素赋初值为 0。

（2）两处用到了 for 循环，第一次 for 循环从 0 到 14（本题中只考虑基本整型中正数部分的转换，所以最高位始终为 0）；第二次 for 循环从 15 到 0，这里要注意不能改成 0 到 15，因为在将每次对 2 取余的结果存入数组时是从 a[0]开始存储的，所以要从 a[15]开始输出，这也符合平时计算的顺序。

（3）%和/的应用。%为模运算符，或称求余运算符，%两侧均应为整型数据；/为除法运算符，两个整数相除的结果为整数，运算的两个数中有一个数为实数，则结果是 double 型。

实例 036   n 进制转换为十进制

（实例位置：配套资源\SL\3\036）

实例说明

编程实现任意输入一个数，并输入几进制，则将其转换为十进制数并输出。运行结果如图 4.6 所示。

实现过程

（1）在 VC++ 6.0 中创建一个 C 文件。

（2）引用头文件，代码如下：

图 4.6   n 进制转换为十进制

```
#include <stdio.h>
#include <string.h>
```

（3）主函数从键盘中输入数据并输入其进制，如果数据与进制不符，则输出错误并退出程序，否则判断是数据还是字母并进行相应处理。

（4）输出最终结果 t1。

（5）程序主要代码如下：

```
void main()
{
    long t1;
    int i, n, t, t3;
    char a[100];
    printf("请输入数字：\n");
    gets(a);                          /*输入 n 进制数存到数组 a 中*/
    strupr(a);                        /*将 a 中的小写字母转换成大写字母*/
    t3 = strlen(a);                   /*求出数组 a 的长度*/
    t1 = 0;                           /*为 t1 赋初值 0*/
    printf("请输入进制 n（2 或 8 或 16）：\n");
    scanf("%d", &n);                  /*输入是几进制数*/
    for (i = 0; i < t3; i++)
    {
        if (a[i] - '0' >= n && a[i] < 'A' || a[i] - 'A' + 10 >= n)/*判断输入的数据与进制数是否相符*/
        {
            printf("输入有误!!");      /*输出错误*/
            exit(0);                  /*退出程序*/
        }
        if (a[i] >= '0' && a[i] <= '9')        /*判断是否为数字*/
            t = a[i] - '0';                    /*求出该数字赋给 t*/
        else if (n >= 11 && (a[i] >= 'A' && a[i] <= 'A' + n - 10))    /*判断是否为字母*/
            t = a[i] - 'A' + 10;               /*求出字母所代表的十进制数*/
        t1 = t1 * n + t;                       /*求出最终转换成的十进制数*/
    }
    printf("十进制形式是%ld\n", t1);           /*输出最终结果*/
}
```

技术要点

程序中用到了字符串函数 strupr() 和 strlen()，前者是将括号内指定字符串中的小写字母转换为大写字母，其余字符串不变；后者是求括号中指定字符串的长度，即有效字符的个数。使用这两个函数时应在程序开头写上如下代码：

```
#include <string.h>
```

本实例主要思路是用字符型数组 a 存放一个 n 进制数，再对数组中的每个元素进行判断，如果是 0～9 的数字，则进行以下处理：

```
t = a[i] - '0';
```

如果是字母，则进行以下处理：

```
t = a[i] - 'A' + 10;
```

如果输入的数据与进制不符，则输出数据错误并退出程序。

实例 037　小球下落问题

（实例位置：配套资源\SL\4\037）

实例说明

　　一球从 100 米高度自由落下，每次落地后反跳回原高度的一半，再落下。求它在第十次落地时，共经过多少米？第十次反弹多高？运行结果如图 4.7 所示。

图 4.7　小球下落问题

实现过程

（1）在 VC++ 6.0 中创建一个 C 文件。

（2）引用头文件，代码如下：

```
#include <stdio.h>
```

（3）定义 i、h、s 为单精度型，并为 h、s 赋初值 100。

（4）使用 for 语句计算每一次弹起到落地所经过的路程与前面经过路程和的累加。

（5）输出经过的总路程及第十次弹起的高度。

（6）程序主要代码如下：

```
void main()
{
    float i,h=100,s=100;            /*定义变量i、h、s分别为单精度型并为h和s赋初值100*/
    for(i=1;i<=9;i++)              /*i的范围是1～9，表示小球从第二次落地到第十次落地*/
    {
        h=h/2;                     /*每落地一次弹起高度变为原来的一半*/
        s+=h*2;                    /*累积的高度和加上下一次落地后弹起与下落的高度*/
    }
    printf("总长度是：%f\n",s);              /*输出高度和*/
    printf("第十次落地后弹起的高度是：%f",h/2);   /*输出第十次落地后弹起的高度*/
    printf("\n");
}
```

技术要点

　　本实例要点是分析小球每次弹起的高度与落地次数之间的关系。小球从 100 米高处自由下落，当第一次落地时经过了 100 米，这个可单独考虑，从第一次弹起到第二次落地前经过的路程为前一次弹起最高高度的一半乘以 2，加上前面经过的路程，因为每次都有弹起和下落两个过程，其经过的路程相等，故乘以 2。依此类推，到第十次落地前，共经过了 9 次这样的过程，所以 for 循环执行循环体的次数是 9 次。题目中还提到了第十次反弹的高度，这个只需在输出时用第九次弹起的高度除以 2 即可。

　　读者以后遇到此类问题时不要急着先写程序，应先理清题目思路找出其中的规律，然后再写程序就会更加得心应手了。

实例 038 巧分苹果

（实例位置：配套资源\SL\4\038）

实例说明

一家农户以果园为生，一天，父亲推出一车苹果，共 2520 个，准备分给他的 6 个儿子。父亲按事先写在一张纸上的数字把这堆苹果分完，每个人分到的苹果个数都不相同。他说："老大，把你分到的苹果的 1/8 给老二，老二拿到后，连同原来的苹果分 1/7 给老三，老三拿到后，连同原来的苹果的 1/6 给老四，依此类推，最后老六拿到后，连同原来的苹果分 1/3 给老大，这样，你们每个人分到的苹果就一样多了。"问兄弟 6 人原先各分到多少只苹果？运行结果如图 4.8 所示。

图 4.8 巧分苹果

实现过程

（1）在 VC++ 6.0 中创建一个 C 文件。

（2）引用头文件，代码如下：

```
#include <stdio.h>
```

（3）利用循环和数组，先求出哥哥得到分来的苹果却未分给弟弟时的数目，在该数的基础上再求原来每人分到的苹果数。

（4）程序主要代码如下：

```
void main()
{
    int x[7], y[7], s, i;
    s = 2520 / 6;                           /*求出平均每个人要分多少个苹果*/
    for (i = 2; i <= 6; i++)
        /*求老二到老六得到哥哥分来的苹果却未分给弟弟时的苹果数*/
        y[i] = s *(9-i) / (8-i);
    y[1] = x[1] = (s - y[6] / 3) *8 / 7;
    /*老大得到老六分来的苹果却未分给弟弟时的苹果数*/
    for (i = 2; i <= 6; i++)
        x[i] = y[i] - y[i - 1] / (10-i);    /*求原来每人得到的苹果数*/
    for (i = 1; i <= 6; i++)
        printf("x[%d]=%d\n", i, x[i]);      /*输出最终结果*/
}
```

技术要点

本实例首先要分析其中的规律，这里设 x[i]（i=1、2、3、4、5、6）依次为 6 个兄弟原来分到的苹果数，设 y[i]=（i=2、3、4、5、6）为除老大外其余 5 个兄弟从哥哥那里得到还未分给弟弟时的苹果数，那么老大是个特例则 x[1]=y[1]。因为苹果的总数是 2520，那么可以很容易知道 6 个人平均每人得到的苹果数 s 应为 420，则可得到如下关系：

```
y2=x2+(1/8)*y1,
y2*(6/7)=s;
y3=x3+(1/7)*y2,
y3*(5/6)=s;
y4=x4+(1/6)*y3,
y4*(4/5)=s;
y5=x5+(1/5)*y4,
y5*(3/4)=s;
y6=x6+(1/4)*y5,
y6*(2/3)=s;
```

以上求 s 都是有规律的，老大的求法这里单列，即 y1=x1,x1*(7/8)+y6*(1/3)=s。根据上面的分析利用数组即可实现巧分苹果。

实例 039　老师分糖果

（实例位置：配套资源\SL\4\039）

实例说明

幼儿园老师将糖果分成若干等份，让学生按任意次序领取，第 1 个领取的，得到 1 份加上剩余糖果的 1/10；第 2 个领取的，得到 2 份加上剩余糖果的 1/10；第 3 个领取的，得到 3 份加上剩余糖果的 1/10，……依此类推。问共有多少个学生？老师共将糖果分成了多少等份？运行结果如图 4.9 所示。

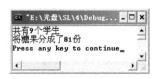

图 4.9　老师分糖果

实现过程

（1）在 VC++ 6.0 中创建一个 C 文件。

（2）引用头文件，代码如下：

```
#include <stdio.h>
```

（3）定义 n 为基本整型，sum1 和 sum2 为单精度型。

（4）使用穷举法，这里用 for 语句对 n 逐个判断，直到满足条件 sum1=sum2，结束 for 循环。要注意，因为将糖果分成了 n 等份，所以最终求出的结果必须是整数。

（5）输出最终求出的结果，这里要注意学生数量是用总份数除以每个人得到的份数，程序里是除以第一个人得到的份数。

（6）程序主要代码如下：

```
void main()
{
    int n;
    float sum1,sum2;                   /*sum1 和 sum2 应为单精度型，否则结果将不准确*/
```

```
        for(n=11;;n++)
        {
            sum1=(n+9)/10.0;
            sum2=(9*n+171)/100.0;
            if(sum1!=(int)sum1) continue;    /*sum1 和 sum2 应为整数，否则结束本次循环，继续下
次判断*/
            if(sum2!=(int)sum2) continue;
            if(sum1==sum2) break;            /*当 sum1 等于 sum2 时，跳出循环*/
        }
        printf("共有%d 个学生\n 将糖果分成了%d 份",(int)(n/sum1),n);
        /*输出学生数及所分的份数*/
        printf("\n");
    }
```

技术要点

读者在刚看本实例时也许会感觉无从下手，这里就采用穷举法进行探测，由部分推出整体。设老师共将糖果分成 n 等份，第 1 个学生得到的份数为 sum1=(n+9)/10，第 2 个学生得到的份数为 sum2=(9*n+171)/100，为 n 赋初值，本实例中 n 的初值为 11（因为糖果份数至少为 11 份时，第一个来领的同学领到的才是完整的份数），穷举法直到 sum1=sum2，这样就可以计算出老师将糖果分成了多少份和学生的数量。

实例 040　IP 地址形式输出

（实例位置：配套资源\SL\4\040）

实例说明

任意输入 32 位的二进制数，编程实现将该二进制数转换成 IP 地址形式。举例如下。

输入：11111111111111111111111100000000

输出：255.255.255.0

运行结果如图 4.10 所示。

图 4.10　IP 地址形式输出

实现过程

（1）在 VC++ 6.0 中创建一个 C 文件。

（2）引用头文件，代码如下：

```
#include <stdio.h>
```

（3）自定义函数 bin_dec()，实现将二进制数转换为十进制数。代码如下：

```
int bin_dec(int x, int n)                    /*自定义函数将二进制数转换成十进制数*/
{
    if (n == 0)                              /*递归结束条件*/
        return 1;
    return x *bin_dec(x, n - 1);             /*递归调用 bin_dec()函数*/
}
```

（4）main()函数作为程序的入口函数，代码如下：

```c
void main()
{
    int i;
    int ip[4] ={0};
    char a[33];                                    /*存放输入的二进制数*/
    printf("输入二进制数：\n");
    scanf("%s", a);                                /*二进制数以字符串形式读入*/
    for (i = 0; i < 8; i++)
    {
        if (a[i] == '1')
            ip[0] += bin_dec(2, 7-i);              /*计算0~7位转换的结果*/
    }
    for (i = 8; i < 16; i++)
    {
        if (a[i] == '1')
            ip[1] += bin_dec(2, 15-i);             /*计算8~15位转换的结果*/
    }
    for (i = 16; i < 24; i++)
    {
        if (a[i] == '1')
            ip[2] += bin_dec(2, 23-i);             /*计算16~23位转换的结果*/
    }
    for (i = 24; i < 32; i++)
    {
        if (a[i] == '1')
            ip[3] += bin_dec(2, 31-i);             /*计算24~31位转换的结果*/
        if (a[i] == '\0')
            break;
    }
    printf("IP：\n");
    printf("%d.%d.%d.%d\n", ip[0], ip[1], ip[2], ip[3]);   /*将最终结果以IP形式输出*/
}
```

技术要点

本实例主要通过将输入的二进制数以每8位数为一个单位分开，再通过自定义的函数将这8位二进制数转换成对应的十进制数即可。

实例 041　特殊的完全平方数

（实例位置：配套资源\SL\4\041）

实例说明

在3位整数100~999中查找符合如下条件的整数并在屏幕上输出：这个数既是完全平方数，又有两位数字相同，如121（11的平方）、144（12的平方）等。运行结果如图4.11

所示。

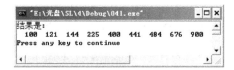

图 4.11 特殊的完全平方数

实现过程

（1）在 VC++ 6.0 中创建一个 C 文件。

（2）引用头文件，代码如下：

```
#include <stdio.h>
```

（3）用 while 循环判断探测到的数据是否为完全平方数，如果是，再进一步分离各位数据，判断是否有两个是相同的，如果有则输出，否则进行下次循环。

（4）程序主要代码如下：

```
void main()
{
    int i, j;
    int hun, ten, data;                          /*定义变量存储分解出的百位、十位、个位*/
    printf("结果是：\n");
    for (i = 100; i <= 999; i++)
    {
        j = 10;
        while (j *j <= i)
        {
            if (i == j *j)
            {
                hun = i / 100;                   /*分解出百位上的数*/
                data = i - hun * 100;
                ten = data / 10;                 /*分解出十位上的数*/
                data = data - ten * 10;          /*分解出个位上的数*/
                if (hun == ten || hun == data || ten == data)   /*判断分解出的 3 个数中是否有两
个数是相等的*/
                    printf("%5d", i);            /*将符合条件的数输出*/
            }
            j++;
        }
    }
    printf("\n");
}
```

技术要点

本实例的算法思想如下：对探测到的 100～999 之间的数首先要判断它是不是完全平方数，如果是完全平方数再分离出其百位、十位、个位上的数字，再用 if 条件判断语句判断分离出的 3 个数中是否有两个数相同。如果有两个数相同则输出该数字，否则继续下次循环。如果不是完全平方数就不用分离再判断，直接进行下次探测即可。

实例 042　一数三平方

（实例位置：配套资源\SL\4\042）

实例说明

有这样一个六位数，它本身是一个整数的平方，其高三位和低三位也分别是一个整数的平方，如 $225625=475^2$，求满足上述条件的所有六位数。运行结果如图 4.12 所示。

图 4.12　一数三平方

实现过程

（1）在 VC++ 6.0 中创建一个 C 文件。

（2）引用头文件，代码如下：

```
#include <stdio.h>
#include <math.h>
```

（3）利用 for 循环对 100000～999999 之间的所有数按条件进行试探，对满足条件的数将其输出到屏幕上，并用变量 count 记录满足条件的数的个数。

（4）程序主要代码如下：

```
void main()
{
    long i, n, n1, n2, n3, n4, count = 0;           /*定义变量为长整型*/
    printf("这样的数有：\n");
    for (i = 100000; i <= 999999; i++)              /*遍历所有的六位数*/
    {
        n = (long)sqrt(i);                          /*对 i 值开平方，得到一个长整型数值 n*/
        if (i == n *n)                              /*判断 n 的平方是否等于 i*/
        {
            n1 = i / 1000;                          /*求出高三位数*/
            n2 = i % 1000;                          /*求出低三位数*/
            n3 = (long)sqrt(n1);                    /*对 n1 值开平方，得到一个长整型数值 n3*/
            n4 = (long)sqrt(n2);                    /*对 n2 值开平方，得到一个长整型数值 n4*/
            if (n1 == n3 *n3 && n2 == n4 *n4)
                /*判断是否同时满足 n1 等于 n3 的平方、n2 等于 n4 的平方*/
            {
                count++;                            /*count 作为计数器，记录满足条件的个数*/
                printf("%ld,", i);
            }                                       /*将最终满足条件的 i 值输出*/
```

```
        }
      }
      printf("\n 满足条件的有：%d 个", count);          /*输出满足条件的数的个数*/
      printf("\n");
    }
```

技术要点

要实现本实例要求有许多方法，本实例是其中的一种。程序中用到了 sqrt() 函数，其语法格式如下：

```
double sqrt(double num)
```

该函数的作用是返回参数 num 的平方根，可以发现 sqrt 的返回值是一个 double 型，程序中将 sqrt 的返回值强制转换成长整型，这样会使开平方后得到的小数（小数点后不为 0）失去其小数点后面的部分，那么，再对这个强制转换后的数再平方，所得结果将不会等于原来开平方前的数。若开平方后得到的小数其小数点后的部分为 0，则将其强制转换为长整型也不会产生数据流失，那么再对这个强制转换后的数再平方所得的结果就将等于原来开平方前的数。利用这个方法就可以很好地判断出一个数开平方后得到的数是否是整数。

实例 043　求等差数列

（实例位置：配套资源\SL\4\043）

实例说明

幼儿园老师给学生由前向后发糖果，每个学生得到的糖果数目成等差数列，前 4 个学生得到的糖果数目之和是 26，积是 880。编程求前 20 名学生每人得到的糖果数目。运行结果如图 4.13 所示。

图 4.13　求等差数列

实现过程

（1）在 VC++ 6.0 中创建一个 C 文件。

（2）引用头文件，代码如下：

```
#include <stdio.h>
```

（3）定义 j、number 及 n 为基本整型。

（4）使用 for 语句进行穷举，对满足 if 语句中条件的按指定格式输出，否则进行下次循环。

（5）程序主要代码如下：

Note

```c
void main()
{
    int j, number, n;
    for (number = 1; number < 6; number++)          /*对 1～5 之间的数进行穷举*/
        for (n = 1; n < 4; n++)                      /*对 1～3 之间的数进行穷举*/
            if ((4 *number + 6 * n == 26) && (number *(number + n)*(number + 2 * n)*
                (number + 3 * n)) == 880)            /*判断是否满足题中条件*/
            {
                printf("结果是：\n");
                for (j = 1; j <= 20; j++)
                {
                    printf("%3d", number);
                    number += n;
                    if (j % 5 == 0)                  /*每输出 5 个进行换行*/
                        printf("\n");
                }
            }
}
```

技术要点

本实例在编写程序前，要先确定这个等差数列的首项及公差的取值范围，因为数字范围比较小的读者可通过手工来算，很容易确定出等差数列首项的范围是 1～6 之间（不包括 6），公差的取值范围是 1～4 之间（不包括 4），在确定了首项和公差之后，便可按照题意设置条件进行判断。

实例 044　亲密数

（实例位置：配套资源\SL\4\044）

实例说明

如果整数 A 的全部因子（不包括 A）之和等于 B，且整数 B 的全部因子（不包括 B）之和等于 A，则将 A 和 B 称为亲密数，如 220 的全部因子（不包括 220）之和：1+2+4+5+10+11+20+22+44+55+110 等于 284，284 的全部因子（不包括 284）之和：1+2+4+71+142 等于 220，故 220 和 284 为亲密数。求 10000 以内的所有亲密数。运行结果如图 4.14 所示。

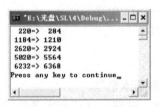

图 4.14　亲密数

实现过程

（1）在 VC++ 6.0 中创建一个 C 文件。

（2）引用头文件，代码如下：

```
#include <stdio.h>
```

（3）定义 i、j、k、sum1 和 sum2 为基本整型。

（4）对 1～10000 之间的数按照技术要点中所提到的过程进行运算并判断，并将最终符合要求的结果输出。这里求因子的方法依旧是用数 i 对 1～i-1 之间的所有数取余，看余数是否为 0，如果为 0 则说明该数是 i 的因子。

（5）程序主要代码如下：

```
void main()
{
    int i, j, k, sum1, sum2;                    /*定义变量为基本整型*/
    for (i = 1; i <= 10000; i++)                /*对 10000 以内的数进行穷举*/
    {
        sum1 = 0;
        sum2 = 0;
        for (j = 1; j < i; j++)
            if (i % j == 0)                     /*判断 j 是否为 i 的因子*/
                sum1 += j;                      /*求因子之和*/
        for (k = 1; k < sum1; k++)
            if (sum1 % k == 0)                  /*判断 k 是否是 sum1 的因子*/
                sum2 += k;                      /*求因子的和*/
        if (sum2 == i && i != sum1 && i < sum1)
            printf("%5d=>%5d\n", i, sum1);      /*输出亲密数*/
    }
}
```

技术要点

本实例采用穷举法对 10000 以内的数逐个求因子，并求出所有因子之和 sum1，再对所求出的和 sum1 求因子，并再次求所有因子之和 sum2，此时按亲密数的要求进行进一步筛选便求出最终结果。

实例 045　自守数

（实例位置：配套资源\SL\4\045）

实例说明

自守数是指一个数的平方的尾数等于该数自身的自然数，如 25^2=625，76^2=5776，9376^2=87909376。编程求一定范围（此处以 10000 为例）内的所有自守数，运行结果如图 4.15 所示。

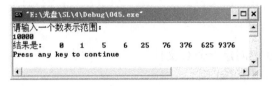

图4.15 自守数

实现过程

（1）在 VC++ 6.0 中创建一个 C 文件。

（2）引用头文件，进行宏定义并声明全局变量，代码如下：

```
#include <stdio.h>
```

（3）定义 i、j、k、sum1 和 sum2 为基本整型。

（4）对 1～10000 之间的数按照技术要点中所分析的规律进行运算并判断，并将最终符合要求的结果输出。这里求一个 n-1 位数乘积的后 n-1 位的方法是将 1～n-1 的每一部分的后 n-1 位求和，然后再取后 n-1 位。

（5）程序主要代码如下：

```c
void main()
{
    long i, j, k1, k2, k3, a[10] = { 0 }, num, m, n, sum;    /*定义变量及数组为长整型*/
    printf("请输入一个数表示范围：\n");
    scanf("%ld", &num);                                      /*从键盘中输入要求的范围*/
    printf("结果是：");
    for (j = 0; j < num; j++)                                /*对该范围内的数逐个试探*/
    {
        m = j;
        n = 1;
        sum = 0;
        k1 = 10;
        k2 = 1;
        while (m != 0)                                       /*判断该数的位数*/
        {
            a[n] = j % k1;                                   /*将分离出的数存入数组中*/
            n++;                                             /*记录位数，实际位数为n-1*/
            k1 *= 10;                                        /*最小n位数*/
            m = m / 10;
        }
        k1 = k1 / 10;
        k3 = k1;
        for (i = 1; i <= n - 1; i++)
        {
            sum += (a[i] / k2 * a[n - i]) % k1 * k2;         /*求每一部分积之和*/
            k2 *= 10;
            k1 /= 10;
        }
        sum = sum % k3;                                      /*求和的后n-1位*/
```

```
            if (sum == j)
                printf("%5ld", sum);                    /*输出找到的自守数*/
        }
        printf("\n");
    }
```

技术要点

本实例的关键是分析手工求解过程中的规律，下面就来具体分析：

$$
\begin{array}{r}
9376 \\
\times\ 9376 \\
\hline
56256 \\
65632 \\
28128 \\
84384 \\
\hline
87909376
\end{array}
$$

观察上式可发现，9376×9376 的最终结果是 87909376，其中积的后四位的产生规律如下。

第一部分积（56256）：被乘数的最后四位乘以乘数的倒数第一位。

第二部分积（65632）：被乘数的最后三位乘以乘数的倒数第二位。

第三部分积（28128）：被乘数的最后两位乘以乘数的倒数第三位。

第四部分积（84384）：被乘数的最后一位乘以乘数的倒数第四位。

将以上四部分的后四位求和，然后取后四位，即可求出一个四位数乘积的后四位。其他不同位数的数依此类推。

运算符与表达式

本章读者可以学到如下实例：

实例 046 求二元一次不定方程

（实例位置：配套资源\SL\5\046）

实例说明

求解二元一次不定方程 ax+by=c 的解，其中 a、b、c 要求从键盘中输入，其中 a>0，b>0 且 a≥b。运行结果如图 5.1 所示。

图 5.1 求解二元一次不定方程

实现过程

（1）在 VC++ 6.0 中创建一个 C 文件。

（2）引用头文件，代码如下：

```c
#include <stdio.h>
```

（3）自定义函数 result()，用来求解二元一次不定方程的一组解。代码如下：

```c
void result(int a, int b, int c, int *x2, int *y2)          /*自定义函数求解*/
{
    int x[100], y[100], z[100];
    int i, j, d, t, gcd;
    x[0] = 0;
    y[0] = 1;
    for (i = 0; i < 100; i++)
    {
        z[i] = a / b;                                       /*求 a/b 的值*/
        d = a % b;                                          /*求 a 对 b 取余的值*/
        a = b;
        b = d;
        if (d == 0)
        {
            gcd = a;                                        /*辗转法求最大公约数*/
            break;
        }
        if (i == 0)                                         /*判断 a 是否能被 b 整除*/
        {
            x[1] = 1;
            y[1] = z[0];
        }
        else
        {
            x[i + 1] = z[i] *x[i] + x[i - 1];
            y[i + 1] = z[i] *y[i] + y[i - 1];
        }
    }
    for (t = - 1, j = 1; j < i; j++)
        t = - t;
```

```
        *x2 = - t * x[i];
        *y2 = t * y[i];                          /*求出 ax+by=gcd(a,b)的一组解*/
        if (c % gcd != 0)                        /*判断 c 能否整除 a 和 b 的最大公约数*/
        {
            printf("无解!\n");                    /*如不能整除，则输出无解的提示信息*/
            exit(0);
        }
        t = c / gcd;                             /*若能整除则将结果赋给 t*/
        *x2 = *x2 * t;
        *y2 = *y2 * t;
    }
```

（4）自定义 test()函数，用来检验求出的解是否满足方程。代码如下：

```
    void test(int a, int b, int c, int x, int y)    /*自定义函数检测求出的结果*/
    {
        if (a *x + b * y == c)                      /*将 x、y 带进公式看是否等于 c*/
            printf("结果正确!\n");
        else
            printf("结果错误!\n");
    }
```

（5）程序主要代码如下：

```
    void main()
    {
        int a, b, c, x2, y2;
        printf("输入 a,b,c：\n");                   /*输入 a、b、c 的值*/
        scanf("%d%d%d", &a, &b, &c);
        result(a, b, c, &x2, &y2);                /*调用函数求出解*/
        test(a, b, c, x2, y2);                     /*检验结果是否正确*/
        printf("x=%d,y=%d\n", x2, y2);             /*将 x、y 的值输出*/
    }
```

技术要点

关于求解二元一次不定方程 ax+by=c 有两个重要的结论：

☑   二元一次不定方程有解的充分必要条件是 a 与 b 的最大公约数能整除 c。

☑   如果(x_0,y_0)是方程的一组解，则对任何整数 k，(x_0+bk, y_0-ak)也都是方程的解。

下面以 123x+35y=7 为例来分析二元一次不定方程的求解算法：

123=35×3+18

35=18×1+17

18=17×1+1

17=1×17

将上述推导过程用公式表示出来便是：

$a_n=b_n×c_n+d_n$, $c_n=a_n/b_n$, $d_n=a_n\%b_n$, $a_{n+1}=b_n$, $b_{n+1}=d_n$

x[n]和 y[n]的递推计算公式如下：

x[0]=0,x[1]=1,x[n+1]=x[n]*q[n]+x[n-1]   (i>1)

y[0]=1,y[1]=q[0],y[n+1]=y[n]*q[n]+y[n-1]   （i>1）

最终方程的解便是 x=$(-1)^{n-1}$x[n]，y=$(-1)^n$y[n]，这里的 n 就是进行计算的轮数。

实例 047 可逆素数

（实例位置：配套资源\SL\5\047）

实例说明

可逆素数是指将一个素数的各位数字顺序地倒过来构成的反序数仍然是素数，按以上叙述求所有的四位素数。运行结果如图 5.2 所示。

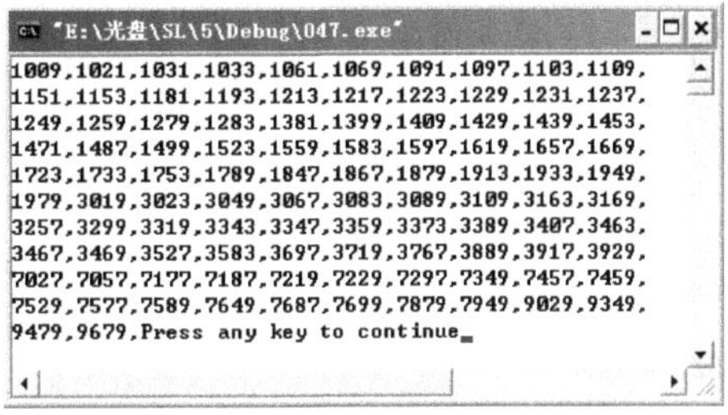

图 5.2 可逆素数

实现过程

（1）在 VC++ 6.0 中创建一个 C 文件。

（2）引用头文件，代码如下：

```
#include <stdio.h>
#include <math.h>
```

（3）自定义函数 ss()，函数类型为基本整型，作用是判断一个数是否为素数。代码如下：

```
int ss(int i)                                        /*自定义函数判断是否为素数*/
{
    int j;
    if (i <= 1)                                      /*小于 1 的数不是素数*/
        return 0;
    if (i == 2)                                      /*2 是素数*/
        return 1;
    for (j = 2; j < i; j++)                          /*对大于 2 的数进行判断*/
    {
        if (i % j == 0)
            return 0;
        else if (i != j + 1)
            continue;
        else
            return 1;
    }
}
```

（4）对 1000～10000 之间的数进行穷举，找出符合条件的数并将其输出。

（5）程序主要代码如下：

```
void main()
{
    int i, n = 0, n1, n2, n3, n4;
    for (i = 1000; i < 10000; i++)
```

```
        if (ss(i) == 1)
        {
            n4 = i % 10;                                        /*取个位数*/
            n3 = (i % 100) / 10;                                /*取十位数*/
            n2 = (i / 100) % 10;                                /*取千位数*/
            n1 = i / 1000;                                      /*取万位数*/
            if (ss(1000 *n4 + 100 * n3 + 10 * n2 + n1) == 1 && 1000 *n4 + 100 * n3
                + 10 * n2 + n1 > i)                             /*根据条件判断*/
            {
                printf("%d,", i);
                n++;                                            /*记录个数*/
                if (n % 10 == 0)                                /*10 个数一换行*/
                    printf("\n");
            }
        }
    }
}
```

技术要点

本实例的重点是如何求一个数的反序数，方法有很多种，本实例采用了逐位提取数字的方法即对这个四位数采用"%"或"/"的方法分解出每位上的数字。在对重新组合的数字进行判断看是否是素数，并判断是否大于原来的四位数（这样做主要是为了防止重复输出例如 1031 与 1301 互可逆素数，这里只输出 1031 即可，1301 不必输出）。

实例 048   判断闰年

（实例位置：配套资源\SL\5\048）

实例说明

从键盘上输入一个表示年份的整数，判断该年份是否是闰年，判断后的结果显示在屏幕上。运行结果如图 5.3 所示。

图 5.3   判断闰年

实现过程

（1）在 VC++ 6.0 中创建一个 C 文件。

（2）引用头文件，代码如下：

```
#include <stdio.h>
```

（3）定义数据类型，本实例中定义 year 为基本整型，使用输入函数从键盘中获得表示年份的整数。

（4）使用 if 语句进行条件判断，如果满足括号内的条件则输出是闰年，否则输出不是闰年。

（5）程序主要代码如下：

```
void main()
{
```

```
    int year;                                        /*定义基本整型变量 year*/
    printf("请输入年份：\n");
    scanf("%d", &year);                              /*从键盘输入表示年份的整数*/
    if ((year % 4 == 0 && year % 100 != 0) || year % 400 == 0)  /*判断闰年条件*/
        printf("%d 是闰年\n", year);                 /*满足条件的输出是闰年*/
    else
        printf("%d 不是闰年\n", year);               /*否则输出不是闰年*/
}
```

技术要点

（1）计算闰年的方法用自然语言描述如下：如果某年能被 4 整除但不能被 100 整除，或者该年能被 400 整除则该年为闰年。在本实例中用如下表达式来表示上面这句话：

> year%4==0&&year%100!=0)||year%400==0

（2）将判断闰年的自然语言转换成 C 语言要求的语法形式时需要用到逻辑运算符 &&、||、！，具体使用规则如下：

- ☑ && 逻辑与（相当于其他语言中的 AND），a&&b 若 a、b 为真，则 a&&b 为真。
- ☑ || 逻辑或（相当于其他语言中的 OR），a||b 若 a、b 之一为真，则 a||b 为真。
- ☑ ！ 逻辑非（相当于其他语言中的 NOT），若 a 为真，则!a 为假。
- ☑ 三者的优先次序是! →&&→||，即 "！" 为三者中最高的。

脚下留神：

程序编写过程中要注意 "==" 和 "=" 之间的区别，"==" 为关系运算符结合方向 "自左至右"，而 "=" 是赋值运算符结合方向 "自右至左"。

实例 049 黑纸与白纸

（实例位置：配套资源\SL\5\049）

实例说明

有 A、B、C、D、E 五个人，每人额头上都贴了一张黑色或白色的纸条。五人对坐，每人都可以看到其他人额头上的纸的颜色，但都不知道自己额头上的纸的颜色。五人相互观察后，

A 说："我看见有三个人额头上贴的是白纸，一个人额头上贴的是黑纸。"

B 说："我看见其他四人额头上贴的都是黑纸。"

C 说："我看见有一个人额头上贴的是白纸，其他三人额头上贴的是黑纸。"

D 说："我看见四人额头上贴的都是白纸"。

E 说："我不发表观点。"

现在已知额头贴黑纸的人说的都是谎话，额头贴白纸的人说的都是实话，问这五个人谁的额头上贴的是白纸，谁的额头上贴的是黑纸。运行结果如图 5.4 所示。

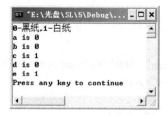

图5.4 黑纸与白纸

实现过程

（1）在 VC++ 6.0 中创建一个 C 文件。

（2）引用头文件，代码如下：

```
#include <stdio.h>
```

（3）根据技术要点中的分析过程写出判断条件，用 for 语句对 A、B、C、D、E 五个人贴黑纸与白纸的情况逐一探测，输出满足上述条件的结果。

（4）程序主要代码如下：

```
void main()
{
    int a, b, c, d, e;
    for (a = 0; a <= 1; a++)              /*对 a、b、c、d、e 穷举贴黑纸和白纸的所有可能*/
        for (b = 0; b <= 1; b++)
            for (c = 0; c <= 1; c++)
                for (d = 0; d <= 1; d++)
                    for (e = 0; e <= 1; e++)
                        if ((a && b + c + d + e == 3 || !a && b + c + d + e !=
                        3) && (b && a + c + d + e == 0 || !b && a + c + d +
                        e != 0) && (c && a + b + d + e == 1 || !c && a + b
                        + d + e != 1) && (d && a + b + c + e == 4 || !d &&
                        a + b + c + e != 4))/*列出相应条件*/
                        {
                            printf("0-黑纸,1-白纸\n");
                            printf("a is %d\nb is %d\nc is %d\nd is %d\ne is %d\n", a, b, c, d, e);
                            /*将最终结果输出*/
                        }
}
```

技术要点

根据实例中给的条件分析结果如下。

A：a&&b+c+d+e==3||!a&&b+c+d+e!=3

B：b&&a+c+d+e==0||!b&&a+c+d+e!=0

C：c&&a+b+d+e==1||!c&&a+b+d+e!=1

D：d&&a+b+c+e==4||!d&&a+b+c+e!=4

在编程时只需穷举每个人额头上所贴的纸的颜色（程序中 0 代表黑色，1 代表白色），将上述表达式作为条件即可。

实例 050　阿姆斯特朗数

（**实例位置：配套资源\SL\5\050**）

实例说明

阿姆斯特朗数也就是俗称的水仙花数，是指一个三位数，其各位数字的立方和等于该数本身。例如，153 是一个水仙花数，因为 $153=1^3+5^3+3^3$。编程求出所有水仙花数。运行结果如图 5.5 所示。

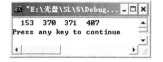

图 5.5　阿姆斯特朗数

实现过程

（1）在 VC++ 6.0 中创建一个 C 文件。

（2）引用头文件，代码如下：

```
#include <stdio.h>
```

（3）使用 for 语句对 100～1000 之间的数进行穷举。

（4）程序主要代码如下：

```
void main()
{
    int i, j, k, n;                      /*定义变量为基本整型*/
    for (i = 100; i < 1000; i++)         /*对 100～1000 内的数进行穷举*/
    {
        j = i % 10;                      /*分离出个位上的数*/
        k = i / 10 % 10;                 /*分离出十位上的数*/
        n = i / 100;                     /*分离出百位上的数*/
        if (j * j * j + k * k * k + n * n * n == i)   /*判断各位上的数的立方和是否等于其本身*/
            printf("%5d", i);            /*将水仙花数输出*/
    }
    printf("\n");
}
```

技术要点

本实例采用穷举法对 100～1000 之间的数字进行拆分，再按照阿姆斯特朗数（水仙花数）的性质计算并判断，满足条件的输出，否则进行下次循环。

实例 051　最大公约数和最小公倍数

（**实例位置：配套资源\SL\5\051**）

实例说明

从键盘中输入两个正整数 a 和 b，求其最大公约数和最小公倍数。运行结果如图 5.6

所示。

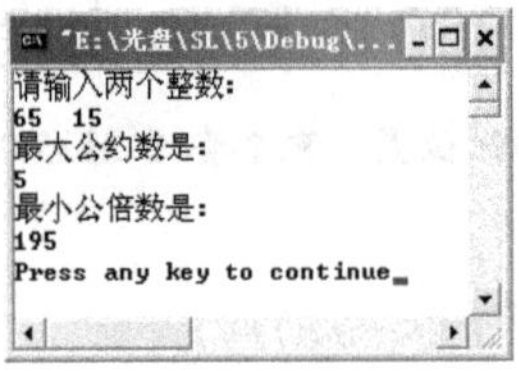

图 5.6　最大公约数和最小公倍数

实现过程

（1）在 VC++ 6.0 中创建一个 C 文件。

（2）引用头文件，代码如下：

```
#include <stdio.h>
```

（3）使用 scanf()函数将输入的两个数分别赋值给 a 和 b，如果 a 小于 b 则借助中间变量 t 将 a 与 b 的值互换，用辗转相除的方法求出 a 和 b 的最大公约数，进而求出最小公倍数并将它们输出。

（4）程序主要代码如下：

```
void main()
{
    int a, b, c, m, t;                          /*定义变量为基本整型*/
    printf("请输入两个整数：\n");
    scanf("%d%d", &a, &b);                       /*从键盘中输入两个数*/
    if (a < b)                                   /*当 a 小于 b 时实现两值互换*/
    {
        t = a;
        a = b;
        b = t;
    }
    m = a * b;                                   /*求出 a 与 b 的乘积*/
    c = a % b;                                    /*a 对 b 取余赋给 c*/
    while (c != 0)                                /*当 c 不为 0 时执行循环体语句*/
    {
        a = b;                                    /*将 b 的值赋给 a*/
        b = c;                                    /*将 c 的值赋给 b*/
        c = a % b;                                /*继续取余并赋给 c*/
    }
    printf("最大公约数是：\n%d\n", b);             /*输出最大公约数*/
    printf("最小公倍数是：\n%d\n", m / b);         /*输出最小公倍数*/
}
```

技术要点

在求两个数的最大公约数时通常采用辗转相除的方法，本实例也就是将辗转相除的过程用 C 语言语句表示出来。最小公倍数和最大公约数之间的关系是：两数相乘的积除以这两个数的最大公约数就是最小公倍数。知道这层关系后用辗转相除法求出最大公约数，那么最小公倍数也就求出来了。

实例 052　求一元二次方程的根

（实例位置：配套资源\SL\5\052）

实例说明

求解一元二次方程 $ax^2+bx+c=0$ 的根，由键盘输入系数，输出方程的根。

提示：这种问题类似于给出公式计算，可以按照输入数据、计算、输出三步方案来设计运行程序。运行结果如图 5.7 所示。

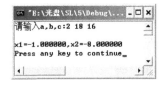

图 5.7　求一元二次方程的根

实现过程

（1）在 VC++ 6.0 中创建一个 C 文件。

（2）引用头文件，代码如下：

```
#include <stdio.h>
#include <math.h>
```

指点迷津：

在求解方程根时用到了数学函数，因此文件的头部应该加上数学库的头文件。

（3）程序主要代码如下：

```
void main()
{
    double a,b,c;                          /*定义系数变量*/
    double x1,x2,p;                        /*定义根变量和表达式的变量值*/
    printf("请输入 a,b,c: ");              /*提示用户输入 3 个系数*/
    scanf("%lf%lf%lf",&a,&b,&c);           /*接收用户输入的系数*/
    printf("\n");                          /*输出回行*/
    p=b*b-4*a*c;                           /*给表达式赋值*/
    x1=(-b+sqrt(p))/(2*a);                 /*根 1 的值*/
    x2=(-b-sqrt(p))/(2*a);                 /*根 2 的值*/
    printf("x1=%f,x2=%f\n",x1,x2);         /*输出两个根的值*/
}
```

技术要点

本实例已知的数据为 a、b、c，待求的数据为方程的根，设为 x1、x2，数据的类型为 double 类型。已知的数据可以输入（赋值）取得。

已知一元二次方程的求根公式为 $\dfrac{-b+\sqrt{b^2-4ac}}{2a}$ 和 $\dfrac{-b-\sqrt{b^2-4ac}}{2a}$，可以根据公式直接求得方程的根。为了使求解的过程更简单，可以考虑使用中间变量来存放判别式 b^2-4ac 的值。最后使用标准输出函数将所求结果输出。

实例 053　自然对数的底 e 的计算

（实例位置：配套资源\SL\5\053）

实例说明

自然对数的底 e=2.718281828…，e 的计算公式是 e=1+1/1!+1/2!+1/3!+…，要求当最后一项的值小于 10^{-10} 时结束。运行结果如图 5.8 所示。

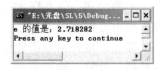

图 5.8　自然对数的底 e 的计算

实现过程

（1）在 VC++ 6.0 中创建一个 C 文件。

（2）引用头文件，代码如下：

```
#include <stdio.h>
```

（3）使用 while 循环实现累加求和，并在求和之后求下一项所对应的阶乘。

（4）程序主要代码如下：

```
void main()
{
    float e = 1.0, n = 1.0;          /*定义 e 和 n 为单精度型，并为它们赋初值-1*/
    int i = 1;                        /*定义 i 为基本整型并赋初值为 1*/
    while (1 / n > 1e-10)             /*当该项的值不小于 1e-10 时，执行循环体中内容*/
    {
        e += 1 / n;                   /*累加各项的和*/
        i++;
        n = i * n;                    /*求阶乘*/
    }
    printf("e 的值是：%f\n", e);       /*将最终结果输出*/
}
```

技术要点

仔细观察 e 的计算公式会发现，求出最终结果的关键就是求每一项所对应的阶乘层。本程序使用了 while 循环，循环体中实现累加求和并在求和之后求下一项所对应的阶乘。

实例 054　满足 abcd=(ab+cd)² 的数

（实例位置：配套资源\SL\5\054）

实例说明

假设 abcd 是一个四位整数，将它分成两段，即 ab 和 cd，使之相加求和后再平方。

求满足该关系的所有四位整数。运行结果如图 5.9 所示。

实现过程

（1）在 VC++ 6.0 中创建一个 C 文件。

（2）引用头文件，代码如下：

图 5.9　满足 abcd=(ab+cd)^2 的数

```
#include <stdio.h>
```

（3）程序主要代码如下：

```
void main()
{
    int i, a, b;                          /*定义变量为基本整型*/
    for (i = 1000; i < 10000; i++)        /*对 1000～10000 之间的数进行穷举*/
    {
        a = i / 100;                      /*求出该数的前两位数*/
        b = i % 100;                      /*求出该数的后两位数*/
        if ((a + b)*(a + b) == i)         /*判断是否满足条件*/
            printf("\n%5d", i);
    }
    printf("\n");
}
```

技术要点

本实例采用穷举法对 1000～10000 以内的所有四位整数逐个分解成两部分再对其进行判断，看是否满足要求，如果满足则将该整数输出，否则进行下次循环。将一个四位数分解成两部分主要采用"/"和"%"的方法，"/"求的是该四位数的前两位，"%"求的是该四位数的后两位。

实例 055　整数加减法练习

（实例位置：配套资源\SL\5\055）

实例说明

练习者自己选择是进行加法还是减法运算，然后输入进行多少以内的加法或减法运算，具体数值会由计算机随机产生，输入答案，计算机会根据输入的数据判断结果是否正确。运行结果如图 5.10 所示。

图 5.10　整数加减法练习

实现过程

（1）在 VC++ 6.0 中创建一个 C 文件。

（2）引用头文件，代码如下：

```
#include <stdio.h>
#include <stdlib.h>
#include <time.h>
```

（3）定义数据类型，本实例中定义 a、b、c、sign、max 为基本整型，定义 sign1 为字符型。

（4）使用输入函数从键盘中获得相关数据并使用 rand() 函数产生随机数。

（5）使用 while 循环先判断如果选择的是减法并且被减数小于减数则重新产生随机数，直到最终被减数大于或等于减数结束 while 循环。

（6）输入运算结果，用 if 语句判断如果输入的结果等于正确答案则输出"计算正确！"，否则输出"计算错误！"。

（7）程序主要代码如下：

```c
void main()
{
    int a, b, c, sign, max;                              /*定义基本整型变量*/
    char sign1;                                          /*定义字符型变量*/
    printf("请选择运算符（1 or other,1:-,other:+）：\n");
    scanf("%d", &sign);                                  /*输入函数，输入数据赋给 sign*/
    printf("请选择最大的数（<10000）：\n");
    scanf("%d", &max);                                   /*输入函数，输入数据赋给 max*/
    srand((unsigned long)time(0));                       /*系统时钟设定种子*/
    a = rand() % max;                                    /*产生小于 max 的随机数并赋给 a*/
    b = rand() % max;                                    /*产生小于 max 的随机数并赋给 b*/
    while ((a < b) && (sign == 1))           /*选择减法操作时，如果 a 小于 b 则重新产生随机数*/
    {
        a = rand() % max;
        b = rand() % max;
    }
    sign1 = (sign == 1 ? '-' : '+');                     /*将选择的符号赋给 sign1*/
    printf("\n%d%c%d=", a, sign1, b);
    scanf("%d", &c);                                     /*输入运算结果*/
    if ((sign == 1) && (a - b == c) || (sign != 1) && (a + b == c)) /*判断运算结果是否等于正确答案*/
        printf("计算正确!\n");                            /*等于正确答案输出正确*/
    else
        printf("计算错误!\n");                            /*不等于正确答案输出错误*/
}
```

技术要点

本实例用到了 rand() 函数，其作用是产生一个随机数并返回这个数，a=rand()%max;的具体含义就是产生 max 以内的任意随机数（不含 max 本身）。

实例中用到语句 sign1=(sign==1?'-':'+');，其中(sign==1?'-':'+')是一个"条件表达式"。其执行过程是：如果（sign==1）条件为真，则条件表达式取值'-'，否则取值'+'。

条件表达式的一般形式为：

表达式 1?表达式 2:表达式 3

☑ 条件运算符优先于赋值运算符，比关系运算符和算术运算符都低。

☑ 条件运算符的结合方向为"自右至左"。

☑ 条件表达式中，表达式 1 的类型可以与表达式 2 和表达式 3 的类型不同。

脚下留神：

为了每次运行同一程序时得到的随机序列不同，这里设定系统时间为种子，即 srand ((unsigned long)time(0))。

实例 056　判断整倍数

（实例位置：配套资源\SL\5\056）

实例说明

编程判断输入的数是否既是 5 又是 7 的整倍数，如果是输出 yes，否则输出 no。运行结果如图 5.11 所示。

实现过程

（1）在 VC++ 6.0 中创建一个 C 文件。

（2）引用头文件，代码如下：

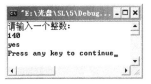

图 5.11　判断整倍数

```
#include <stdio.h>
```

（3）利用算术运算符 "%" 和逻辑运算符 "&&" 判断输入的数能否被 5 和 7 同时整除，如果能输出 yes，否则输出 no。

（4）程序主要代码如下：

```
void main()
{
    int x;
    printf("请输入一个整数：\n");
    scanf("%d", &x);                    /*从键盘中输入一个数*/
    if (x % 5 == 0 && x % 7 == 0)       /*判断该数是否能同时被 5 和 7 整除*/
        printf("yes\n");                /*如果能，则输出 yes*/
    else
        printf("no\n");                 /*如果不能，则输出 no*/
}
```

技术要点

本实例的算法思想是对输入的数 x 用 5 和 7 分别整除，看是否能同时被 5 和 7 整除，如果能，则输出 yes，否则输出 no。

实例 057　阶梯问题

（实例位置：配套资源\SL\5\057）

实例说明

在你面前有一条长长的阶梯：如果每步跨 2 阶，那么最后剩 1 阶；如果每步跨 3 阶，那么最后剩 2 阶；如果每步跨 5 阶，那么最后剩 4 阶；如果每步跨 6 阶，那么最后剩 5 阶；

只有当每步跨 7 阶时，最后才正好走完，一阶也不剩。
请问这条阶梯至少有多少阶？（求所有三位阶梯数）运
行结果如图 5.12 所示。

实现过程

（1）在 VC++ 6.0 中创建一个 C 文件。

（2）引用头文件，代码如下：

```
#include <stdio.h>
```

（3）程序主要代码如下：

```
void main()
{
    int i;                                  /*定义基本整型变量 i*/
    for (i = 100; i < 1000; i++)             /*for 循环求 100～1000 内的所有三位数*/
        if (i % 2 == 1 && i % 3 == 2 && i % 5 == 4 && i % 6 == 5 && i % 7 == 0)
            /*根据题意写出对应的条件*/
            printf("阶梯数是：%d\n", i);      /*输出阶梯数*/
}
```

图 5.12　阶梯问题

技术要点

本实例的关键是如何来写 if 语句中的条件，如果这个条件大家能够顺利地写出，那整
个程序也基本上完成了。条件如何来写主要是根据题意来看，"当每步跨 2 阶时，最后剩 1
阶……当每步跨 7 阶时，最后正好走完，一阶也不剩"从这几句可以看出题的规律就是总
的阶梯数对每步跨的阶梯数取余得的结果就是剩余阶梯数，这 5 种情况是&&的关系即必
须同时满足。

实例 058　乘积大于和的数

（实例位置：配套资源\SL\5\058）

实例说明

编程求 10～100 之间满足各位上数的乘积大于各位上数的和的所有数，并将结果以每
行 5 个的形式输出。运行结果如图 5.13 所示。

图 5.13　乘积大于和的数

实现过程

（1）在 VC++ 6.0 中创建一个 C 文件。

（2）引用头文件，代码如下：

```
#include <stdio.h>
```

（3）程序主要代码如下：

```
void main()
{
    int n, k = 1, s = 0, m, c = - 1;
    printf("结果是：");
    for (n = 11; n < 100; n++)
    {
        k = 1;                              /*存储各位数之积*/
        s = 0;                              /*存储各位数之和*/
        m = n;
        while (m)
        {
            k *= m % 10;                    /*分离出各位求积*/
            s += m % 10;                    /*分离出各位求和*/
            m /= 10;
        }
        if (k > s)                          /*判断积是否大于和*/
        {
            c++;                            /*统计个数*/
            if (c % 5 == 0)                 /*5 个数一换行*/
                printf("\n");
            printf("%5d", n);
        }
    }
    printf("\n");
}
```

技术要点

本实例利用算术运算符"%"和"/"来分离这个两位数，将分离出的数分别求积与求和，再对求出的积与和进行判断，看积是否大于和，如果积大于和则将该数输出，否则进行下次循环。

实例 059　求各位数之和为 5 的数

（实例位置：配套资源\SL\5\059）

实例说明

编程求 100～1000 之间满足各位数字之和是 5 的所有数，以 5 个数字一行的形式输出。运行结果如图 5.14 所示。

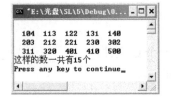

图 5.14　求各位数之和为 5 的数

实现过程

（1）在 VC++ 6.0 中创建一个 C 文件。

（2）引用头文件，代码如下：

```
#include <stdio.h>
```

（3）用变量 s 存储各位之和，count 用来记录元素个数，因为从 0 开始计数，所以输出时 count 值要加 1。

（4）程序主要代码如下：

```
void main()
{
    int i, s, k, count = - 1;
    for (i = 100; i <= 1000; i++)               /*对100～1000之间的数进行穷举*/
    {
        s = 0;                                  /*s用来存储各位之和*/
        k = i;
        while (k)
        {
            s = s + k % 10;                     /*求各位之和*/
            k = k / 10;                         /*分离出各位*/
        }
        if (s != 5)                             /*判断和是否等于5*/
            continue;                           /*结束本次循环继续下次循环*/
        else
        {
            count++;                            /*计数器*/
            if (count % 5 == 0)                 /*输出5个数据进行换行*/
                printf("\n");
            printf("%5d", i);
        }
    }
    printf("\n 这样的数一共有%d 个 \n", count + 1);   /*输出满足条件的数据个数*/
}
```

技术要点

本实例定义一个变量 s 用来存储各位之和，s 的初始值应为 0，将遍历到的数值各位进行分离求和，各位分离同样用到了算术运算符 "%" 和 "/"。对求出的和做判断，满足条件的输出，不满足条件的结束本次循环继续下次循环。

第6章

数据输入与输出函数

本章读者可以学到如下实例：

实例 060　使用字符函数输入/输出字符

（**实例位置：配套资源\SL\6\060**）

实例说明

本实例使用各种字符输入函数接收用户的输入。运行结果如图 6.1 所示。

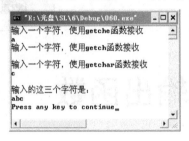

图 6.1　使用字符函数输入/输出字符

实现过程

（1）在 VC++ 6.0 中创建一个 C 文件。

（2）引用头文件，代码如下：

```
#include<stdio.h>
```

（3）程序主要代码如下：

```
void main()
{
    char c1,c2,c3;                               /*定义字符变量*/
    printf("输入一个字符，使用 getche 函数接收\n");   /*提示用户输入一个字符*/
    c1=getche();                                 /*使用 getche()函数接收字符显示*/
    printf("\n");                                /*输出一行空行*/
    printf("输入一个字符，使用 getch 函数接收\n");    /*提示用户输入一个字符*/
    c2=getch();                             /*使用 getch()函数接收字符，不显示*/
    printf("\n");                                /*输出一行空行*/
    printf("输入一个字符，使用 getchar 函数接收\n");  /*提示用户输入一个字符*/
    c3=getchar();                                /*使用 getchar()函数接收*/
    printf("\n 输入的这三个字符是：\n");             /*输出一行空行及提示信息*/
    /*输出字符*/
    putchar(c1);
    putchar(c2);
    putchar(c3);
    printf("\n");
}
```

技术要点

本实例使用了以下 3 个输入函数（这些函数都是用于读入一个字符）和一个输出函数。

☑　getche()函数用于从键盘中读入一个字符并显示，然后直接运行下一条语句。

☑ getch()函数用于从键盘中读入一个字符，但不显示在屏幕上，然后执行下一条语句。

☑ getchar()函数用于从键盘中读入一个字符，然后等待输入是否结束，如果用户按下 Enter 键，则执行下一条语句。

☑ putchar()函数用于将字符常量或者字符变量输出到屏幕上。

指点迷津：

字符的输入/输出函数包含在 stdio 库中，因此在使用前需要将头文件 stdio.h 包含到程序中，这样编译系统才能够调用库中的函数进行输入和输出操作。

实例 061 输出相对的最小整数

（**实例位置：配套资源\SL\6\061**）

实例说明

利用数学函数实现以下功能：从键盘中输入一个数，求出相对的最小整数。运行结果如图 6.2 所示。

图 6.2 输出相对的最小整数

实现过程

（1）在 VC++ 6.0 中创建一个 C 文件。

（2）引用头文件，代码如下：

```
#include <stdio.h>
#include <math.h>
```

（3）从键盘任意输入一个数赋给变量 i，使用 ceil()函数求出不小于 i 的最小整数并将其输出。

（4）程序主要代码如下：

```
void main()
{
    float i;                        /*定义变量 i 为单精度型*/
    printf("输入一个数：\n");        /*输出一个提示信息*/
    scanf("%f", &i);                /*输入一个数赋给变量 i*/
    printf("得到的结果为：\n");       /*输出提示信息*/
    printf("%f\n", ceil(i));        /*调用 ceil()函数，求出不小于 i 的最小整数*/
}
```

技术要点

本实例使用的 ceil()函数的语法格式如下：

```
double ceil(double num)
```

该函数的作用是找出相对最小的整数，即不小于 num 的最小整数，返回值为大于或等于 num 的最小整数值。该函数的原型在 math.h 中，所以要引用头文件 math.h。

实例 062　将小写字母转换为大写字母

（实例位置：配套资源\SL\6\062）

实例说明

在 C 语言中是区分大小写的，利用 ASCII 码中大写字母和小写字母之间差值为 32 的特性，可以将小写字母转换为大写字母。在小写字母的基础上减去 32，就得到了大写字母。运行程序，输入一个小写字母，按 Enter 键，程序即可将该字母转换为大写字母，并输出大写字母的 ASCII 码值。运行结果如图 6.3 所示。

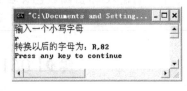

图 6.3　将小写字母转换为大写字母

实现过程

（1）在 VC++ 6.0 中创建一个 C 文件。

（2）引用头文件，代码如下：

```
#include <stdio.h>
```

（3）程序主要代码如下：

```
void main()
{
    char c1,c2;                    /*定义字符变量*/
    printf("输入一个小写字母\n");    /*输出提示信息，提示用户输入一个字母*/
    c1=getchar();                  /*将这个字母赋给变量 c1*/
    c2=c1-32;         /*将小写字母对应的 ASCII 码值减去 32，得到大写字母的 ASCII 码值*/
    printf("转换以后的字母为：%c,%d\n",c2,c2);  /*输出对应的大写字母*/
}
```

技术要点

要将输入的小写字母转换成大写字母，需要对其中的 ASCII 码的关系有所了解。由于大写字母与小写字母的 ASCII 码值相差 32，故将小写字母转换成大写字母的方法就是将小写字母的 ASCII 码减去 32，便可得到与之对应的大写字母。例如，字母 r 的 ASCII 值为 114，将其减去 32，便可得到 R 的 ASCII 码值 82。

输出时，先输出字母，然后将字母以整数形式输出，就可以实现 ASCII 码值的输出。

实例 063　水池注水问题

（实例位置：配套资源\SL\6\063）

实例说明

有 4 个水渠（A、B、C、D）向一个水池注水，如果单开 A，3 天可以注满；如果单

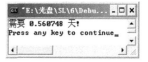

开 B，1 天可以注满；如果单开 C，4 天可以注满；如果单开 D，5 天可以注满。如果 A、B、C、D 4 个水渠同时注水，注满水池需要几天？运行结果如图 6.4 所示。

图 6.4　水池注水问题

实现过程

（1）在 VC++ 6.0 中创建一个 C 文件。

（2）引用头文件，代码如下：

```
#include <stdio.h>
```

（3）定义变量类型为单精度型，计算出 4 个水渠每天注水量之和，再用 1 除以四渠每天注水量之和，就可求出多久注满一池水。

（4）程序主要代码如下：

```
void main()
{
    float a1 = 3, b1 = 1, c1 = 4, d1 = 5;        /*定义变量为单精度型*/
    float day;                                    /*定义天数为单精度型*/
    day = 1 / (1 / a1 + 1 / b1 + 1 / c1 + 1 / d1);  /*计算4个水渠同时注水多久可以注满*/
    printf("需要 %f 天!\n", day);                  /*输出天数*/
}
```

技术要点

首先要求出一天每个水渠的注水量，这里分别是 1/3、1/1、1/4、1/5，如果 4 个水渠共同注水，就求出每天注水之和，即 1/3+1/1+1/4+1/5，那么一池水多久能注满只需用 1 除以它们的和即可。

使用输出函数 printf()，用%f 形式输出 day，更能精确地计算出所需的时间。

实例 064　用*号输出图案

（实例位置：配套资源\SL\6\064）

实例说明

利用输出函数 printf()，将 MR 的图案用*号输出。运行结果如图 6.5 所示。

图 6.5　用*号输出图案

实现过程

（1）在 VC++ 6.0 中创建一个 C 文件。

（2）引用头文件，代码如下：

```
#include <stdio.h>
```

（3）程序主要代码如下：

```
void main()
{
```

```
        printf("*    * *** \n");
        printf("** ** *   *\n");
        printf("* * * *** \n");
        printf("*    * * \n");
        printf("*    * *   *\n");
    }
```

Note

技术要点

使用 printf()函数输出*号，由于*号是普通字符，即需要原样输出的字符，其中包括双引号内的逗号、空格和换行符，所以需要事先设计好要输出的图形，然后输出即可。

本实例还用到了转义符"\n"，表示换行。

脚下留神：

转义符只能是小写字母，每个转义符只能看作一个字符。

实例065　输出一个字符的前驱字符

(实例位置：配套资源\SL\6\065)

实例说明

字符在内存中以 ASCII 码形式存放，也就是实际存储的是整型数据，因此可以进行运算。本实例利用字符的运算来求字符的前驱字符。

运行程序，输入一个字符，求出它的前驱字符。运行结果如图 6.6 所示。

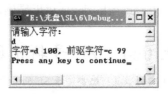

图 6.6　输出一个字符的前驱字符

实现过程

（1）在 VC++ 6.0 中创建一个 C 文件。

（2）引用头文件，代码如下：

```
#include <stdio.h>
```

（3）程序主要代码如下：

```
void main()
{
    char c,c1;                          /*定义字符变量*/
    printf("请输入字符: \n");            /*提示用户输入字符*/
    c=getchar();                        /*接收用户输入的字符*/
    c1=c-1;                             /*求出字符的前驱字符*/
```

```
        printf("字符=%c %d, 前驱字符=%c %d\n",c,c,c1,c1);        /*输出字符的前驱字符*/
    }
```

技术要点

C 语言可以处理 255 个字符，除了 ASCII 码值为 0 的字符之外每个字符都有唯一的前驱，可以利用算术运算来求字符的前驱字符。字符的前驱是该字符的 ASCII 码值减去 1。

本实例中的字符变量 c 和 c1 分别表示字符及前驱字符，其关系是 c1=c-1，然后依次按顺序输出该字符以及该字符的 ASCII 码值、前驱字符以及前驱字符的 ASCII 码值。

实例 066 求学生总成绩和平均成绩

（实例位置：配套资源\SL\6\066）

实例说明

输入 3 个学生的成绩，求这 3 个学生的总成绩和平均成绩。编写此程序，运行结果如图 6.7 所示。

图 6.7 求学生总成绩和平均成绩

实现过程

（1）在 VC++ 6.0 中创建一个 C 文件。

（2）引用头文件，代码如下：

```
#include <stdio.h>
```

（3）程序主要代码如下：

```
void main()
{
    int a,b,c,sum;                                      /*定义变量*/
    float ave;
    printf("请输入三个学生的分数：\n");                  /*输出提示信息*/
    scanf("%d%d%d",&a,&b,&c);                           /*输入 3 个学生的成绩*/
    sum=a+b+c;                                          /*求总成绩*/
    ave=sum/3.0;                                        /*求平均成绩*/
    printf("总成绩=%4d\t, 平均成绩=%5.2f\n",sum,ave);    /*输出总成绩和平均成绩*/
}
```

技术要点

本实例是一个典型的顺序程序，输入数据、处理数据、输出数据是顺序程序的基本模式。首先输入 3 个数据，用 scanf()函数实现，然后求这 3 个数据的和及平均值，利用 sum=a+b+c

和 ave=sum/3.0 这两个公式即可实现。

指点迷津:

由于成绩、总成绩都是整数，而平均成绩是浮点数，所以求平均成绩时要将常量 3 写成 3.0，也可以使用强制类型转换，即 ave=(float)(sum/3)。

实例 067　回文素数

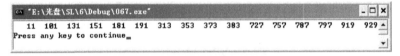

（实例位置：配套资源\SL\6\067）

实例说明

任意整数 i，当从左向右读与从右向左读是相同的，且为素数时，则为回文素数。求 1000 之内的所有回文素数。运行结果如图 6.8 所示。

```
"E:\光盘\SL\6\Debug\067.exe"                                    _□×
   11   101   131   151   181   191   313   353   373   383   727   757   787   797   919   929 ▲
Press any key to continue_
                                                                 ▼
```

图 6.8　回文素数

实现过程

（1）在 VC++ 6.0 中创建一个 C 文件。

（2）引用头文件，代码如下：

```
#include <stdio.h>
```

（3）自定义函数 ss()，函数类型为基本整型，作用是判断一个数是否为素数。代码如下：

```
int ss(int i)                               /*自定义函数判断是否为素数*/
{
    int j;
    if (i <= 1)                             /*小于等于 1 的数不是素数*/
        return 0;
    if (i == 2)                             /*2 是素数*/
        return 1;
    for (j = 2; j < i; j++)                 /*对大于 2 的数进行判断*/
    {
        if (i % j == 0)
            return 0;
        else if (i != j + 1)
            continue;
        else
            return 1;
    }
}
```

（4）对 10～1000 之间的数进行穷举，找出符合条件的数并输出。

（5）程序主要代码如下：

```
void main()
{
    int i;
    for (i = 10; i < 1000; i++)
        if (ss(i) == 1)                         /*判断是否是素数*/
            if (i / 100 == 0)                   /*判断是否是两位数*/
            {
                if (i / 10 == i % 10)           /*判断十位和个位是否相同*/
                    printf("%5d", i);
            }
            else                                /*针对 3 位素数*/
                if (i / 100 == i % 10)          /*判断百位和个位是否相同*/
                    printf("%5d", i);
}
```

技术要点

　　本实例的重点是判断一个数是否是回文素数。要输出 1000 之内的回文素数，首先应该判断是否为素数，然后判断该素数是两位数还是三位数，若是两位数，需判断个位与十位的数字是否相同，若是三位数则需判断个位上和百位上的数字是否相同。相同表明该素数是回文素数，不同则继续下次判断。

选择和分支结构程序设计

本章读者可以学到如下实例：

实例 068　判断偶数

（实例位置：配套资源\SL\7\068）

实例说明

利用单条件单分支选择语句判断输入的一个整数是否是偶数。例如，运行程序，输入一个整数 8，然后按 Enter 键，将提示该数字是偶数，如图 7.1 所示。如果输入的数字不是偶数，将不输出任何信息，结束程序的执行。

图 7.1　判断偶数

实现过程

（1）在 VC++ 6.0 中创建一个 C 文件。

（2）引用头文件，代码如下：

```
#include <stdio.h>
```

（3）程序主要代码如下：

```
void main()
{
    int value;
    printf("输入一个整数：\n");              /*输出提示信息*/
    scanf("%d",&value);                      /*输入数值*/
    if (value%2==0)                          /*判断是否能被 2 整除，能则为偶数*/
    {
        printf("%d 是偶数！\n",value);        /*输出偶数的值*/
    }
}
```

技术要点

本实例使用了 if 语句，它是最常见的选择控制语句，它有以下 3 种形式。

1. 第一种 if 语句形式

```
if(表达式) 语句
```

其语义是：如果表达式的值为真，则执行其后的语句，否则不执行该语句。

2. 第二种 if 语句形式

```
if(表达式)
    语句 1
else
    语句 2
```

Note

其语义是：如果表达式的值为真，则执行语句 1，否则执行语句 2。

3. 第三种 if 语句形式

```
if(表达式 1)
    语句 1
else   if(表达式 2)
        语句 2
    else   if(表达式 3)
            语句 3
            …
            else   if(表达式 m)
                语句 m
            else   语句 n
```

其语义是：依次判断表达式的值，当出现某个值为真时，则执行其对应的语句。然后跳到整个 if 语句之外继续执行程序。如果所有的表达式均为假，则执行语句 n。然后继续执行后续程序。

3 种形式的 if 语句中，if 后面都有"表达式"，一般为逻辑表达式或关系表达式。在执行 if 语句时先对表达式求解，若表达式的值为 0，按"假"处理；若表达式的值为非 0，按"真"处理，执行指定的语句。

在使用 if 语句时，应注意以下几点：

☑ else 子句不能作为语句单独使用，它必须是 if 语句的一部分，与 if 配对使用。

☑ if 与 else 后面可以包含一个或多个内嵌的操作语句，当为多个操作语句时，要用"{}"将几个语句括起来成为一个复合语句。

☑ if 语句可以嵌套使用，即在 if 语句中可以包含一个或多个 if 语句，在使用时应注意，else 总是与它上面最近未配对的 if 配对。

实例 069　判断字母是否为大写

（实例位置：配套资源\SL\7\069）

实例说明

输入一个字母，判断是否为大写字母。如果是，则提示"uppercase letter！"，否则提示"other letter！"。运行结果如图 7.2 所示。

图 7.2　判断字母是否为大写

实现过程

（1）在 VC++ 6.0 中创建一个 C 文件。

（2）引用头文件，代码如下：

```
#include <stdio.h>
#include <math.h>
```

（3）定义字符类型变量 c，用于存储输入的字符。

（4）程序主要代码如下：

```
void main()
{
    char c;                                    /*定义字符变量c*/
    printf("输入一个字母：\n");                 /*输出提示信息*/
    c=getchar();                               /*接收用户输入*/
    if (c>=65 && c<=90)                        /*大写字母的范围*/
        printf("uppercase letter!\n");         /*指出该字母为大写字母*/
    else                                       /*非大写字母*/
        printf("other letter!\n");             /*提示该字母属于其他字母*/
}
```

技术要点

本实例利用 if 语句判断输入字符的 ASCII 码是否在 65～90 这个范围内，如果在，则该字符是大写字母；否则不是大写字母。

实例 070　检查字符类型

（实例位置：配套资源\SL\7\070）

实例说明

要求用户输入一个字符，通过对 ASCII 码值范围的判断，输出判断结果。运行结果如图 7.3 所示。

图 7.3　检查字符类型

实现过程

（1）在 VC++ 6.0 中创建一个 C 文件。

（2）引用头文件，代码如下：

```
#include <stdio.h>
```

（3）程序主要代码如下：

```
int main()
{
    char c;                                    /*定义变量*/
    printf("请输入一个字符：\n");               /*显示提示信息*/
    scanf("%c",&c);                            /*要求输入一个字符*/
    if(c>=65&&c<=90)                           /*大写字母的取值范围*/
    {
        printf("输入的字符是大写字母\n");
    }
```

```
                else if(c>=97&&c<=122)                          /*小写字母的取值范围*/
                {
                    printf("输入的字符是小写字母\n");
                }
                else if(c>=48&&c<=57)                           /*数字的取值范围*/
                {
                    printf("输入的是数字\n");
                }
                else                                           /*输入其他范围*/
                {
                    printf("输入的是特殊符号\n");
                }
            return 0;
    }
```

技术要点

本实例是上一个实例的扩展，增加了几种情况。根据 ASCII 码取值范围的不同，来判断字符的类型。

ASCII 码值的取值范围与其对应的字符类型情况如下：

☑ ASCII 码值在 65~90 之间，为大写字母。

☑ ASCII 码值在 97~122 之间，为小写字母。

☑ ASCII 码值在 48~57 之间，为数字。

☑ ASCII 码值不在上述 3 个范围内，为特殊字符。

实例 071 求最低分和最高分

（实例位置：配套资源\SL\7\071）

实例说明

编写一个程序，要求从键盘上输入某个学生的四科成绩，求出该学生的最高分和最低分。运行结果如图 7.4 所示。

图 7.4 求学生的最低分和最高分

实现过程

（1）在 VC++ 6.0 中创建一个 C 文件。

（2）引用头文件，代码如下：

```
#include <stdio.h>
```

（3）程序主要代码如下：

```
void main()
{
    float s1,s2,s3,s4,min,max;                    /*定义浮点型变量*/
    printf("输入 4 个成绩：\n");                     /*提示用户输入 4 个值*/
```

```
    scanf("%f%f%f%f",&s1,&s2,&s3,&s4);              /*接收用户输入的值*/
    min=max=s1;                                      /*将第一个数赋值给 min 和 max 变量*/
    if (s2<min)                                       /*查看 s2 是否比 min 变量小*/
        min=s2;                                       /*如果 s2 比 min 小，则替换最小值*/
    else if(s2>max)                                   /*如果比最大值大*/
        max=s2;                                       /*将替换最大值*/
    if (s3<min)                                       /*比较第 3 科成绩*/
        min=s3;
    else if(s3>max)
        max=s3;
    if (s4<min)                                       /*比较第 4 科成绩*/
        min=s4;
    else if(s4>max)
        max=s4;
    printf("min= %3.2f    max=%3.2f\n",min,max);     /*输出最大值和最小值*/
}
```

技术要点

本实例使用 if 语句进行条件判断，输入 4 个数据 s1、s2、s3、s4，将 s1 的值赋给 min 和 max 作为最小值，同时也作为最大值。如果 s2 的值小于 min，则将最小值 min 替换成 s2；如果 s2 的值大于 max，将最大值 max 替换成 s2。依此类推，进行 s3 与 min 和 max 的比较、s4 与 min 和 max 的比较，最终得到最高分和最低分。

实例 072　模拟自动售货机

（实例位置：配套资源\SL\7\072）

实例说明

设计一个自动售货机的程序，运行程序，提示用户输入要选择的选项，当用户输入以后，提示所选择的内容。本程序使用 switch 分支结构，来解决程序中的选择问题。运行结果如图 7.5 所示。

图 7.5　模拟自动售货机

实现过程

（1）在 VC++ 6.0 中创建一个 C 文件。

（2）引用头文件，代码如下：

```
#include <stdio.h>
#include <stdlib.h>
```

（3）程序主要代码如下：

```
void main()
{
    int button;                                       /*定义变量*/
    system("cls");                                    /*清屏*/
```

```
        printf("*********************\n");                    /*输出普通字符*/
        printf("*   可选择的按键:        *\n");
        printf("*   1. 巧克力            *\n");
        printf("*   2. 蛋糕              *\n");
        printf("*   3. 可口可乐          *\n");
        printf("*********************\n");
        printf("从 1~3 中选择按键: \n");                        /*输出提示信息*/
        scanf("%d",&button);                                  /*输入数据*/
        switch(button)                                        /*根据 button 决定输出结果*/
        {
        case 1:
            printf("你选择了巧克力");
            break;
        case 2:
            printf("你选择了蛋糕");
            break;
        case 3:
            printf("你选择了可口可乐");
            break;
        default:
            printf("\n 输入错误 !\n");                          /*其他情况*/
            break;
        }
        printf("\n");
    }
```

指点迷津:

   使用清屏语句 system("cls"); 需要引用头文件 stdlib.h。

技术要点

   本实例中主要用到了 switch 语句。switch 语句是多分支选择语句,其一般形式如下:

```
    switch(表达式)
    {
    case 常量表达式 1:语句 1;
    case 常量表达式 2:语句 2;
    ……
    case 常量表达式 n:语句 n;
    default:语句 n+1;
    }
```

   其语义是:计算表达式的值,并逐个与其后的常量表达式值比较,当表达式的值与某个常量表达式的值相等时,即执行其后的语句,然后不再进行判断,继续执行后面 case 后的所有语句。当表达式的值与所有 case 后的常量表达式的值均不相同时,则执行 default 后的语句。

   关于 switch 语句有以下几点说明:

   ☑   每一个 case 的常量表达式的值必须互不相同,否则就会出现相互矛盾的现象。

   ☑   各个 case 和 default 的出现次序不影响执行结果。

☑ 在执行一个 case 分支后，如果想使流程跳出 switch 结构，即终止 switch 语句的
执行，可以在相应语句后加 break 来实现。最后一个 default 可以不加 break 语句。

实例 073 计算工资

（实例位置：配套资源\SL\7\073）

实例说明

已知某公司员工的工资底薪为 500 元，员工销售的软件金额与提成方式如下：

销售额≤2000	没有提成
2000＜销售额≤5000	提成 8%
5000＜销售额≤10000	提成 10%
销售额＞10000	提成 12%

利用 switch 语句编写程序，求员工的工资。运行
结果如图 7.6 所示。

图 7.6 计算工资

实现过程

（1）在 VC++ 6.0 中创建一个 C 文件。

（2）引用头文件，代码如下：

```
#include <stdio.h>
```

（3）程序主要代码如下：

```
void main()
{
    float salary=500;                       /*员工的基本工资*/
    int k;                                  /*定义变量，存储销售额系数*/
    int profit ;                            /*定义整型变量，存储销售额*/
    printf("输入员工这个月的销售额：");        /*输出提示信息*/
    scanf("%d",&profit);                    /*将输入的销售额存储到变量中*/
    if (profit%1000==0)                     /*如果是 1000 的整数倍*/
        k=profit/1000;                      /*获得销售系数*/
    else                                    /*否则*/
        k=profit/1000+1;                    /*将销售系数加 1*/
    switch (k)
    {
        case 0:                             /*销售系数是 0～2 之间的没有提成*/
        case 1:
        case 2: break;
        case 3:                             /*销售系数是 3～5 之间的提成为 8%*/
        case 4:
        case 5:
            salary+=profit*0.08;            /*计算工资*/
            break;
        case 6:                             /*销售系数为 6～10 之间的提成为 10%*/
```

```
        case 7:
        case 8:
        case 9:
        case 10:
            salary+=profit*0.1;                    /*计算工资*/
            break;
        default:                                   /*其他情况,销售系数超过10的提成为12%*/
            salary+=profit*0.12;                   /*计算工资*/
            break;
    }
    printf("员工这个月的工资为: %5.2f\n",salary);   /*输出员工这个月的工资*/
}
```

技术要点

本实例主要利用 if 语句和 switch 语句来解决区间分支和常量之间的转换。由于 case 语句后应为整数,需将利润 profit 与提成的关系转换成某些整数和提成的关系,故先用 if 语句进行判断并进行转换。

分析可知,提成的变化点都是 1000 的整数倍,将利润 profit 整除 1000,有以下对应关系:

profit≤2000	对应 0、1、2;
2000＜profit≤5000	对应 2、3、4、5;
5000＜profit≤10000	对应 5、6、7、8、9、10;
profit＞10000	对应 10、11、12…。

为了解决相邻两个区间的重叠问题,将利润 profit 整除 1000 后再加 1,这样所对应的关系是:

profit≤2000	对应 0、1、2;
2000＜profit≤5000	对应 3、4、5;
5000＜profit≤10000	对应 6、7、8、9、10;
profit＞10000	对应 11、12…。

实例074 平方和值判断

（实例位置：配套资源\SL\7\074）

实例说明

编程要求输入整数 a 和 b,若 a^2+b^2 的结果大于 100,则输出 a^2+b^2 的值,否则输出 a+b 的结果。运行结果如图 7.7 和图 7.8 所示。

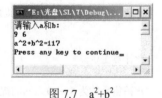

图 7.7　a^2+b^2

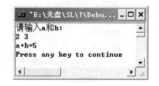

图 7.8　a+b

实现过程

（1）在 VC++ 6.0 中创建一个 C 文件。

（2）引用头文件，代码如下：

```
#include <stdio.h>
```

（3）利用 if 语句对计算出的平方和进行判断，大于 100，则输出平方和，否则输出 a+b 的值。

（4）程序主要代码如下：

```
void main()
{
    int a, b, x, y;                    /*定义变量为基本整型*/
    printf("请输入 a 和 b：\n");
    scanf("%d%d", &a, &b);            /*输入变量 a 和 b 的值*/
    x = a * a + b * b;               /*计算出平方和*/
    y = a + b;                        /*计算出 a 与 b 的和*/
    if (x > 100)                      /*判断平方和是否大于 100*/
    {
        printf("a^2+b^2=");
        printf("%d\n", x);           /*如果平方和大于 100，则输出平方和*/
    }
    else
        printf("a+b=%d\n", y);       /*如果平方和不大于 100，则输出两数之和*/
}
```

技术要点

本实例的基本思路是首先求出两个数的平方和，再对该平方和进行判断，如果平方和大于 100，则将平方和输出，否则输出这两个数之和。

实例 075 加油站加油

（实例位置：配套资源\SL\7\075）

实例说明

某加油站有 a、b、c 3 种汽油，售价分别为 3.25、3.00、2.75（元/千克），也提供了"自己加"或"协助加"两个服务等级，这样用户可以得到 5%或 10%的优惠。编程实现针对用户输入加油量 x、汽油的品种 y 和服务的类型 z，输出用户应付的金额。运行结果如图 7.9 所示。

图 7.9 加油站加油

实现过程

（1）在 VC++ 6.0 中创建一个 C 文件。

Note

（2）引用头文件，代码如下：

```c
#include <stdio.h>
```

（3）程序主要代码如下：

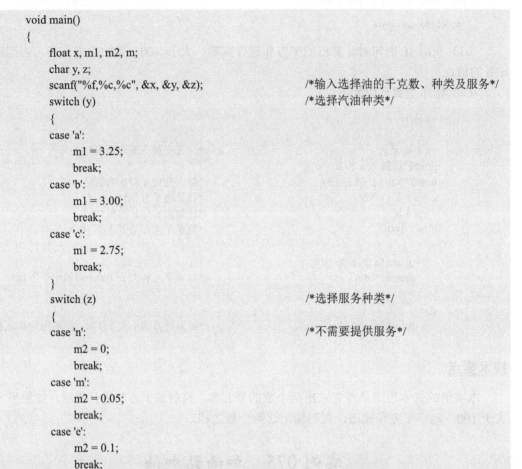

```c
void main()
{
    float x, m1, m2, m;
    char y, z;
    scanf("%f,%c,%c", &x, &y, &z);          /*输入选择油的千克数、种类及服务*/
    switch (y)                              /*选择汽油种类*/
    {
    case 'a':
        m1 = 3.25;
        break;
    case 'b':
        m1 = 3.00;
        break;
    case 'c':
        m1 = 2.75;
        break;
    }
    switch (z)                              /*选择服务种类*/
    {
    case 'n':                               /*不需要提供服务*/
        m2 = 0;
        break;
    case 'm':
        m2 = 0.05;
        break;
    case 'e':
        m2 = 0.1;
        break;
    }
    m = x * m1 - x * m1 * m2;               /*计算应付的钱数*/
    printf("汽油种类是：%c\n", y);
    printf("服务等级是：%c\n", z);
    printf("用户应付金额是：%.3f\n", m);
}
```

技术要点

本实例是通过 switch 循环来实现不同的选择。关键在于确定 switch 分支表达式和 case 常量的关系。本实例常量的个数是一定的，汽油有 a、b、c 3 种类型，服务种类也有 3 种情况，即"不需要提供服务"（n）、"自己加"（m）和"协助加"（e），变量输入的数据是规定好的常量。根据已知条件和确定 switch 和 case 的关系就可以写出 switch 语句。

实例 076　简单计算器

（实例位置：配套资源\SL\7\076）

实例说明

从键盘上输入数据并进行加、减、乘、除四则运算（以 "a 运算符 b" 的形式输入），判断输入的数据是否可以进行计算，若能计算，则输出计算结果。运行结果如图 7.10 所示。

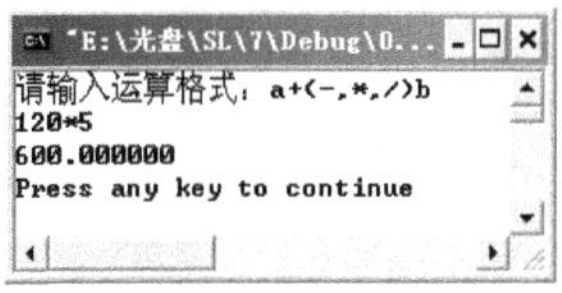

图 7.10　简单计算器

实现过程

（1）在 VC++ 6.0 中创建一个 C 文件。

（2）引用头文件，代码如下：

```
#include <stdio.h>
```

（3）程序主要代码如下：

```c
void main()
{
    float a,b;
    char c;
    printf("请输入运算格式：a+(-,*,/)b \n");
    scanf("%f%c%f",&a,&c,&b);
    switch(c)
    {
    case '+':printf("%f\n",a+b);break;
    case '-':printf("%f\n",a-b);break;
    case '*':printf("%f\n",a*b);break;
    case '/':
        if(!b)
            printf("除数不能是零\n");
        else
            printf("%f\n",a/b);
        break;
    default:printf("输入有误！\n");

    }
}
```

技术要点

根据输入格式可以看出，具体输入的数据要求是两个数值型和一个字符型，字符型数据是四则运算的符号 "+"、"–"、"*"、"/"。由于运算符的个数是固定的，可以作为 case 后面的常量，所以本实例可用 switch 分支结构来解决问题。

脚下留神：

需要注意，在进行除法操作时，除数不能为零，这种情况可以用 if 语句判断。

第8章

循环结构

本章读者可以学到如下实例：

实例 077 使用 while 语句求 n!

（实例位置：配套资源\SL\8\077）

实例说明

3！=3×2×1，5！=5×4×3×2×1，依此类推，n！=n×(n-1)×…×2×1，使用 while 语句求 n！。运行结果如图 8.1 所示。

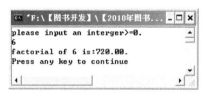

图 8.1　使用 while 语句求 n!

实现过程

（1）打开 Visual C++ 6.0 开发环境，新建一个 C 源文件，并输入要创建 C 源文件的名称。

（2）引用头文件，代码如下：

```
#include<stdio.h>
```

（3）定义数据类型，本实例中 i、n 均为基本整型，fac 为单精度型并赋初值 1。

（4）用 if 语句判断如果输入的数是 0 或 1，输出阶乘是 1。

（5）当 while 语句中的表达式 i 小于等于输入的数 n 时，执行 while 循环体中的语句，fac=fac*i 的作用是当 i 为 2 时求 2!，当 i 为 3 时求 3!，…当 i 为 n 时求 n!。

（6）将 n 的值和最终所求的 fac 的值输出。

（7）程序主要代码如下：

```
main()
{
    int i=2,n;                              /*定义变量 i、n 为基本整型并为 i 赋初值 2*/
    float fac=1;                            /*定义 fac 为单精度型并赋初值 1*/
    printf("please input an interger>=0.\n");
    scanf("%d",&n);                         /*使用 scanf()函数获取 n 的值*/
    if(n==0||n==1)                          /*当 n 为 0 或 1 时输出阶乘为 1*/
    {
        printf("factorial is 1.\n");
        return 0;
    }
    while(i<=n)                             /*当满足输入的数值大于等于 i 时执行循环体语句*/
    {
        fac=fac*i;                          /*实现求阶乘的过程*/
        i++;                                /*变量 i 自加*/
    }
```

```
        printf("factorial of %d is:%.2f.\n",n,fac);      /*输出 n 和 fac 最终的值*/
        return 0;
    }
```

技术要点

（1）在写程序之前首先要理清求 n！的思路。求一个数 n 的阶乘也就是用 n×(n-1)×(n-2)×…×2×1，那么反过来从 1 一直乘到 n 求 n！也依然成立。当 n 为 0 和 1 时要单独考虑，此时它们的阶乘均为 1。

（2）求得的阶乘的最终结果要定义为单精度或双精度型，如果定义为整型就很容易出现溢出现象。

实例 078　使用 while 为用户提供菜单显示

（实例位置：配套资源\SL\8\078）

实例说明

在使用程序时，根据程序的功能会有许多选项，为了使用户可以方便地观察到菜单的选项，要将其菜单进行输出。在本实例中，利用 while 将菜单进行循环输出，这样可以使用户更为清楚地知道选择每一项所对应的操作。运行结果如图 8.2 所示。

图 8.2　使用 while 为用户提供菜单显示

实现过程

（1）打开 Visual C++ 6.0 开发环境，新建一个 C 源文件，并输入要创建 C 源文件的名称。

（2）在程序代码中，定义的变量 iSelect 用来保存菜单的输入选项。使用 while 语句检验 iSelect 变量，iSelect!=0 表示如果 iSelect 不等于 0 说明条件为真。为真时，执行其后语句块中的内容；为假时，执行后面的代码 return 0 程序结束。

（3）因为设定 iSelect 变量的值为 1，所以 while 刚进行检验时为真，执行其中的语句块。在语句块中首先显示菜单，将每一项操作都进行说明。

（4）使用 scanf 语句，用户对将要进行选择的项目进行输入。然后使用 switch 语句判断变量，根据变量中保存的数据，检验出相对应的结果进行操作，其中每一个 case 输出不同的提示信息表示不同的功能。default 为默认情况，是当用户输入的选项为菜单所列以外选项时的操作。

（5）显示的菜单中有 4 项功能，其中的选项 0 为退出。那么输入 0 时，iSelect 保存 0值。这样在执行完 case 为 0 的情况后，当 while 再检验 iSelect 的值时，判断的结果为假，那么不执行循环操作，执行后面的代码后，程序结束。

（6）程序主要代码如下：

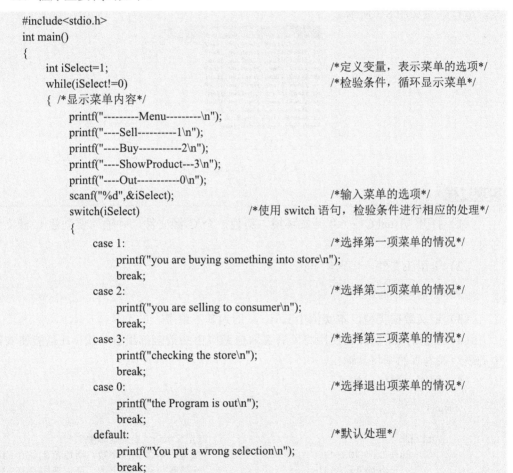

```c
#include<stdio.h>
int main()
{
    int iSelect=1;                                    /*定义变量，表示菜单的选项*/
    while(iSelect!=0)                                 /*检验条件，循环显示菜单*/
    { /*显示菜单内容*/
        printf("---------Menu---------\n");
        printf("----Sell----------1\n");
        printf("----Buy----------2\n");
        printf("----ShowProduct---3\n");
        printf("----Out----------0\n");
        scanf("%d",&iSelect);                         /*输入菜单的选项*/
        switch(iSelect)                               /*使用 switch 语句，检验条件进行相应的处理*/
        {
            case 1:                                   /*选择第一项菜单的情况*/
                printf("you are buying something into store\n");
                break;
            case 2:                                   /*选择第二项菜单的情况*/
                printf("you are selling to consumer\n");
                break;
            case 3:                                   /*选择第三项菜单的情况*/
                printf("checking the store\n");
                break;
            case 0:                                   /*选择退出项菜单的情况*/
                printf("the Program is out\n");
                break;
            default:                                  /*默认处理*/
                printf("You put a wrong selection\n");
                break;
        }
    }
    return 0;
}
```

技术要点

在程序中判断 while 语句的检验条件是判断变量 iSelect 是否等于 0。当变量 iSelect 的值不等于 0 时，表达式为真，其值为 1，执行循环；当变量 iSelect 的值等于 0 时，表达式为假，其值为 0，不执行循环。其实作为判断条件可以设置的范围更广，例如可以判断变量是否为 "*" 号，甚至是用户要求的任何字符也可以作为判断条件。

实例079　一元钱的兑换方案

（实例位置：配套资源\SL\8\079）

实例说明

如果要将整钱换成零钱，那么一元钱可兑换成一角、两角或五角，问有多少种兑换方案。运行结果如图8.3所示。

图8.3　一元钱兑换方案

实现过程

（1）打开 Visual C++ 6.0 开发环境，新建一个 C 源文件，并输入要创建 C 源文件的名称。

（2）引用头文件，代码如下：

```
#include<stdio.h>
```

（3）定义数据类型，本实例中 i、j、k 均为基本整型。

（4）嵌套的 for 循环的使用将所有在取值范围内的数全部组合一次，凡是能使 if 语句中的表达式为真的则将其输出。

（5）程序主要代码如下：

```
main()
{
    int i,j,k;                              /*定义i、j、k为基本整型*/
        for(i=0;i<=10;i++)                  /*i是一角钱兑换个数，所以范围是0～10*/
            for(j=0;j<=5;j++)               /*j是两角钱兑换个数，所以范围是0～5*/
                for(k=0;k<=2;k++)           /*k是五角钱兑换个数，所以范围是0～2*/
                    if(i+j*2+k*5==10)       /*3种钱数相加是否等于10*/
                        printf("yi jiao%d,liang jiao%d,wu jiao%d\n",i,j,k);/*将每次可兑换的方
案输出*/
    return 0;
}
```

技术要点

本实例中 3 次用到 for 语句，第一个 for 语句中变量 i 的范围是 0～10，这是如何确定的呢？根据题意知道可将一元钱兑换成一角钱，那么就得考虑如果将一元钱全部兑换成一

角钱将能兑换多少个？答案显而易见是10，当然一元钱也可以兑换成两角或五角而不兑换成一角，所以 i 的取值范围是 0～10，同理可知 j（两角）的取值范围是 0～5，k（五角）的取值范围是 0～2。

实例 080 特殊等式

（实例位置：配套资源\SL\8\080）

实例说明

有这样一个等式，xyz+yzz=532，编程求 x、y、z 的值（xyz 和 yzz 分别表示一个三位数）。运行结果如图 8.4 所示。

图 8.4 特殊等式

实现过程

（1）打开 Visual C++ 6.0 开发环境，新建一个 C 源文件，并输入要创建 C 源文件的名称。

（2）引用头文件，代码如下：

```
#include<stdio.h>
```

（3）对 x、y、z 进行穷举，判断 xyz 与 yzz 之和是否是 532，是则将结果输出，否则进行下次判断。

（4）程序主要代码如下：

```
main()
{
    int x, y, z, i;
    for (x = 1; x < 10; x++)                    /*对 x 进行穷举*/
        for (y = 1; y < 10; y++)                /*对 y 进行穷举*/
            for (z = 0; z < 10; z++)            /*对 z 进行穷举，由于是个位所以可以为0*/
            {
                i = 100 * x + 10 * y + z + 100 * y + 10 * z + z;    /*求和*/
                if (i == 532)                   /*判断和是否等于532*/
                    printf("x=%d,y=%d,z=%d\n", x, y, z);    /*输出 x、y、z 最终的值*/
            }
    return 0;
}
```

技术要点

本实例的算法思想是对 x、y、z 分别进行穷举，由于 x 和 y 均可做最高位，所以 x 和 y 不能为 0，所以穷举范围是 1～9，而 z 始终做个位所以 z 的穷举范围是 0～9，对其按照题中要求的等式求和，看和是否等于 532，如果等于，则 x、y、z 就是所求结果，否则继续寻找。

实例 081 打印乘法口诀表

（实例位置：配套资源\SL\8\081）

实例说明

本实例要求打印出乘法口诀表，在乘法口诀表中有行和列相乘得出的乘法结果。根据这个特点，使用循环嵌套将其显示。运行结果如图 8.5 所示。

```
C:\Documents and Settings\Administrator\My Documents\Debug\C...
1*1=1
2*1=2  2*2=4
3*1=3  3*2=6  3*3=9
4*1=4  4*2=8  4*3=12  4*4=16
5*1=5  5*2=10  5*3=15  5*4=20  5*5=25
6*1=6  6*2=12  6*3=18  6*4=24  6*5=30  6*6=36
7*1=7  7*2=14  7*3=21  7*4=28  7*5=35  7*6=42  7*7=49
8*1=8  8*2=16  8*3=24  8*4=32  8*5=40  8*6=48  8*7=56  8*8=64
9*1=9  9*2=18  9*3=27  9*4=36  9*5=45  9*6=54  9*7=63  9*8=72  9*9=81
Press any key to continue
```

图 8.5　打印乘法口诀表

实现过程

（1）打开 Visual C++ 6.0 开发环境，新建一个 C 源文件，并输入要创建 C 源文件的名称。

（2）引用头文件，代码如下：

```
#include<stdio.h>
```

（3）定义数据类型，本实例中 i、j 均为基本整型。

（4）第一个 for 循环控制乘法口诀表的行数及每行乘法中的第一个因子。本实例为九九乘法口诀表，故变量 i 的取值范围是 1～9。

（5）第二个 for 循环中变量 j 是每行乘法运算中的另一个因子，运行到第几行 j 的最大值也就为几。

（6）程序主要代码如下：

```
main()
{
    int i, j;                            /*定义 i、j 两个变量为基本整型*/
    for (i = 1; i <= 9; i++)             /*for 循环，i 为乘法口诀表中的行数*/
    {
        for (j = 1; j <= i; j++)/*乘法口诀表中的另一个因子 j，取值范围受第一个因子 i 的影响*/
        printf("%d*%d=%d ", i, j, i*j);  /*输出 i、j 及 i*j 的值*/
        printf("\n");                    /*打印完每行值后换行*/
    }
}
```

技术要点

打印乘法口诀表的关键是要分析程序的算法思想。本实例中两次用到 for 循环，第一次 for 循环即给它看成乘法口诀表的行数，同时也是每行进行乘法运算的第一个因子；第二个 for 循环范围的确定建立在第一个 for 循环的基础上，即第二个 for 循环的最大取值是第一个 for 循环中变量的值。

实例 082　平方和运算的问题

（实例位置：配套资源\SL\8\082）

实例说明

任意给出一个自然数 k，数 k 不为 0，计算其各位数字的平方和 k1，再计算 k1 的各位数字的平方和 k2……，重复此过程，最终将得到数 1 或 145，此时再做数的平方和运算，最终结果将始终是 1 或 145。编写程序验证此过程。运行结果如图 8.6 所示。

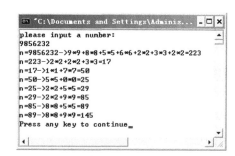

图 8.6　数的平方和运算

实现过程

（1）打开 Visual C++ 6.0 开发环境，新建一个 C 源文件，并输入要创建 C 源文件的名称。

（2）引用头文件，代码如下：

```
#include<stdio.h>
```

（3）定义数据类型。为了验证一个较大的数是否符合此规律，这里将数据类型定义为长整型。

（4）任意输入一个数 n，如果 n 不等于 1 且 n 不等于 145，则对 n 按位拆数，先低位后高位，存入数组 a 中，再按逆序计算平方和并将计算过程显示出来。

（5）程序主要代码如下：

```
main()
{
    long a[10], n, i;                    /*定义数组及变量为基本整型*/
    p: printf("please input a number:\n");
    scanf("%ld", &n);                    /*从键盘中输入一个数 n*/
    if (n == 0)                          /*如果输入的数为 0 则重新输入*/
        goto p;
    while (n != 1 && n != 145)
    {
        printf("n=%ld->", n);
        i = 1;
        while (n > 0)
        {
            a[i++] = n % 10;             /*将 n 的各位数字存放到数组 a 中*/
            n /= 10;
```

```
        }
        n = 0;
        i--;
        while (i >= 1)                          /*使用 while 语句将运算过程输出*/
        {
            printf("%ld*%ld", a[i], a[i]);
            if (i > 1)
                printf("+");
            n += a[i] *a[i];
            i--;
        }
        printf("=%ld\n", n);                    /*输出最终求得的平方和 n */
    }
    getch();
}
```

技术要点

本实例主要是用 while 循环来求一个数各位平方和的过程。while 语句在前面介绍过，这里就不再赘述。细心的读者会发现程序中用到了 goto 语句，下面介绍一下 goto 语句的使用要点。

goto 语句为无条件转向语句，其语法格式如下：

goto 语句标号

这里的语句标号用标识符表示，其定名规则与变量名相同。goto 语句通常有以下两个用途：

（1）与 if 语句一起构成循环结构。

（2）从多层循环的内层循环跳到外层循环。

实例 083　求从键盘中输入字符的个数

（实例位置：配套资源\SL\8\083）

实例说明

本实例要求输出用户从键盘中输入字符的个数。运行结果如图 8.7 所示。

图 8.7　求从键盘中输入字符的个数

实现过程

（1）打开 Visual C++ 6.0 开发环境，新建一个 C 源文件，并输入要创建 C 源文件的名称。

（2）引用头文件，代码如下：

```
#include<stdio.h>
```

（3）自定义函数 length()，用来统计字符串中字符的个数，最终将统计的个数 n 返回。

（4）主函数编写，定义数组 str，使用 gets()函数获得字符串，数组 str 作实参调用 length()函数，最终将得到的长度值输出。

（5）程序主要代码如下：

```
main()
{
    int len;                                  /*定义 len 为基本整型变量*/
    char *str[100];                           /*定义字符型指针数组 str*/
    printf("please input a string:\n");
    gets(str);                                /*gets()函数将输入的字符串放入数组 str 中*/
    len=length(str);                          /*调用 length()函数*/
    printf("the string has %d characters.",len);   /*将结果输出*/
}
int length(char *p)                           /*自定义函数 length()*/
{
    int n=0;                                  /*定义变量 n 为基本整型*/
    while(*p!='\0')                           /*当指针未指到字符串结束标志时执行循环体语句*/
    {
        n++;                                  /*长度加 1*/
        p++;                                  /*指针向后移*/
    }
    return n;                                 /*返回最终长度*/
}
```

技术要点

1. 自定义函数

本实例中自定义了一个 length()函数来实现统计字符串中字符个数的功能，那么该如何来定义一个函数呢？以下是关于函数定义的一些知识要点。

（1）无参函数的定义形式

```
类型标识符 函数名()
{
    声明部分
    语句
}
```

（2）有参函数的定义形式

```
类型标识符 函数名(形式参数表列)
{
    声明部分
    语句
}
```

本实例中自定义的 length()函数就是有参函数。

（3）空函数

```
类型说明符  函数名()
    {}
```

Note

2. 函数参数

讲到函数定义的一般形式时提到了有参函数，那么参数到底怎样使用的？可能还有部分读者不是很了解，这里简单介绍一下。参数分为两种，即形式参数和实际参数。

☑ 在定义函数时函数名后面括号中的变量名称为形式参数。本实例中 char*p 就是在定义形式参数。

☑ 在主调函数中调用一个函数时，函数名后面括号中的参数（可以是一个表达式）称为实际参数。本实例主函数中调用 length() 函数时括号中的 str 就是实际参数。

3. 函数的返回值问题

☑ 函数的返回值是通过函数中的 return 语句获得的。本实例使用 return 语句将被调用 length() 函数中 n 的值带回到主调函数中。

☑ 在定义函数时要指定函数值的类型。

☑ 函数类型决定了返回值的类型。

☑ 为了明确表示"不带回值"，可以用 void 定义"无类型"。

实例 084　打印杨辉三角

（实例位置：配套资源\SL\8\084）

实例说明

打印出以下杨辉三角（要求打印出 10 行）。

```
1
1   1
1   2   1
1   3   3   1
1   4   6   4   1
1   5   10  10  5   1
……
```

运行结果如图 8.8 所示。

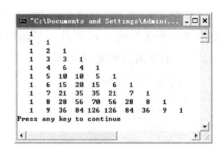

图 8.8　打印杨辉三角

实现过程

（1）打开 Visual C++ 6.0 开发环境，新建一个 C 源文件，并输入要创建 C 源文件的名称。

（2）引用头文件，代码如下：

```
#include<stdio.h>
```

（3）定义数据类型，本实例中 i、j、a[11][11]均为基本整型。

（4）第一个 for 循环中变量 i 的范围是 1～10，循环体中的语句 a[i][i]将对角线元素置 1，语句 a[i][1]=1 将每行中的第一列置 1。

（5）使用两个 for 循环语句实现除对角线和每行第一个元素外其他元素的赋值过程，即 a[i][j]=a[i-1][j-1]+a[i-1][j]。

（6）再次使用 for 循环的嵌套将数组 a 中的所有元素输出。

（7）程序主要代码如下：

```
main()
{
    int i, j, a[11][11];                  /*定义 i、j、a[11][11]为基本整型*/
    for (i = 1; i < 11; i++)              /*for 循环中 i 的范围是 1～10*/
    {
        a[i][i] = 1;                      /*对角线元素全为 1*/
        a[i][1] = 1;                      /*每行第 1 列元素全为 1*/
    }
    for (i = 3; i < 11; i++)              /*for 循环范围从第 3 行开始到第 10 行*/
        for (j = 2; j <= i - 1; j++)      /*for 循环范围从第 2 列开始到该行行数减 1 列为止*/
            a[i][j] = a[i - 1][j - 1] + a[i - 1][j];/*第 i 行 j 列等于第 i-1 行 j-1 列的值加上第 i-1 行 j
列的值*/
    for (i = 1; i < 11; i++)
    {
        for (j = 1; j <= i; j++)
            printf("%4d", a[i][j]);       /*通过上面两次 for 循环将二维数组 a 中的元素输出*/
        printf("\n");                     /*每输出完一行进行一次换行*/
    }
}
```

技术要点

要想打印出杨辉三角，首先要找出图形中数字间的规律，从图形中可以分析出这些数字间有以下规律：

☑　每一行的第一列均为 1。

☑　对角线上的数字也均为 1。

☑　除每一行第一列和对角线上数字外，其余数字均等于其上一行同列数字与其上一行前一列数字之和。

实例 085　求总数问题

（实例位置：配套资源\SL\8\085）

实例说明

集邮爱好者把所有邮票存放在 3 个集邮册中，在 A 册内存放全部的 2/10，在 B 册内存放不知道是全部的七分之几，在 C 册内存放 303 张邮票，问这位集邮爱好者集邮总数是多少？以及每册中各有多少邮票？运行结果如图 8.9 所示。

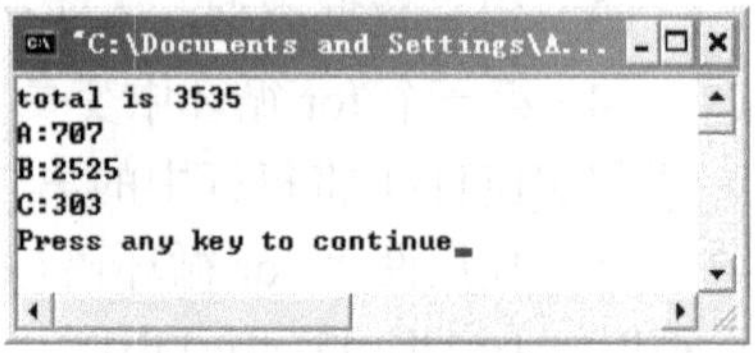

实现过程

（1）打开 Visual C++ 6.0 开发环境，新建一个 C 源文件，并输入要创建 C 源文件的名称。

（2）引用头文件，代码如下：

图 8.9　总数问题运行结果

```
#include <stdio.h>
```

（3）定义 a、b、c、x 及 sum 分别为基本整型。

（4）对 x 的值进行试探，满足 10605%(28-5*x)==0 的 x 值即为所求，通过此值计算出邮票总数及各个集邮册中邮票的数量。

（5）程序主要代码如下：

```
main()
{
    int a, b, c, x, sum;
    for (x = 1; x <- 5; x++)                    /*x 的取值范围是 1～5*/
    {
        if (10605 % (28-5 * x) == 0)            /*满足条件的 x 值即为所求*/
        {
            sum = 10605 / (28-5 * x);           /*计算出邮票总数*/
            a = 2 * sum / 10;                   /*计算 a 集邮册中的邮票数*/
            b = 5 * sum / 7;                    /*计算 b 集邮册中的邮票数*/
            c = 303;                            /*c 集邮册中的邮票数*/
            printf("total is %d\n", sum);       /*输出邮票的总数*/
            printf("A: %d\n", a);               /*输出 A 集邮册中的邮票数*/
            printf("B: %d\n", b);               /*输出 B 集邮册中的邮票数*/
            printf("C: %d\n", c);               /*输出 C 集邮册中的邮票数*/
        }
    }
}
```

技术要点

根据题意可设邮票总数为 sum，A 册内存放全部的 2/10，B 册内存放全部的 x/7，C 册内存放 303 张邮票，则可列出 sum=2*sum/10+x*sum/7+303，经化简可得 sum=10605/(28-5*x)。从化简的等式来看可以确定出 x 的取值范围是 1～5，还有一点要明确，邮票的数量一定是整数不可能出现小数或其他，这就要求 x 必须要满足 10605%(28-5*x)==0。

实例 086　彩球问题

（实例位置：配套资源\SL\8\086）

实例说明

在一个袋子里装有三色彩球，其中红色球有 3 个，白色球也有 3 个，黑色球有 6 个，问当从袋子中取出 8 个球时共有多少种可能的方案。编程实现将所有可能的方案编号输出在屏幕上。运行结果如图 8.10 所示。

图 8.10 彩球问题

实现过程

（1）打开 Visual C++ 6.0 开发环境，新建一个 C 源文件，并输入要创建 C 源文件的名称。

（2）引用头文件，代码如下：

```
#include <stdio.h>
```

（3）定义 i、j、count 分别为基本整型，count 赋初值为 1，这里起到计数的功能。

（4）使用 for 语句进行穷举，对满足 if 语句中条件的可能方案按指定格式进行输出，否则进行下次循环。

（5）程序主要代码如下：

```
main()
{
    int i, j, count;
    puts("the result is:\n");
    printf("time   red ball   white ball   black ball\n");
    count = 1;
    for (i = 0; i <= 3; i++)                    /*红球的数量范围是 0～3*/
    {
        for (j = 0; j <= 3; j++)                /*白球的数量范围是 0～3*/
        {
            if ((8-i - j) <= 6)                 /*判断要取黑色球的数量是否在 6 个以内*/
                printf("%3d%8d%9d%10d\n", count++, i, j, 8-i - j); /*输出各种颜色球的数量*/
        }
    }
    return 0;
}
```

技术要点

本实例要确定各种颜色球的范围，红球和白球的范围根据题意可知均是大于等于 0 小于等于 3，不同的是本实例将黑球的范围作为 if 语句中的判断条件，即用要取出的球的总数目 8 减去红球及白球的数目所得的差应小于黑球的总数目 6。

实例 087　新同学年龄

（实例位置：配套资源\SL\8\087）

实例说明

　　班里来了一名新同学，很喜欢学数学，同学们问他年龄的时候，他向大家说："我的年龄的平方是个三位数，立方是个四位数，四次方是个六位数。三次方和四次方正好用遍 0、1、2、3、4、5、6、7、8、9 这 10 个数字，那么大家猜猜我今年多大？"运行结果如图 8.11 所示。

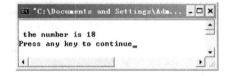

图 8.11　新同学年龄

实现过程

　　（1）打开 Visual C++ 6.0 开发环境，新建一个 C 源文件，并输入要创建 C 源文件的名称。

　　（2）引用头文件，代码如下：

```
#include <stdio.h>
```

　　（3）定义数组及变量为长整型，这主要是由于变量 n4 用来存储六位数。

　　（4）do…while 循环对 18～21 中的所用数进行判断，用"%"、"/"的方法将四位数及六位数的各位数字分别存到数组中，利用数组 s 对各个数字在数组中出现的次数做统计，凡出现不是一次的均不是符合要求的数，对数组中的 10 个数字全部判断后将符合要求的数输出。

　　（5）程序主要代码如下：

```
main()
{
    long a[10]={0},s[10]={0},i,n3,n4,x=18;      /*因为有六位数出现，所以定义为长整型*/
    do
    {
        n3=x*x*x;                               /*求出 x 的三次方*/
        for(i=3;i>=0;i--)
        {
            a[i]=n3%10;                         /*取这个三位数的各位数字*/
            n3/=10;
        }
        n4=x*x*x*x;                             /*求 x 的四次方*/
        for(i=9;i>=4;i--)
        {
            a[i]=n4%10;                         /*取这个四位数的各位数字*/
```

```
            n4/=10;
        }
    for(i=0;i<=9;i++)
        s[a[i]]++;                          /*统计数字出现次数*/
    for(i=0;i<=9;i++)
        if(s[i]==1)                         /*判断有无重复数字*/
        {
            if(i==9)
            printf("\n the number is %ld\n",x);   /*将结果输出*/
        }
        else break;                         /*跳出 for 循环*/
        x++;
    }
    while(x<22);                            /*x 的最大值取到 21*/
}
```

技术要点

首先考虑年龄的范围，因为 17 的四次方是 83521，小于六位，22 的三次方是 10648，大于四位，所以年龄的范围就确定出来了，即大于等于 18 小于等于 21。其次是对 18～21 之间的数进行穷举时，应将算出的四位数和六位数的每位数字分别存于数组中，再对这 10 个数字进行判断，看有无重复或是否有数字未出现，这些方面读者在编写程序时都要考虑全面。最后将运算出的结果输出即可。

本实例的关键技术要点在于对数组的灵活应用，即如何将四位数及六位数的每一位存入数组中，并如何对存入的数据做无重复的判断。

实例 088　灯塔数量

（实例位置：配套资源\SL\8\088）

实例说明

有一八层灯塔，每层的灯数都是上一层的 2 倍，共有 765 盏灯，编程求最上层与最下层的灯数。运行结果如图 8.12 所示。

图 8.12　灯塔数量

实现过程

（1）打开 Visual C++ 6.0 开发环境，新建一个 C 源文件，并输入要创建 C 源文件的名称。

（2）引用头文件，代码如下：

```
#include<stdio.h>
```

（3）利用 while 循环对 n 的值从 1 开始进行穷举，在计算 2 楼到 8 楼灯的数目时程序中用到了 for 循环。

Note

（4）程序主要代码如下：

```
main()
{
    int n = 1, m, sum, i;                        /*定义变量为基本整型*/
    while (1)
    {
        m = n;                                   /*m 存储一楼灯的数量*/
        sum = 0;
        for (i = 1; i < 8; i++)
        {
            m = m * 2;                           /*每层楼灯的数量是上一层的 2 倍*/
            sum += m;                            /*计算出除一楼外灯的总数*/
        }
        sum += n;                                /*加上一楼灯的数量*/
        if (sum == 765)                          /*判断灯的总数量是否达到 765*/
        {
            printf("the first floor has %d\n", n);   /*输出一楼灯的数量*/
            printf("the eight floor has %d", m);     /*输出八楼灯的数量*/
            break;                               /*跳出循环*/
        }
        n++;                                     /*灯的数量加 1，继续下次循环*/
    }
    return 0;
}
```

技术要点

本实例没有太多难点，通过对 n 的穷举，探测满足条件的 n 值。在计算灯的总数时先计算二楼到八楼灯的总数，再将计算出的和加上一楼灯的数量，这样就求出了总数。当然也可以将一楼灯的数量赋给 sum 之后再加上二楼到八楼灯的数量。

实例 089　计算 $1^2+2^2+\cdots+10^2$

（实例位置：配套资源\SL\8\089）

实例说明

计算 $1^2+2^2+\cdots+10^2$ 的值实际上就是计算累加和。本实例的特点是每一项都累计求和项数的平方，因此利用循环变量表示当前计算的项数，求和的每一项为项数的平方。

运行程序，得出 $1^2+2^2+\cdots+10^2$ 的和，结果如图 8.13 所示。

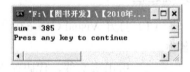

图 8.13　计算 $1^2+2^2+\cdots+10^2$ 的值

实现过程

（1）打开 Visual C++ 6.0 开发环境，新建一个 C 源文件，并输入要创建 C 源文件的

名称。

（2）引用头文件，代码如下：

```
#include<stdio.h>
```

（3）程序主要代码如下：

```
main()
{
    int i,sum=0;                    /*定义整型变量，并给 sum 赋值*/
    for(i=1;i<=10;i++)              /*循环 10 次*/
        sum+=i*i;                   /*累加平方和*/
    printf("sum = %d\n",sum);       /*输出累加和*/
}
```

Note

技术要点

本实例使用 for 循环语句循环 10 次，将平方和的相加结果累积并保存在变量 sum 中，最后将 sum 的值输出。

实例 090 循环显示随机数

（实例位置：配套资源\SL\8\090）

实例说明

在本实例中，要求使用 for 循环语句显示 10 随机数字，其中产生随机数要使用到 srand 函数和 rand 函数，这两个函数都包括在 stdio.h 头文件中。运行结果如图 8.14 所示。

图 8.14 循环显示随机数

实现过程

（1）打开 Visual C++ 6.0 开发环境，新建一个 C 源文件，并输入要创建 C 源文件的名称。

（2）引用头文件 stdio.h 和 stdlib.h，代码如下：

```
#include <stdio.h>
#include <stdlib.h>
```

（3）在程序代码中，定义变量 c。在 for 语句中先对 c 进行赋值，之后判断 c<10 的条件是否为真，然后根据判断的结果选择是否执行循环语句。

（4）srand 和 rand 函数都包含在 stdio.h 和 stdlib.h 头文件中，srand 函数的功能是设定一个随机发生数的种子，rand 函数是根据设定的随即发生数种子产生特定的随机数。

（5）程序主要代码如下：

```c
#include<stdio.h>
#include <stdlib.h>
int main()
{
        int c;                                              /*定义变量*/
        /*使用 for 语句，为变量赋值，执行循环*/
        for(c=0;c<10;c++)
        {
                srand(c+2);                                 /*设置随即发生数的种子*/
                printf("随即发生数%d 是:%d\n",c,rand());    /*产生随机发生数*/
        }
        return 0;
}
```

技术要点

如果在使用 rand 函数之前不提供种子值，也就是不用 srand 进行设定种子值。则 rand 函数总是默认以 2 作为种子，每次将产生同样的随机数序列。因此在本例中，每次循环使用 c+2 作为种子值。

实例 091　卖西瓜

（实例位置：配套资源\SL\8\091）

实例说明

一农户在集市上卖西瓜，他总共有 1020 个西瓜，第一天卖掉一半多两个，第二天卖掉剩下的一半多两个，问照此规律卖下去，该农户几天能将所有的西瓜卖完，试编程实现。运行结果如图 8.15 所示。

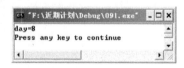

图 8.15　卖西瓜

实现过程

（1）打开 Visual C++ 6.0 开发环境，新建一个 C 源文件，并输入要创建 C 源文件的名称。

（2）引用头文件，代码如下：

```c
#include <stdio.h>
```

（3）程序中使用 while 循环来实现每天西瓜数和天数的变化，x2 起中间变量的作用。

（4）程序主要代码如下：

```
void main()
{
    int day, x1, x2;
    day = 0;                                    /*天数*/
    x1 = 1020;                                  /*瓜的总数量*/
    while (x1)
    {
        x2 = x1 / 2-2;                          /*卖出一半多两个*/
        x1 = x2;
        day++;                                  /*天数加 1*/
    }
    printf("day=%d\n", day);                    /*将天数加 1*/
}
```

技术要点

本实例设 x1 为西瓜的总数，每天西瓜的总数都按同一规律变化即前一天西瓜数的一半再减 2，用 while 循环来实现每天的变化，那么循环结束条件是什么呢？这里采用西瓜的总数作为循环结束的条件，当西瓜总数为 0 时，循环结束。

实例 092 银行存款问题

（**实例位置：配套资源\SL\8\092**）

实例说明

假设银行当前整存零取五年期的年利息为 2.5%，现在某人手里有一笔钱，预计在今后的五年当中每年年底取出 1000，到第五年的时候刚好取完，计算在最开始存钱的时候要存多少钱？运行结果如图 8.16 所示。

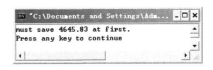

图 8.16 银行存款问题

实现过程

（1）打开 Visual C++ 6.0 开发环境，新建一个 C 源文件，并输入要创建 C 源文件的名称。

（2）引用头文件，代码如下：

```
#include <stdio.h>
```

（3）程序主要代码如下：

```
void main()
{
    int i;                                      /*定义整型变量*/
    float total=0;                              /*定义实型变量，并初始化*/
```

```
    for(i=0;i<5;i++)                                /*循环*/
        total=(total+1000)/(1+0.025);               /* 累计存款额*/
    printf("must save %5.2f at first. \n",total);   /*输出存款额*/
}
```

技术要点

在分析取钱和存钱的过程时，可以采用倒推的方法。如果第五年年底连本带利取出1000，则要先求出第五年年初的存款，然后再递推第四年、第三年……的年初银行存款数。

第五年年初存款=1000/(1+0.025)

第四年年初存款=(第五年年初存款+1000)/(1+0.025)

第三年年初存款=(第四年年初存款+1000)/(1+0.025)

第二年年初存款=(第三年年初存款+1000)/(1+0.025)

第一年年初存款=(第二年年初存款+1000)/(1+0.025)

实例 093   统计不及格的人数

（实例位置：配套资源\SL\8\093）

实例说明

假设一个班中有 20 个学生，输入某科考试的成绩，然后统计出该班不及格的学生人数。运行结果如图 8.17 所示。

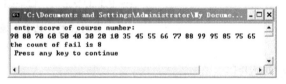

图 8.17　统计不及格的人数

实现过程

（1）打开 Visual C++ 6.0 开发环境，新建一个 C 源文件，并输入要创建 C 源文件的名称。

（2）引用头文件和定义常量N，代码如下：

```
#define N 20                                        /*定义常量*/
#include <stdio.h>                                  /*引用头文件*/
```

（3）利用 for 循环遍历所有的学生成绩，如果遇到比 60 小的分数，则 count 变量加 1。如果分数大于 60，则继续执行循环。

（4）程序主要代码如下：

```
void main()
{
    int i;                                          /*定义整型变量，循环计数*/
    int score,count=0;                              /*定义整型变量，存储分数和最大值*/
    printf(" enter score of course number:\n");     /*提示用户输入分数*/
    for (i=1;i<=N;i++)                              /*循环*/
    {
        scanf("%d",&score);                         /*接收用户的其他输入*/
```

```
        if(score<60)                                /*如果分数小于 60*/
        {
            count++;
        }
    }
    printf("the count of fail is %d\n ",count);       /*输出不及格的人数*/
    return 0;
}
```

技术要点

本实例使用 for 循环语句读取用户输入的分数，然后判断分数是否小于 60，如果分数小于 60，则将统计不及格人数的变量加 1，最后输出不及格人数的数量。

实例 094　猜数字游戏

（实例位置：配套资源\SL\8\094）

实例说明

猜数字游戏具体要求如下：开始时应输入要猜的数字的位数，这样计算机可以根据输入的位数随机分配一个符合要求的数据，计算机输出 guess 后便可以输入数字，注意数字间需用空格或回车符加以区分，计算机会根据输入信息给出相应的提示信息：A 表示位置与数字均正确的个数，B 表示位置不正确但数字正确的个数，这样便可以根据提示信息进行下次输入，直到正确为止，这时会根据输入的次数给出相应的评价。运行结果如图 8.18 所示。

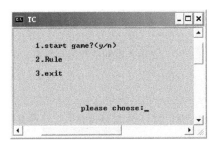

（a）菜单界面

（b）游戏运行界面

图 8.18　猜数字游戏

实现过程

（1）打开 Visual C++ 6.0 开发环境，新建一个 C 源文件，并输入要创建 C 源文件的名称。

（2）引用头文件、进行宏定义及数据类型的指定，代码如下：

Note

```
#include <stdio.h>
#include <stdlib.h>
#include <time.h>
#include <conio.h>
#include <dos.h>
```

（3）自定义函数 guess()，作用是产生随机数并将输入的数与产生的数作比较，并将比较后的提示信息输出。代码如下：

```c
void guess(int n)
{
    int acount,bcount,i,j,k=0,flag,a[10],b[10];
    do
    {
        flag=0;
        srand((unsigned)time(NULL));                /*利用系统时钟设定种子*/
        for(i=0;i<n;i++)
        a[i]=rand()%10;              /*每次产生 0～9 范围内任意的一个随机数并存到数组 a 中*/
        for(i=0;i<n-1;i++)
        {
            for(j=i+1;j<n;j++)
            if(a[i]==a[j])                          /*判断数组 a 中是否有相同数字*/
            {
                flag=1;                             /*若有上述情况则标志位置 1*/
                break;
            }
        }
    }while(flag==1);                                /*若标志位置为 1 则重新分配数据*/
    do
    {
        k++;                                        /*记录猜数字的次数*/
        acount=0;                   /*每次猜的过程中位置与数字均正确的个数*/
        bcount=0;                   /*每次猜的过程中位置不正确但数字正确的个数*/
        printf("guess:");
        for(i=0;i<n;i++)
        scanf("%d",&b[i]);                          /*输入猜测的数据到数组 b 中*/
        for(i=0;i<n;i++)
            for(j=0;j<n;j++)
            {
                if(a[i]==b[i])/*检测输入的数据与计算机分配的数据相同且位置相同的个数*/
                {
                    acount++;
                    break;
                }
                if(a[i]==b[j]&&i!=j)            /*检测输入的数据与计算机分配的数据相同但位置
不同的个数*/
                {
                    bcount++;
                    break;
                }
```

```
            }
        printf("clue on:%d A %d B\n\n",acount,bcount);
        if(acount==n)                          /*判断 acount 是否与数字的个数相同*/
        {
            if(k==1)
                printf(" you are the topmost rung of Fortune's ladder!! \n\n");
            else if(k<=5)
                printf("you are genius!!\n\n");
            else if(k<=10)
                printf("you are cleaver!!\n\n");
            else
                printf("you need try hard!!\n\n");
            break;
        }
    }while(1);
}
```

（4）main()函数作为程序的入口函数，通过输入相应的数字选择不同的功能。代码如下：

```
main()
{
    int i, n;
    while (1)
    {
        clrscr();
        gotoxy(15, 6);                          /*将光标定位*/
        printf("1.start game?(y/n)");
        gotoxy(15, 8);
        printf("2.Rule");
        gotoxy(15, 10);
        printf("3.exit\n");
        gotoxy(25, 15);
        printf("please choose:");
        scanf("%d", &i);
        switch (i)
        {
            case 1:
                clrscr();
                printf("please input n:\n");
                scanf("%d", &n);
                guess(n);                       /*调用 guess()函数*/
                sleep(5);                       /*程序停止 5 秒钟*/
                break;
            case 2:                                     /*输出游戏规则*/
                clrscr();
                printf("\t\tThe Rules Of The Game\n");
                printf(" step1: input the number of digits\n");
                printf(" step2: input the number,separated by a space between two numbers\n");
                printf(" step3: A represent location and data are correct\n");
                printf("\tB represent location is correct but data is wrong!\n");
```

```
            sleep(10);
            break;
        case 3:                                          /*退出游戏*/
            exit(0);
        default:
            break;
        }
    }
}
```

技术要点

　　本实例的关键是如何实现随机分配数据与核对输入数据的过程。利用系统时钟作为随机数的种子，将每次产生的 0～9 之间（包含 0 和 9）的随机数存到数组 a 中，将从键盘中输入的数字存到数组 b 中，用数组 b 中的所有数与数组 a 中的每个数比较，通过统计位置与数据均相同的个数及统计位置不同但数据相同的个数来输出提示信息。玩游戏者可以根据提示信息调整输入的数据，当输入的所有数据与所产生的随机数全部相等（位置与数据均相等）时，根据输入猜测的次数给出相应的评价，以上就是设计猜数字游戏的核心算法。

数组

本章读者可以学到如下实例：

实例 095　求各元素之和

（实例位置：配套资源\SL\9\095）

实例说明

使用二维数组保存一个 3 行 3 列的数组，利用双重循环访问数组中的每一个元素，然后对每个元素进行累加计算。运行结果如图 9.1 所示。

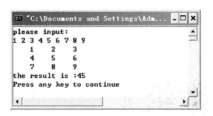

图 9.1　求各元素之和

实现过程

（1）打开 Visual C++ 6.0 开发环境，新建一个 C 源文件，并输入要创建 C 源文件的名称。

（2）引用头文件，代码如下：

```
#include<stdio.h>
```

（3）定义数据类型，本实例首先定义一个 3 行 3 列的数组，定义 i、j 为循环控制变量。定义变量 sum 并为其赋初值 0，变量 sum 为存储数组元素累积相加结果的值。

（4）利用 for 循环嵌套语句，对数组元素进行赋值。

（5）再次使用 for 循环嵌套语句，使用循环计算对角线的总和。

（6）最后将变量 sum 的值输出。

（7）程序主要代码如下：

```c
int main()
{
    int a[3][3];                          /*定义一个 3 行 3 列的数组*/
    int i,j,sum=0;                        /*定义循环控制变量和保存数据变量 sum*/
    printf("please input:\n");
    for(i=0;i<3;i++)                      /*利用循环对数组元素进行赋值*/
    {
        for(j=0;j<3;j++)
        {
            scanf("%d",&a[i][j]);
        }
    }
    for(i=0;i<3;i++)                      /*使用循环计算对角线的总和*/
    {
        for(j=0;j<3;j++)
        {
            printf("%5d",a[i][j]);
            sum=sum+a[i][j];              /*进行数据的累加计算*/
        }
        printf("\n");
    }
```

```
        printf("the result is :%d\n",sum);                      /*输出最后的结果*/
        return 0;
    }
```

技术要点

本实例使用二维数组保存一个 3 行 3 列的数组,利用双重循环访问数组中的每一个元素,然后对每个元素进行累加计算,最后输出累加的结果。

实例 096　使用二维数组保存数据

（实例位置：配套资源\SL\9\096）

实例说明

本实例实现了从键盘为二维数组元素赋值,显示二维数组。运行结果如图 9.2 所示。

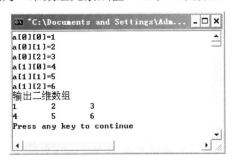

图 9.2　使用二维数组保存数据

实现过程

（1）打开 Visual C++ 6.0 开发环境,新建一个 C 源文件,并输入要创建 C 源文件的名称。

（2）引用头文件,代码如下:

```
#include<stdio.h>
```

（3）保存二维数组数据和输出数组数据都是使用嵌套循环语句实现的。

（4）程序主要代码如下:

```
int main()
{
    int a[2][3];                                        /*定义数组*/
    int i,j;                                            /*用于控制循环*/
    for(i=0;i<2;i++)                                    /*从键盘为数组元素赋值*/
    {
        for(j=0;j<3;j++)
        {
            printf("a[%d][%d]=",i,j);
            scanf("%d",&a[i][j]);                       /*输出数组元素*/
```

```
        }
    }
    printf("输出二维数组\n");                           /*信息提示*/
    for(i=0;i<2;i++)
    {
        for(j=0;j<3;j++)
        {
            printf("%d\t",a[i][j]);                     /*输出结果*/
        }
        printf("\n");                                   /*使元素分行显示*/
    }
    return 0;
}
```

技术要点

本实例的技术要点和实例 095 大致相同，可以参考实例 095。

实例 097   计算字符串中有多少个单词

（实例位置：配套资源\SL\9\097）

实例说明

在本实例中输入一行字符，然后统计其中有
多少个单词，要求每个单词之间用空格分隔开，
最后的字符不能为空格。运行结果如图 9.3 所示。

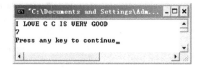

图 9.3 计算字符串中有多少个单词

实现过程

（1）打开 Visual C++ 6.0 开发环境，新建一个 C 源文件，并输入要创建 C 源文件的
名称。

（2）引用头文件，代码如下：

```
#include<stdio.h>
```

（3）使用 gets()函数将输入的字符串保存在 cString 字符数组中。

（4）首先判断数组中第一个输入的字符是否为结束符或者空格，如果是，则进行消
息提示；如果不是，则说明输入的字符串是正常的，这样就在 else 语句中进行处理。

（5）使用 for 循环判断每一个数组中的字符是否是结束符，如果是则循环结束；如果
不是，则在循环语句中判断是否是空格，遇到一个空格则对单词计数变量 iWord 进行自加
操作。

（6）程序主要代码如下：

```
int main()
{
    char cString[100];                                  /*定义保存字符串的数组*/
```

```
        int iIndex, iWord=1;                              /*iWord 表示单词的个数*/
        char cBlank;                                      /*表示空格*/
        gets(cString);                                    /*输入字符串*/
        if(cString[0]=='\0')                              /*判断如果字符串为空的情况*/
        {
            printf("There is no char!\n");
        }
        else if(cString[0]==' ')                          /*判断第一个字符为空格的情况*/
        {
            printf("First char just is a blank!\n");
        }
        else
        {
            for(iIndex=0;cString[iIndex]!='\0';iIndex++)   /*循环判断每一个字符*/
            {
                cBlank=cString[iIndex];                    /*得到数组中的字符元素*/
                if(cBlank==' ')                            /*判断是不是空格*/
                {
                    iWord++;                               /*如果是则加 1*/
                }
            }
            printf("%d\n",iWord);
        }
    }
```

技术要点

字符串输入函数使用的是 gets()函数，作用是将读取的字符串保存在形式参数 str 变量中，读取过程直到出现新的一行为止。其中新的一行的换行字符将会转换为字符串中的空终止符'\0'。gets()函数的语法格式如下：

```
    char *gets( char *str );
```

在使用 gets()函数输入字符串前，要为程序加入头文件 stdio.h。其中的 str 字符指针变量为形式参数。例如定义字符数组变量 cString，然后使用 gets()函数获取输入字符的方式如下：

```
    gets(cString);
```

在上面的代码中，cString 变量获取到了字符串，并将最后的换行符转换成了终止字符。

实例 098　不使用 strcpy()函数实现字符串复制功能

（实例位置：配套资源\SL\9\098）

实例说明

不使用字符串处理函数 strcpy()来实现字符串的复制，主要使用 gets()和 puts()函数来实现字符的获取和输出。运行结果如图 9.4 所示。

图 9.4　字符串复制

实现过程

（1）打开 Visual C++ 6.0 开发环境，新建一个 C 源文件，并输入要创建 C 源文件的名称。

（2）引用头文件，代码如下：

```
#include<stdio.h>
```

（3）程序主要代码如下：

```
main()
{
    char s1[100],s2[100];                    /*声明字符数组*/
    int i=0;                                 /*声明整型变量*/
    printf("请输入字符串 1：\n");
    gets(s1);                                /*获取从键盘输入的字符串*/
    while(s1[i]!='\0')
    {
        s2[i]=s1[i];                         /*复制*/
        i++;                                 /*自加*/
    }
    s2[i]='\0';                              /*添加字符串结束符*/
    printf("字符串 2：\n");
    puts(s2);                                /*输出字符串*/
}
```

技术要点

程序中用到了字符数组的输入/输出。

（1）字符数组可以逐个字符输入/输出，用格式字符"%c"输入或输出一个字符。

（2）字符数组也可将整个字符串一次输入或输出，用"%s"格式符，这里重点介绍这种方法。

☑　用"%s"格式符输出字符串时，printf()函数中的输出项是字符数组名，而不是数组元素名。scanf()函数中的输入项也是字符数组名且不要加&，因为在 C 语言中规定数组名代表数组的起始地址。

☑　如果数组长度大于字符串实际长度，也只输出到遇'\0'结束。如本实例中数组 a 的长度为 100，两个字符串合并后的长度往往也达不到 100，在输出时只输出到遇'\0'时的字符，并不是将 100 个字符都输出。

实例 099　逆序存放数据

（实例位置：配套资源\SL\9\099）

实例说明

任意输入 5 个数据，编程实现将这 5 个数据逆序存放，并将最终结果显示在屏幕上。运行结果如图 9.5 所示。

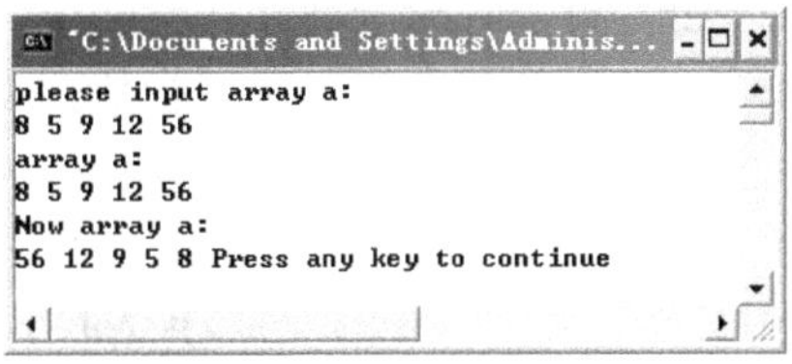

图 9.5　逆序存放数据

实现过程

（1）打开 Visual C++ 6.0 开发环境，新建一个 C 源文件，并输入要创建 C 源文件的名称。

（2）引用头文件，代码如下：

```
#include<stdio.h>
```

（3）借助中间变量 temp 实现数据间的互换。

（4）程序主要代码如下：

```
main()
{
    int a[5], i, temp;                  /*定义数组及变量为基本整型*/
    printf("please input array a:\n");
    for (i = 0; i < 5; i++)             /*逐个输入数组元素*/
        scanf("%d", &a[i]);
    printf("array a:\n");
    for (i = 0; i < 5; i++)             /*将数组中的元素逐个输出*/
        printf("%d ", a[i]);
    printf("\n");
    for (i = 0; i < 2; i++)             /*将数组中元素的前后位置互换*/
    {
        temp = a[i];                    /*元素位置互换的过程借助中间变量 temp*/
        a[i] = a[4-i];
        a[4-i] = temp;
    }
    printf("Now array a:\n");
    for (i = 0; i < 5; i++)             /*将转换后的数组再次输出*/
        printf("%d ", a[i]);
}
```

技术要点

本实例没有太多难点，但是通过本实例的练习能让读者明白在编程过程中如何运用一维数组。下面介绍一下一维数组的一些相关知识点。

（1）一维数组的语法格式如下：

类型说明符　数组名[常量表达式]

Note

指点迷津：

常量表达式表示元素的个数，即数组长度。例如 a[5]，5 表示数组中有 5 个元素，下标从 0 开始，到 4 结束。a[5]不能使用，数组下标越界。

（2）一维数组的初始化。

☑ 在定义数组时可直接对数组元素赋初值。

☑ 可以只给一部分元素赋值，未赋值的部分元素值为 0。例如，int a[5]={1,2};表示给前两个元素赋了初值，后面的 a[2]、a[3]、a[4]值均为 0。

☑ 在对全部数组元素赋初值时，可以不指定数组长度。

实例 100　相邻元素之和

（实例位置：配套资源\SL\9\100）

实例说明

从键盘中任意输入 10 个整型数据存到数组 a 中，编程求出 a 中相邻两元素之和，并将这些和存在数组 b 中，按每行 3 个元素的形式输出。运行结果如图 9.6 所示。

图 9.6　相邻元素之和

实现过程

（1）打开 Visual C++ 6.0 开发环境，新建一个 C 源文件，并输入要创建 C 源文件的名称。

（2）引用头文件，代码如下：

```
#include<stdio.h>
```

（3）利用 for 循环将数组 a 中相邻的元素求和存到数组 b 中，利用 for 循环和 if 条件判断将 b 数组中的元素以 3 个元素一行的形式输出。

（4）程序主要代码如下：

```
main()
{
    int a[10], b[10], i;                /*定义数组及变量为基本整型*/
    printf("please input array a:\n");
    for (i = 0; i < 10; i++)
        scanf("%d", &a[i]);             /*输入 10 个元素到数组 a 中*/
    for (i = 1; i < 10; i++)
        b[i] = a[i] + a[i - 1];         /*将数组 a 中相邻两个元素求和放到数组 b 中*/
    for (i = 1; i < 10; i++)
    {
        printf("%5d", b[i]);            /*将数组 b 中元素输出*/
        if (i % 3 == 0)
```

```
            printf("\n");                    /*每输出 3 个元素进行换行*/
        }
        return 0;
    }
```

技术要点

本实例的算法思想是：输出 10 个元素存到数组 a 中，利用 for 循环将数组 a 中相邻的元素求和存到数组 b 中，相邻元素的表示形式为 a[i–1]及 a[i]。

实例 101　选票统计

（实例位置：配套资源\SL\9\101）

实例说明

班级竞选班长，共有 3 个候选人，输入参加选举的人数及每个人选举的内容，输出 3 个候选人最终的得票数及无效选票数。运行结果如图 9.7 所示。

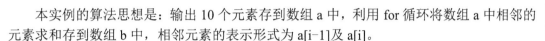

图 9.7　选票统计

实现过程

（1）打开 Visual C++ 6.0 开发环境，新建一个 C 源文件，并输入要创建 C 源文件的名称。

（2）引用头文件，代码如下：

```
#include<stdio.h>
```

（3）定义数组及变量为基本整型。

（4）输入参加选举的人数，再输入每个人的选举内容并将其存入数组中。对存入数组中的元素进行判断，统计出各个候选人的票数和无效的票数。

（5）将最终统计出的结果输出。

（6）程序主要代码如下：

```
main()
{
    int i, v0 = 0, v1 = 0, v2 = 0, v3 = 0, n, a[50];
    printf("please input the number of electorate:\n");
    scanf("%d", &n);                          /*输入参加选举的人数*/
    printf("please input 1or2or3\n");
    for (i = 0; i < n; i++)
    {
        scanf("%d", &a[i]);                   /*输入每个人所选的人*/
    }
    for (i = 0; i < n; i++)
    {
        if (a[i] == 1)
```

```
        {
            v1++;                                               /*统计 1 号候选人的票数*/
        }
        else if (a[i] == 2)
        {
            v2++;                                               /*统计 2 号候选人的票数*/
        }
        else if (a[i] == 3)
        {
            v3++;                                               /*统计 3 号候选人的票数*/
        }
        else
        {
            v0++;                                               /*统计无效票数*/
        }
    }
    printf("The Result:\n");
    printf("candidate1:%d\ncandidate2:%d\ncandidate3:%d\nonuser:%d\n",v1,v2,v3,v0);  /*将统计的
结果输出*/
    return 0;
}
```

技术要点

　　本实例是一个典型的一维数组应用，在此笔者强调一点：C 语言中规定，只能逐个引用数组中的元素，而不能一次引用整个数组。

　　本程序这点体现在对数组元素进行判断时只能通过 for 语句对数组中的元素一个一个地引用。

实例 102　使用数组统计学生成绩

（实例位置：配套资源\SL\9\102）

实例说明

　　输入学生的学号及语文、数学、英语成绩，输出学生各科成绩及平均成绩信息。运行结果如图 9.8 所示。

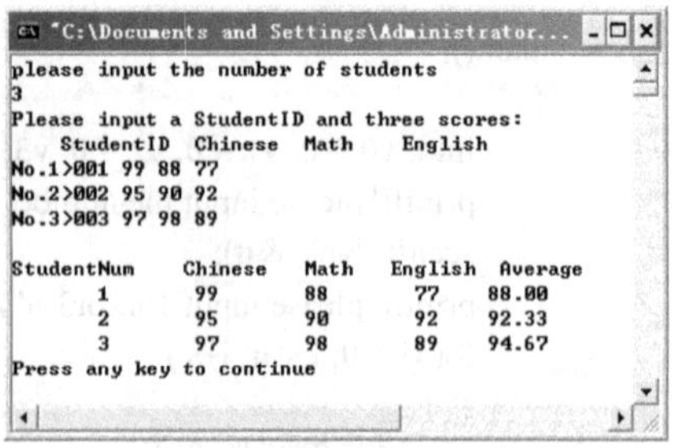

实现过程

　　（1）打开 Visual C++ 6.0 开发环境，新建一个 C 源文件，并输入要创建 C 源文件的名称。

　　（2）引用头文件并进行宏定义，代码如下：

图 9.8　统计学生成绩

```
#include<stdio.h>
#define MAX 50                                              /*定义 MAX 为常量 50*/
```

（3）定义变量及数组的数据类型。

（4）输入学生数量。

（5）输入每个学生学号及三门学科的成绩。

（6）将输入的信息输出并同时输出每个学生三门学科的平均成绩，代码如下：

```
main()
{
    int i,num;                                  /*定义变量 i、num 为基本整型*/
    int Chinese[MAX],Math[MAX],English[MAX];/*定义数组为基本整型*/
    long StudentID[MAX];                        /*定义 StudentID 为长整型*/
    float average[MAX];
    printf("please input the number of students");
    scanf("%d",&num);                           /*输入学生数*/
    printf("Please input a StudentID and three scores:\n");
    printf("    StudentID  Chinese   Math      English\n");
    for( i=0; i<num; i++ )                       /*根据输入的学生数量控制循环次数*/
    {
        printf("No.%d>",i+1);
        scanf("%ld%d%d%d",&StudentID[i],&Chinese[i],&Math[i],&English[i]);
        /*依次输入学号及语文、数学、英语成绩*/
        average[i] = (float)(Chinese[i]+Math[i]+English[i])/3;      /*计算出平均成绩*/
    }
    puts("\nStudentNum    Chinese    Math    English   Average");
    for( i=0; i<num; i++ )                       /*使用 for 循环将每个学生的成绩信息输出*/
    {
        printf("%8ld %8d %8d %8d %8.2f\n",StudentID[i],Chinese[i],Math[i],English[i],average[i]);
    }
    return 0;
}
```

技术要点

（1）本实例的关键是用输入的学生数量来控制循环次数，也就是有多少学生就输入多少次三科成绩。输出成绩等相关信息时依旧是根据学生数量来控制循环次数的。

（2）实例中用到符号常量 MAX。以下是和符号常量相关的知识：

☑　符号常量不同于变量，它的值在其作用域内不能改变，也不能再被赋值。

☑　使用符号常量的好处是在需要改变一个常量时能做到"一改全改"，要想把学生数量限制最多 100，只需将程序开始处的"#define MAX 50"改成"#define MAX 100"即可，不需将程序的每一处都改到。

脚下留神：

程序中定义 average 数组是单精度型，所以在输出时要以"%f"形式输出，实例中是以"%8.2f"形式输出，其具体含义是输出的数据占 m 列，其中有 n 位小数。如果数字长度小于 m，则左端补空格。"%8ld"和"%8d"含义与此相似，即如果数据的位数小于 8，则左端补以空格；若大于 8，则按实际位数输出。

实例 103　查找数组中的最值

（实例位置：配套资源\SL\9\103）

实例说明

本实例实现查找数组中的最大值和最小值，并将最大值和最小值对应的下标和数值输出。运行结果如图9.9所示。

```
C:\Documents and Settings\Ad... - □ ×
please input the number of elements:
5
please input the element:
12 6 27 15 8

the position of min is: 1
the min number is: 6
the position of max is: 2
the max number is: 27
Press any key to continue_
```

图9.9　查找数组中的最值

实现过程

（1）打开 Visual C++ 6.0 开发环境，新建一个 C 源文件，并输入要创建 C 源文件的名称。

（2）引用头文件，代码如下：

```
#include <stdio.h>
```

（3）程序主要代码如下：

```
main()
{
    int a[20], max, min, i, j, k, n;           /*定义数组及变量数据类型为基本整型*/
    j=0; k=0;
    printf("please input the number of elements:\n");
    scanf("%d", &n);                           /*输入要输入的元素个数*/
    printf("please input the element:\n");
    for (i = 0; i < n; i++)                     /*输入数据*/
        scanf("%d", &a[i]);
    min = a[0];
    for (i = 1; i < n; i++)                     /*找出数组中最小的数*/
        if (a[i] < min)
        {
            min = a[i];
            j = i;                             /*将最小数所存储的位置赋给j*/
        }
    max = a[0];
    for (i = 1; i < n; i++)                     /*找出这组数据中的最大数*/
        if (a[i] > max)
        {
            max = a[i];
            k = i;                             /*将最大数所存储的位置赋给k*/
        }
    printf("\nthe position of min is:%3d\n", j);    /*输出原数组中最小数所在的位置*/
    printf("the min number is:%3d\n", min);
    printf("the position of max is:%3d\n", k);      /*输出原数组中最大数所在的位置*/
    printf("the max number is:%3d\n", max);
```

```
        return 0;
    }
```

技术要点

本实例实现查找数组中的最值，最值可以是最大值，也可以是最小值，因此本实例也可以说是实现查找数组中的最大值和最小值。所以本实例使用两个 for 循环语句分别实现查找数组中的最大值和最小值，然后使用 printf 语句将最大值和最小值输出。

实例 104　判断一个数是否存在数组中

（实例位置：配套资源\SL\9\104）

实例说明

本实例实现在代码编写时定义一个数组，并为这个数组初始化。程序运行后，在屏幕上输入一个整数来查看是否在数组中。如果在数组中则提示存在，如果不在数组中则提示不存在。运行结果如图 9.10 所示。

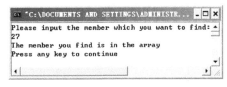

图 9.10　判断一个数是否存在数组中

实现过程

（1）打开 Visual C++ 6.0 开发环境，新建一个 C 源文件，并输入要创建 C 源文件的名称。

（2）引用头文件，代码如下：

```
#include <stdio.h>
```

（3）程序主要代码如下：

```
main()
{
    int i, num, k;                                          /*声明变量*/
    int a[10]={10,11,27,25,34,56,18,37,45,16};             /*初始化一个数组*/
    k=11;                                                   /*为变量赋值*/
    printf("Please input the member which you want to find:\n");
    scanf("%d",&num);                                       /*输入一个数*/
    for (i=0; i<10; i++)                                    /*执行循环*/
    {
        if(num==a[i])                                       /*判断是否和数组元素值相等*/
            k=i;                                            /*记录下标位置*/
    }
    if(k!=11)                                               /*根据结果输出*/
        printf("The member you find is in the array \n");
    else
        printf("Have not found the number\n");
}
```

技术要点

本实例实现判断一个数是否存在数组中，即将用户输入的数值与数组中的元素进行对比，如果用户输入的数值与数组元素不相同，则说明数组中不存在该数值。反之，如果用户输入数值与数组中元素相同，则说明该数值在数组中。

想要将用户输入的数值和数组元素逐个比较，需要使用 for 循环语句嵌套 if 条件判断语句实现，最后输出结果。

实例 105　求二维数组对角线之和

（实例位置：配套资源\SL\9\105）

实例说明

有一个 4×4 的矩阵，要求编程求出其从左上到右下的对角线之和，并输入到窗体上。运行结果如图 9.11 所示。

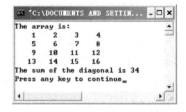

图 9.11　求对角线之和

实现过程

（1）打开 Visual C++ 6.0 开发环境，新建一个 C 源文件，并输入要创建 C 源文件的名称。

（2）引用头文件，代码如下：

```
#include <stdio.h>
```

（3）程序主要代码如下：

```
main()
{
    int i, j, sum;                          //定义整型变量
    int a[4][4]={                           //定义整型数组，并对其初始化
            {1,2,3,4},
            {5,6,7,8},
            {9,10,11,12},
            {13,14,15,16}
            };
    sum=0;                                  //为整型变量赋初值
    printf("The array is:\n");              //输出提示信息
    for(i=0;i<4;i++)                        //循环嵌套输出对角线之和
    {
        for(j=0;j<4;j++)
        {
            printf("%5d",a[i][j]);
            if(i==j)
                sum=sum+a[i][j];
        }
```

```
            printf("\n");
        }
        printf("The sum of the diagonal is %d\n",sum);
        return 0;
    }
```

技术要点

本实例使用 for 循环语句将二维数组以矩阵形式输出，程序中使用 if 选择判断语句，将数组中对角线上的元素找出，并将找出的元素和求出，然后将结果输出。

实例 106 模拟比赛打分

（实例位置：配套资源\SL\9\106）

实例说明

首先从键盘中输入选手人数，然后输入裁判对每位选手的打分情况，这里假设裁判有 5 位，在输入完以上要求内容后，输出每位选手的总成绩。运行结果如图 9.12 所示。

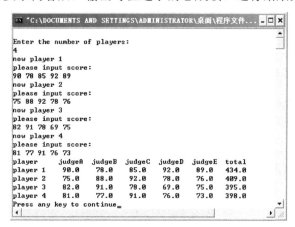

图 9.12 模拟比赛打分

实现过程

（1）创建一个 C 文件。

（2）引用头文件，代码如下：

```
#include <string.h>
#include <stdio.h>
```

（3）从键盘中输入选手人数及裁判给每位选手的打分情况，输入的分数存在数组 a 中，统计出每位选手所得的总分并存到数组 b 中，最终将统计出的结果按指定格式输出。

（4）程序主要代码如下：

```
main()
{
```

```c
    int i, j = 1, n;
    float a[100], b[100], sum = 0;
    printf("\nEnter the number of players:\n");
    scanf("%d", &n);                             /*从键盘中输入选手的人数*/
    for (i = 1; i <= n; i++)
    {
        printf("now player %d\n", i);
        printf("please input score:\n");
        for (; j < 5 *n + 1; j++)
        {
            scanf("%f", &a[j]);                  /*输入 5 位裁判每人所给的分数*/
            sum += a[j];                         /*求出总分数*/
            if (j % 5 == 0)                       /*一位选手有 5 位裁判打分*/
            {
                break;
            }
        }
        b[i] = sum;                              /*将每位选手的总分存到数组 b 中*/
        sum = 0;                                 /*将总分重新置 0*/
        j++;                                     /*j 自加*/
    }
    j = 1;
    printf("player        judgeA  judgeB  judgeC  judgeD  judgeE  total\n");
    for (i = 1; i <= n; i++)
    {
        printf("player %d", i);                  /*输出几号选手*/
        for (; j < 5 *n + 1; j++)
        {
            printf("%8.1f", a[j]);               /*输出裁判给每位选手对应的分数*/
            if (j % 5 == 0)
            {
                break;
            }
        }
        printf("%8.1f\n", b[i]);                 /*输出每位选手所得的总成绩*/
        j++;
    }
    return 0;
}
```

技术要点

　　程序中使用了嵌套的 for 循环，外层的 for 循环是控制选手变化的，内层 for 循环是控制 5 位裁判打分情况的，这里要注意由于不知道选手的人数，所以存储裁判所打分数的数组的大小是随着选手人数变化的，因为有 5 位裁判，所以当数组下标能被 5 整除时则跳出内层 for 循环，此时计算出的总分是 5 位裁判给一位选手打分的结果，将此时计算出的总成绩存到另一个数组中。输出选手成绩时也是遵循上面的规律。

实例 107 矩阵的转置

（实例位置：配套资源\SL\9\107）

实例说明

将一个二维数组的行和列元素互换，存到另一个二维数组中。运行结果如图 9.13 所示。

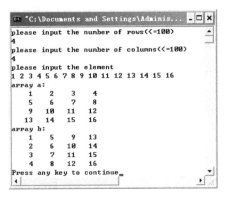

图 9.13 矩阵的转置

实现过程

（1）打开 Visual C++ 6.0 开发环境，新建一个 C 源文件，并输入要创建 C 源文件的名称。

（2）引用头文件，代码如下：

```
#include<stdio.h>
```

（3）定义变量及数组的数据类型。

（4）输入将要转换的数组元素的行数及列数，在确定了行数与列数后，输入数组元素。

（5）用嵌套的 for 语句将输入的元素以二维数组形式输出。

（6）将二维数组 a 的 i 行 j 列元素存到另一个二维数组 b 的 j 行 i 列中，实现二维数组的行列互换。

（7）将二维数组 b 输出。

（8）程序主要代码如下：

```
main()
{
    int i,j,i1,j1,a[101][101],b[101][101];                  /*定义变量的数据类型和数组类型*/
    printf("please input the number of rows(<=100)\n");
    scanf("%d",&i1);                                        /*输入行数*/
    printf("please input the number of columns(<=100)\n");
    scanf("%d",&j1);                                        /*输入列数*/
    printf("please input the element\n");
```

```
        for(i=0;i<i1;i++)                      /*控制行数*/
        {
            for(j=0;j<j1;j++)                  /*控制列数*/
            {
                scanf("%d",&a[i][j]);          /*输入数组中的元素*/
            }
        printf("array a:\n");                  /*将输入的数据以二维数组的形式输出*/
        for(i=0;i<i1;i++)                      /*控制输出的行数*/
        {
            for(j=0;j<j1;j++)                  /*控制输出的列数*/
                printf("%5d",a[i][j]);         /*输出元素*/
            printf("\n");                      /*每输出一行元素进行换行*/
        }
        for(i=0;i<i1;i++)
        {
            for(j=0;j<j1;j++)
            {
                b[j][i]=a[i][j];/*将 a 数组的 i 行 j 列元素赋给 b 数组的 j 行 i 列实现行列互换*/
            }
        printf("array b:\n");                  /*将互换后的 b 数组输出*/
        for(i=0;i<j1;i++)                      /*b 数组行数最大值为 a 数组列数*/
        {
            for(j=0;j<i1;j++)                  /*b 数组列数最大值为 a 数组行数*/
            {
                printf("%5d",b[i][j]);         /*输出 b 数组元素*/
            }
            printf("\n");                      /*每输出一行进行换行*/
        }
        }
        }
    }
    return 0;
}
```

技术要点

（1）本实例中用到了二维数组，下面简单介绍一下二维数组的相关知识点。

二维数组元素的语法格式如下：

数组名[下标][下标]

二维数组的初始化有以下几种方式：

① 分行给二维数组赋初值。如 int a[2][3]={{1,2,3},{4,5,6}};，第一个花括号内的元素赋给第一行的元素，第二个花括号内的元素赋给第二行。

② 可将所有数据写在一个花括号内，按数组排列的顺序对各个元素赋初值。

③ 可以对部分元素赋初值，①、②均适用，未赋初值的元素其值自动为 0。

④ 如果对全部元素都赋初值，则定义数组时对第一维的长度可以不指定，但第二维的长度不能省。

（2）本实例中实现二维数组行列互换的关键语句是"b[j][i]=a[i][j];"，即将 a 数组中 i

行 j 列的元素依次放到 b 数组的 j 行 i 列中，其输出时的范围读者也应注意。

脚下留神：

应注意二维数组下标越界的问题。在使用数组元素时，下标值应在已定义的数组大小范围内，如：

int a[2][3];

int a[2][3]=5;

定义 a 数组是 2 行 3 列的，它可使用的行下标最大值是 1，列下标最大值是 2，所以用 a[2][3]超过了数组的范围。

实例 108　设计魔方阵

（**实例位置：配套资源\SL\9\108**）

实例说明

魔方阵就是由自然数组成方阵，方阵的每个元素都不相等，且每行和每列以及主副对角线上的各元素之和都相等。运行结果如图 9.14 所示。

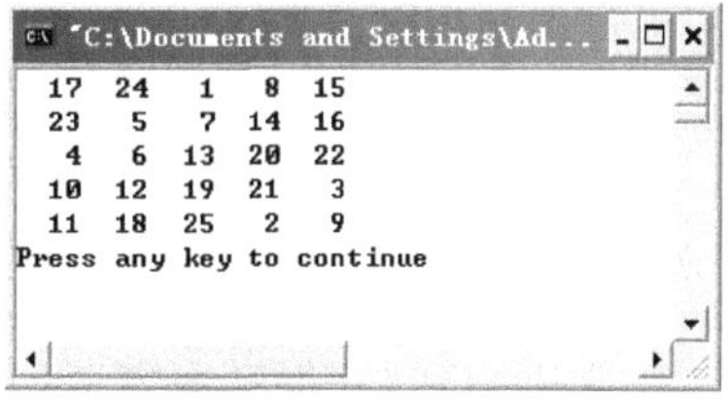

实现过程

（1）打开 Visual C++ 6.0 开发环境，新建一个 C 源文件，并输入要创建 C 源文件的名称。

（2）引用头文件，代码如下：

图 9.14　打印魔方阵

```
#include<stdio.h>
```

（3）定义变量及数组的数据类型。

（4）使用 for 语句按上面所讲规律向数组 a 中相应位置存放数据。

（5）用嵌套的 for 语句将二维数组 a 输出并且每输出一行进行换行。

（6）程序主要代码如下：

```
main()
{
    int i,j,x=1,y=3,a[6][6]={0};      /*因为数组下标的范围是 1～5，所以数组长度是 6*/
    for(i=1;i<=25;i++)
    {
        a[x][y] =i;                   /*将 1～25 所有数存到数组相应位置*/
        if(x==1&&y==5)
        {
            x=x+1;                    /*当上一个数是第 1 行第 5 列时，下一个数放在它的下一行*/
            continue;                 /*结束本次循环*/
        }
        if(x==1)                      /*当上一个数是第 1 行时，则下一个数行数是 5*/
```

```
                    x=5;
            else
                    x--;                    /*否则行数减 1*/
            if(y==5)                        /*当上一个数列数是第 5 列时，则下一个数列数是 1*/
                    y=1;
            else
                    y++;                    /*否则列数加 1*/
            if(a[x][y]!=0)                  /*判断经过上面步骤确定的位置上是否有非零数*/
            {
                    x=x+2;                  /*表达式为真则行数加 2 列数减 1*/
                    y=y-1;
            }
    }
    for(i=1;i<=5;i++)                       /*将二维数组输出*/
    {
            for(j=1;j<=5;j++)
            {
                    printf("%4d",a[i][j]);
            }
            printf("\n");                   /*每输出 行按 Enter 键*/
    }
    return 0;
}
```

技术要点

本实例用到 for 循环嵌套语句，下面在 for 结构中嵌套 for 结构。

```
for(表达式;表达式;表达式)
{
        语句
        for(表达式;表达式;表达式)
        {
                语句
        }
}
```

脚下留神：

各循环必须完整，不允许相互交叉。

实例 109 字符升序排列

（实例位置：配套资源\SL\9\109）

实例说明

本实例实现将已按升序排好的字符串 a 和 b 按升序归并到字符串 c 中并输出。运行结果如图 9.15 所示。

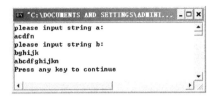

图 9.15 字符升序排序

实现过程

（1）打开 Visual C++ 6.0 开发环境，新建一个 C 源文件，并输入要创建 C 源文件的名称。

（2）引用头文件，代码如下：

```
#include<stdio.h>
```

（3）用 while 循环将至少一个字符串全部复制到数组 c 中，用 if 条件语句进行判断，将未复制到数组 c 中的字符串连接到数组 c 中。

（4）程序主要代码如下：

```
main()
{
    char a[100], b[100], c[200],  *p;
    int i = 0, j = 0, k = 0;
    printf("please input string a:\n");
    scanf("%s", a);                     /*输入字符串 1 放入数组 a 中*/
    printf("please input string b:\n");
    scanf("%s", b);                     /*输入字符串 2 放入数组 b 中*/
    while (a[i] != '\0' && b[j] != '\0')
    {
        if (a[i] < b[j])                /*判断数组 a 中字符是否小于数组 b 中字符*/
        {
            c[k] = a[i];                /*如果小于，将数组 a 中字符放到数组 c 中*/
            i++;                        /*i 自加*/
        }
        else
        {
            c[k] = b[j];                /*如果不小于，将数组 b 中字符放到数组 c 中*/
            j++;                        /*j 自加*/
        }
        k++;                            /*k 自加*/
    }
    c[k] = '\0';                        /*将两个字符串合并到数组 c 中后加结束符*/
    if (a[i] == '\0')                   /*判断数组 a 中字符是否全都复制到数组 c 中*/
        p = b + j;                      /*p 指向数组 b 中未复制到数组 c 的位置*/
    else
        p = a + i;                      /*p 指向数组 a 中未复制到数组 c 的位置*/
    strcat(c, p);                       /*将 p 指向位置开始的字符串连接到数组 c 中*/
    puts(c);                            /*将数组 c 输出*/
}
```

技术要点

本实例的算法思想是：因为输入的字符串 a 和 b 是有序字符串，所以对数组 a 和 b 中的元素逐个比较，哪个字符小哪个字符就先放到数组 c 中，直到 a 或 b 中有一个字符串全部放到 c 中，再判断 a 和 b 哪一个字符串全部复制到 c 中，对未将字符串全部复制到 c 中的字符串，从未复制的位置开始将后面字符串全部连接到 c 中。这样就完成了将字符串 a 和字符串 b 按升序归并到字符串 c 中的操作。

实例 110　在指定位置插入字符

（实例位置：配套资源\SL\9\110）

实例说明

在屏幕上输入一个字符串和一个要插入的字符，并输入要插入的位置，会在指定的位置插入指定的字符，并输出结果。运行结果如图 9.16 所示。

图 9.16　在指定位置插入字符

实现过程

（1）打开 Visual C++ 6.0 开发环境，新建一个 C 源文件，并输入要创建 C 源文件的名称。

（2）引用头文件，代码如下：

```
#include<stdio.h>
#include<string.h>
```

（3）创建 insert()函数实现向字符串中指定位置插入一个字符，代码如下：

```
void insert (char s[], char t, int i)        /*自定义函数 insert()*/
{
    char string[100];                        /*定义数组 string 作为中间变量*/
    if (!strlen(s))
        string[0]=t;                         /*若 s 数组长度为 0，则直接将 t 数组内容复制到 s 中*/
    else                                     /*若长度不为空，执行以下语句*/
    {
        strncpy (string,s,i);                /*将 s 数组中的前 i 个字符复制到 string 中*/
        string[i]=t;
        string[i+1]='\0';
        strcat (string,t) ;                  /*将 t 中字符串连接到 string*/
```

```
        strcat (string,(s+i));                    /*将 s 中剩余字符串连接到 string*/
        strcpy (s,string);                        /*将 string 中字符串复制到 s 中*/
    }
}
```

（4）创建主函数，实现输入字符串和要插入的字符及位置，并调用插入函数实现插入。代码如下：

```
main ()
{
    char str1[100],c;                             /*定义 str1 和 str2 两个字符型数组*/
    int position;                                 /*定义变量 position 为基本整型*/
    printf("please input str1:\n");
    gets(str1);                                   /*使用 gets()函数获得一个字符串*/
    printf("please input a char:\n");
    scanf("%c",&c);                               /*使用 scanf()函数获得一个字符*/
    printf("please input position:\n");
    scanf("%d",&position);                        /*输入字符串插入的位置*/
    insert(str1,c,position);                      /*调用 insert()函数*/
    puts(str1);                                   /*输出最终得到的字符串*/
}
```

技术要点

本实例中使用了多个字符串处理函数，下面具体介绍 strcpy()、strncpy()及 strcat()函数的使用要点。

（1）strcpy(字符数组 1,字符串 2)

该函数的作用是将字符串 2 复制到字符数组 1 中去。

指点迷津：

① 字符数组 1 的长度不应小于字符串 2 的长度，应足够大，以便容纳被复制的字符串 2。

② 字符数组 1 必须写成数组名形式；字符串 2 可以是字符数组名，也可以是一个字符串常量。

③ 复制时连同字符串后面的 '\0' 一起复制到字符数组 1 中。

（2）strncpy(字符数组 1,字符串 2,size_t maxlen)

该函数的作用是复制字符串 2 中前 maxlen 个字符到字符数组 1 中。

（3）strcat(字符数组 1,字符数组 2)

该函数的作用是连接两个字符数组中的字符串，把字符数组 2 连接到字符数组 1 的后面，结果放在字符数组 1 中，函数调用后得到一个函数值即字符数组 1 的地址。

指点迷津：

① 字符数组 1 必须足够大，以便容纳连接后的新字符串。

② 连接前两个字符串的后面都有一个 '\0'，连接时将字符串 1 后面的 '\0' 取消，只在新字符串最后保留一个 '\0'。

实例 111 删除字符串中的连续字符

（实例位置：配套资源\SL\9\111）

实例说明

本实例实现删除字符串中指定位置指定长度的连续字符串。运行后输入一个字符串，输入要删除的位置及长度，输出删除字符后的字符串。运行结果如图 9.17 所示。

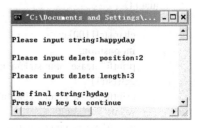

图 9.17 删除字符串中的连续字符

实现过程

（1）打开 Visual C++ 6.0 开发环境，新建一个 C 源文件，并输入要创建 C 源文件的名称。

（2）引用头文件，代码如下：

```c
#include<stdio.h>
```

（3）自定义删除函数，该函数有 3 个参数。

（4）用 for 语句实现将删除部分后的字符依次从删除部分开始覆盖，最终将新得到的字符串返回。

（5）主函数编写，先定义字符型数组及两个基本整型变量，通过输入函数分别获得字符串、position 及 length 的值，调用 del()函数，最终将新得到的字符串输出。

（6）程序主要代码如下：

```c
char del(char s[],int pos,int len)          /*自定义删除函数*/
{
    int i;
    for(i=pos+len-1;s[i]!='\0';i++,pos++)   /*i 初值为指定删除部分后的第一个字符*/
        s[pos-1]=s[i];                      /*将删除部分后的字符依次从删除部分开始覆盖*/
    s[pos-1]='\0';                          /*在重新得到的字符后加上字符串结束标志*/
    return s;                               /*返回新得到的字符串*/
}
main()
{
    char str[50];                           /*定义字符型数组*/
    int position;
    int length;
    printf("\nPlease input string:");
    gets(str);                              /*使用 gets()函数获得字符串*/
    printf("\nPlease input delete position:");
    scanf("%d",&position);                  /*输入要删除的位置*/
    printf("\nPlease input delete length:");
    scanf("%d",&length);                    /*输入要删除的长度*/
    del(str,position,length);               /*调用删除函数*/
```

```
        printf("\nThe final string:%s\n",str);        /*将新得到的字符串输出*/
    }
```

技术要点

（1）本实例的关键技术要点是如何实现删除，这里采用的方法是将要删除部分后面字符从要删除部分开始逐个覆盖。

（2）在确定从哪个字符开始删除时读者要尤其注意，例如本实例中字符串"happy day"，字母 a 是这个字符串中的第 2 个字符，但在数组 s 中它的下标却是 1，也就是说如果用户输入的 position 是 2，那么开始进行覆盖的位置在数组 s 中的下标就应是 position-1，同理可以确定出将用哪个字符开始覆盖，在本实例中也就是 i 的初值，通过上面的分析就很容易确定它在数组中的具体位置即 position-1+length。

实例 112　统计各种字符个数

（实例位置：配套资源\SL\9\112）

实例说明

输入一组字符，要求分别统计出其中英文字母、数字、空格以及其他字符的个数。运行结果如图 9.18 所示。

```
please input some characters
I am a happy girl!
char=13 space=4 digit=0 others=1
Press any key to continue
```

图 9.18　统计字符个数

实现过程

（1）打开 Visual C++ 6.0 开发环境，新建一个 C 源文件，并输入要创建 C 源文件的名称。

（2）引用头文件，代码如下：

```
#include<stdio.h>
```

（3）定义变量及数组的数据类型，本实例中分别定义了字符型和基本整型。

（4）判断输入字符是否为回车，若不是则执行循环体语句判断是英文字母、空格、数字、其他字符中的哪种，是哪种响应的变量值加 1。

（5）将相应的统计结构输出。

（6）程序主要代码如下：

```
main()
{
    char c;                                      /*定义 c 为字符型*/
    int letters = 0, space = 0, digit = 0, others = 0;    /*定义 letters、space、digit、others 4 个变量为
基本整型*/
    printf("please input some characters\n");
    while ((c = getchar()) != '\n')              /*当输入的不是回车时执行 while 循环体部分*/
    {
        if (c >= 'a' && c <= 'z' || c >= 'A' && c <= 'Z')
```

```
            letters++;                              /*当输入的是英文字母时变量 letters 加 1*/
        else if (c == ' ')
            space++;                                /*当输入的是空格时变量 space 加 1*/
        else if (c >= '0' && c <= '9')
            digit++;                                /*当输入的是数字时变量 digit 加 1*/
        else
            others++;           /*当输入的既不是英文字母又不是空格或数字时变量 others 加 1*/
    }
    printf("char=%d space=%d digit=%d others=%d\n",letters,space,digit,others);    /*将最终统计结
果输出*/
    }
```

技术要点

本实例使用到了 while 型循环语句，其语法格式如下：

> while (表达式) 语句

其语句执行流程图如图 9.19 所示。

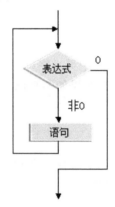

图 9.19 while 语句执行流程

while 语句首先检验一个条件，也就是括号中的表达式。当条件为真时，就执行紧跟其后的语句或者语句块。每执行一遍循环，程序都将回到 while 语句处，重新进行检验条件是否满足。如果一开始条件就不满足的话，则跳过循环体中的语句，直接执行后面的程序代码。如果第一次检验时条件满足，那么在第一次或其后的循环过程中，必须有使得条件为假的操作，否则循环无法终止。

实例 113 字符串替换

（实例位置：配套资源\SL\9\113）

实例说明

编程实现将字符串 "today is Monday" 替换变成 "today is Friday"。运行结果如图 9.20 所示。

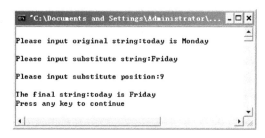

图 9.20 字符串替换

Note

实现过程

（1）打开 Visual C++ 6.0 开发环境，新建一个 C 源文件，并输入要创建 C 源文件的名称。

（2）引用头文件，代码如下：

```
#include<stdio.h>
```

（3）自定义函数 replace()，作用是使用字符串 2 替换字符串 1 中指定位置开始的字符串。代码如下：

```
char *replace(char *s1, char *s2, int pos)          /*自定义替代函数*/
{
    int i, j;
    i = 0;
    for (j = pos; s1[j] != '\0'; j++)                /*从原字符串指定位置开始替代*/
    if (s2[i] != '\0')
    {
        s1[j] = s2[i];                               /*将替代内容逐个放到原字符串中*/
        i++;
    }
    else
        break;
    return s1;                                       /*将替代后的字符按串输出*/
}
```

（4）程序主要代码如下：

```
main()
{
    char string1[100], string2[100];                 /*定义两个字符串数组*/
    int position;
    printf("\nPlease input original string:");
    gets(string1);                                   /*输入字符串 1*/
    printf("\nPlease input substitute string:");
    gets(string2);                                   /*输入字符串 2*/
    printf("\nPlease input substitute position:");
    scanf("%d", &position);                          /*输入要替换的位置*/
    replace(string1, string2, position);             /*调用替换函数*/
    printf("\nThe final string:%s\n", string1);      /*输出最终字符串*/
    return 0;
}
```

技术要点

本实例的算法思想是：首先输入字符串 1，再输入要替换的内容和替换的位置（字符串 1 中的位置），这时只需从替换位置开始将要替换的内容逐个复制到字符串 1 中，直到遇到字符串 1 的结束符或遇到替换字符串的结束符即结束替换。

脚下留神：
字符串 1 的位置从 0 开始。

实例 114　回文字符串
（实例位置：配套资源\SL\9\114）

实例说明

回文字符串就是正读反读都一样的字符串，如"radar"。要求从键盘中输入字符串，判断该字符串是否为回文字符串。运行结果如图 9.21 所示。

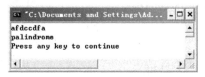

图 9.21　判断是否为回文字符串

实现过程

（1）创建一个 C 文件。
（2）引用头文件，代码如下：

```
#include<stdio.h>
```

（3）自定义函数 palind()，作用是检测输入的字符串是否为回文字符串。代码如下：

```
int palind(char str[],int k, int i)          /*自定义函数检测是否为回文字符串*/
{
    if(str[k]==str[i-k]&&k==0)               /*递归结束条件*/
        return 1;
    else if(str[k]==str[i-k])                /*判断相对应的两个字符是否相等*/
        palind(str,k-1,i);                    /*递归调用*/
    else
        return 0;
}
```

（4）程序主要代码如下：

```
main()
{
```

```
int i=0,n=0;                              /*i 记录字符个数, n 是函数返回值*/
char ch,str[20];
while ((ch=getchar())!='\n')
{
    str[i]=ch;
    i++;
}
if(i%2==0)                                /*当字符串中字符个数为偶数时*/
{
    n=palind(str,(i/2),i-1);
}
else
{
    n=palind(str,(i/2-1),i-1);            /*当字符串中字符个数为奇数时*/
}
if(n==0)
{
    printf("not palindrome");            /*当 n 为 0 说明不是回文数, 否则是回文数*/
}
else
{
    printf("palindrome\n");
}
getch();
return 0;
}
```

技术要点

如何判断输入的字符串是否为回文字符串, 这里通过举例来说明一下。

假设字符串是 kstsk, 可发现该字符串有 5 个字符, 但是用数组来存储这个字符串, 最后一个字符对应的数组下标将会是 4, 首先对 str[1] 与 str[3] 进行判断, 看这两个字符是否相等, 若相等再接着判断 str[0] 与 str[4] 是否相等, 若相等且此时已经判断到最外层, 则说明该数相对位置上的字符相同, 是回文字符串, 否则不是回文字符串。

实例 115 字符串加密和解密

（实例位置: 配套资源\SL\9\115）

实例说明

在本实例中要求设计一个加密和解密的算法, 在对一个指定的字符串加密之后, 利用解密函数能够对密文解密, 显示明文信息。加密的方式是将字符串中每个字符加上它在字符串中的位置和一个偏移值 5。以字符串 "mrsoft" 为例, 第一个字符 "m" 在字符串中的位置为 0, 那么它对应的密文是 "'m'+0+5", 即 r。运行结果如图 9.22 所示。

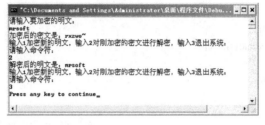

图 9.22　字符串加密和解密

实现过程

（1）打开 Visual C++ 6.0 开发环境，新建一个 C 源文件，并输入要创建 C 源文件的名称。

（2）引用头文件，代码如下：

```c
#include <stdio.h>
#include<string.h>
```

（3）程序主要代码如下：

```c
int main()
{
    int result = 1;
    int i;
    int count = 0;
    char Text[128] = {'\0'};                    /*定义一个明文字符数组*/
    char cryptograph[128] = {'\0'};             /*定义一个密文字符数组*/
    while (1)
    {
        if (result == 1)                        /*如果是加密明文*/
        {
            printf("请输入要加密的明文：\n");      /*输出字符串*/
            scanf("%s", &Text);                 /*获取输入的明文*/
            count = strlen(Text);
            for(i=0; i<count; i++)              /*遍历明文*/
            {
                cryptograph[i] = Text[i] + i + 5;   /*设置加密字符*/
            }
            cryptograph[i] = '\0';              /*设置字符串结束标记*/
            /*输出密文信息*/
            printf("加密后的密文是：%s\n",cryptograph);
        }
        else if(result == 2)                    /*如果是解密字符串*/
        {
            count = strlen(Text);
            for(i=0; i<count; i++)             /*遍历密文字符串*/
            {
                Text[i] = cryptograph[i] - i - 5;   /*设置解密字符*/
            }
            Text[i] = '\0';                    /*设置字符串结束标记*/
```

```
                /*输出明文信息*/
                printf("解密后的明文是：%s\n",Text);
        }
        else if(result == 3)                        /*如果是退出系统*/
        {
                break;                              /*跳出循环*/
        }
        else
        {
                printf("请输入正确命令符：\n");        /*输出字符串*/
        }
        /*输出字符串*/
        printf("输入 1 加密新的明文，输入 2 对刚加密的密文进行解密，输入 3 退出系统：\n");
        printf("请输入命令符：\n");                   /*输出字符串*/
        scanf("%d", &result);                       /*获取输入的命令字符*/
    }
    return 0;                                       /*程序结束*/
}
```

技术要点

在 main()函数中使用 while 语句设计一个无限循环，并声明两个字符数组，用来保存明文和密文字符串，在首次循环中要求用户输入字符串，进行将明文加密成密文的操作，之后的操作则是根据用户输入的命令字符进行判断，输入 1 加密新的明文，输入 2 对刚加密的密文进行解密，输入 3 退出系统。

实例 116　对调最大数与最小数位置

（实例位置：配套资源\SL\9\116）

实例说明

从键盘中输入一组数据，找出这组数据中的最大数与最小数，将最大数与最小数位置互换，并将互换后的数据再次输出。运行结果如图 9.23 所示。

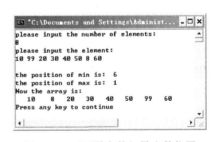

图 9.23　对调最大数与最小数位置

实现过程

（1）打开 Visual C++ 6.0 开发环境，新建一个 C 源文件，并输入要创建 C 源文件的名称。

（2）引用头文件，代码如下：

```
#include <stdio.h>
```

（3）利用 for 循环和 if 条件判断语句确定最大数与最小数的位置，互换后将数组再次输出。

（4）程序主要代码如下：

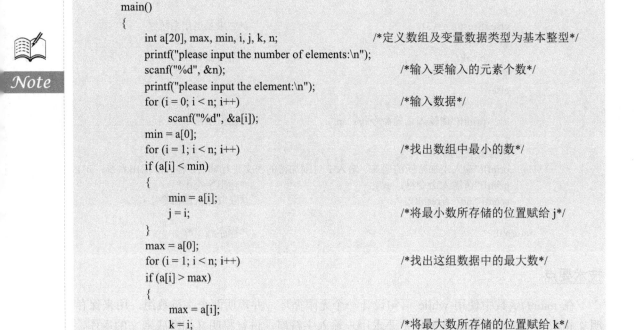

```
main()
{
    int a[20], max, min, i, j, k, n;                      /*定义数组及变量数据类型为基本整型*/
    printf("please input the number of elements:\n");
    scanf("%d", &n);                                      /*输入要输入的元素个数*/
    printf("please input the element:\n");
    for (i = 0; i < n; i++)                               /*输入数据*/
        scanf("%d", &a[i]);
    min = a[0];
    for (i = 1; i < n; i++)                               /*找出数组中最小的数*/
    if (a[i] < min)
    {
        min = a[i];
        j = i;                                           /*将最小数所存储的位置赋给j*/
    }
    max = a[0];
    for (i = 1; i < n; i++)                               /*找出这组数据中的最大数*/
    if (a[i] > max)
    {
        max = a[i];
        k = i;                                           /*将最大数所存储的位置赋给k*/
    }
    a[k] = min;                                           /*在最大数位置存放最小数*/
    a[j] = max;                                           /*在最小数位置存放最大数*/
    printf("\nthe position of min is:%3d\n", j);          /*输出原数组中最小数所在的位置*/
    printf("the position of max is:%3d\n", k);            /*输出原数组中最大数所在的位置*/
    printf("Now the array is:\n");
    for (i = 0; i < n; i++)
        printf("%5d", a[i]);                             /*将换完位置的数组再次输出*/
}
```

技术要点

本实例的主要思路是：首先要确定最大数与最小数的具体位置，将 a[0]赋给 min，用 min 和数组中其他元素比较，有比 min 小的，则将这个较小的值赋给 min，同时将其所在位置赋给 j，当和数组中元素均比较一次后，此时 j 中存放的就是数组中最小数所在的位置。最大数位置的确定方法同最小数位置的确定。当确定具体位置后将这两个数位置互换，最后将互换后的数组输出。

第 **10** 章

函数编程基础

本章读者可以学到如下实例：

Note

实例 117 输出两个数中的最大值

（实例位置：配套资源\SL\10\117）

实例说明

设计一个求最大值的函数，在屏幕上输入两个数，输出其中的最大值。运行结果如图 10.1 所示。

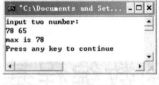

图 10.1 输出最大值

实现过程

（1）打开 Visual C++ 6.0 开发环境，新建一个 C 源文件，并输入要创建 C 源文件的名称。

（2）引用头文件，代码如下：

```c
#include<stdio.h>
```

（3）自定义函数 max()，用于求两个数中的最大值。代码如下：

```c
int max(int x,int y)                                    /*定义一个求最大值的函数*/
{
    int z;                                             /*声明一个变量*/
    z=x>y?x:y;                                         /*求两个数中的最大值*/
    return z;                                          /*函数返回最大值*/
}
```

（4）程序主要代码如下：

```c
int main()
{
    int a, b, c;                                       /*定义 3 个变量*/
    printf("input two number:\n");                     /*输出提示字符串*/
    scanf("%d%d",&a,&b);                               /*接收键盘输入的两个数字*/
    c=max(a,b);                                        /*调用函数求最大值*/
    printf("max is %d\n",c);                           /*输出最大值*/
    return 0;                                          /*程序结束*/
}
```

技术要点

在程序中编写函数时，要先对函数进行声明，然后再对函数进行定义。函数的声明是让编译器知道函数的名称、参数、返回值类型等信息。函数的定义是让编译器知道函数的功能。

函数声明的格式由函数返回值类型、函数名、参数列表和分号 4 部分组成。

```
返回值类型  函数名  (参数列表);
```

此处要注意的是，在声明的最后要有分号 ";" 作为语句的结尾。例如，声明一个函数的代码如下：

```
int  ShowNumber(int iNumber);
```

实例 118　判断素数

（实例位置：配套资源\SL\10\118）

实例说明

编写一个判断素数的函数，实现输入一个整数，使用判断素数的函数进行判断，然后输出是否是素数的信息。运行结果如图 10.2 所示。

图 10.2　判断素数

实现过程

（1）打开 Visual C++ 6.0 开发环境，新建一个 C 源文件，并输入要创建 C 源文件的名称。

（2）引用头文件，代码如下：

```
#include<stdio.h>
```

（3）自定义函数 isprime()，用于判断一个数是否是素数。代码如下：

```
int isprime(int num)                          /*自定义判断素数的函数*/
{
    int flag=1,i;                             /*定义变量*/
    for(i=2;i<=num/2;i++)                     /*循环*/
        if(num%i==0)                          /*判断是否能整除*/
            flag=0;                           /*能整除则不是素数*/
    return(flag);                             /*返回判断结果*/
}
```

（4）main()函数中调用 isprime()函数，判断输入的是否是素数并输出。代码如下：

```
main()
{
    int n;                                    /*声明变量*/
    printf("input an integer:");              /*在屏幕上输出提示字符串*/
    scanf("%d",&n);                           /*接收一个输入的数*/
    if(isprime(n))                            /*调用自定义函数*/
        printf("%d is a prime",n);            /*输出结果*/
    else
        printf("%d is not a prime",n);
    printf("\n");                             /*换行*/
}
```

技术要点

本实例使用了函数调用，函数的调用方式有 3 种情况，即函数语句调用、函数表达式调用和函数参数调用，如图 10.3 所示。

如果自定义函数在主函数的前面，就不需要在引用头文件后再进行声明；如果自定义函数在主函数的后面，就需要在引用头文件时进行提前声明。在介绍定

图 10.3　函数调用的 3 种方式

义与声明时就曾进行过说明，如果在使用函数之前定义函数，那么此时的函数定义包含函数声明作用。

实例 119　递归解决年龄问题

（实例位置：配套资源\SL\10\119）

实例说明

有 5 个人坐在一起，问第五个人多少岁？他说比第四个人大两岁。问第四个人岁数，他说比第三个人大两岁。问第三个人，又说比第二个人大两岁。问第二个人，说比第一个人大两岁。最后问第一个人，他说是 10 岁。编写程序，当输入第几个人时求出其对应年龄。运行结果如图 10.4 所示。

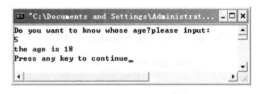

图 10.4　递归解决年龄问题

实现过程

（1）打开 Visual C++ 6.0 开发环境，新建一个 C 源文件，并输入要创建 C 源文件的名称。

（2）引用头文件，代码如下：

```
#include<stdio.h>
```

（3）自定义函数 age()，用递归调用函数本身的方式来求年龄。代码如下：

```
int age(int n)                                    /*自定义函数 age()*/
{
    int f;
    if(n==1)
    f=10;                                         /*当 n 等于 1 时，f 等于 10*/
    else
    f=age(n-1)+2;                                 /*递归调用 age()函数*/
    return f;                                     /*将 f 值返回*/
}
```

（4）主函数编写，输入想要知道的年龄，调用 age()函数，求出相应的年龄并将其输出。

（5）程序主要代码如下：

```
main()
{
    int i,j;                                        /*定义变量 i、j 为基本整型*/
    printf("Do you want to know whose age?please input:\n");
    scanf("%d",&i);                                 /*输入 i 的值*/
    j=age(i);                                       /*调用 age()函数求年龄*/
    printf("the age is %d",j);                      /*将求出的年龄输出*/
}
```

技术要点

本实例中 age()函数被递归调用，这里详细分析一下递归调用的过程。

递归的过程分为两个阶段：第一阶段是"回推"，由题可知，要想求第五个人的年龄必须知道第四个人的年龄，要想知道第四个人的年龄必须知道第三个人的年龄……直到第一个人的年龄，这时 age(1)的年龄已知，就不用再推。第二阶段是"递推"，从第二个人推出第三个人的年龄……一直推到第五个人的年龄为止。这里要注意，必须要有一个结束递归过程的条件，本实例中就是当 n=1 时 f=10 也就是 age(1)=10，否则递归过程会无限制进行下去。总之递归就是在调用一个函数的过程中又出现直接或间接地调用该函数本身。

实例 120　递归解决分鱼问题

（实例位置：配套资源\SL\10\120）

实例说明

A、B、C、D、E 5 个人在某天夜里合伙去捕鱼，到凌晨时都疲惫不堪，于是各自找地方睡觉。第二天，A 第一个醒来，他将鱼分成 5 份，把多余的一条鱼扔掉，拿走自己的一份。B 第二个醒来，也将鱼分为五份，把多余的一条扔掉，拿走自己的一份。C、D、E 依次醒来，也按同样的方法拿鱼。问他们合伙至少捕了多少条鱼？运行结果如图 10.5 所示。

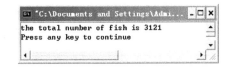

图 10.5　分鱼问题

实现过程

（1）打开 Visual C++ 6.0 开发环境，新建一个 C 源文件，并输入要创建 C 源文件的名称。

（2）引用头文件，代码如下：

```
#include<stdio.h>
```

（3）自定义函数 sub()，用递归实现求鱼的总数。代码如下：

```
int sub(int n)                                      /*定义函数递归求鱼的总数*/
{
    if (n == 1)                                     /*当 n=1 时递归结束*/
```

```
    {
        static int i = 0;
        do
        {
            i++;
        }
        while (i % 5 != 0);
        return (i + 1);                                    /*5 人平分后多出一条*/
    }
    else
    {
        int t;
        do
        {
            t = sub(n - 1);
        }
        while (t % 4 != 0);
        return (t / 4 * 5+1);
    }
}
```

（4）main()函数作为程序的入口函数，代码如下：

```
main()
{
    int total;
    total=sub(5);                                          /*调用递归函数*/
    printf("the total number of fish is %d\n",total);
    return 0;
}
```

技术要点

根据题意假设鱼的总数是 x，那么第一次每人分到的鱼的数量可用(x-1)/5 表示，余下
的鱼数为 4*(x-1)/5，将余下的数量重新赋值给 x，依然调用(x-1)/5，如果连续 5 次 x-1 后
均能被 5 整除，则说明最初的 x 值便是本题目的解。

脚下留神：

本实例采用了递归的方法来求解鱼的总数，这里有一点需要强调，用递归求解时一定
要注意要有递归结束的条件。本实例中，n=1 时便是递归程序的出口。

实例 121 小数分离

（实例位置：配套资源\SL\10\121）

实例说明

利用数学函数实现以下功能：从键盘中输入一个小数，将其分解成整数部分和小数
部分，并将其显示在屏幕上。运行结果如图 10.6 所示。

图 10.6　小数分离

Note

实现过程

（1）打开 Visual C++ 6.0 开发环境，新建一个 C 源文件，并输入要创建 C 源文件的名称。

（2）引用头文件，代码如下：

```
#include <stdio.h>
#include <math.h>
```

（3）从键盘中输入要分解的小数并赋给变量 number，使用 modf()函数将该小数分解，将分解出的小数部分作为函数返回值赋给 f，整数部分赋给 i，最终将分解出的结果按指定格式输出。

（4）程序主要代码如下：

```
main()
{
    float number;
    double f, i;
    printf("input the number:");
    scanf("%f", &number);                   /*输入要分解的小数*/
    f = modf(number, &i);                   /*调用 modf()函数进行分离*/
    printf("%f=%f+%f", number, i, f);       /*将分离后的结果按指定格式输出*/
    getch();
    return 0;
}
```

技术要点

本程序中用到了 modf()函数，其语法格式如下：

```
double modf(double num,double *i)
```

该函数的作用是把 num 分解成整数部分和小数部分，该函数的返回值为小数部分，把分解出的整数部分存放到由 i 所指的变量中。该函数的原型在 math.h 中。

实例 122　求任意数的 n 次幂

（实例位置：配套资源\SL\10\122）

实例说明

利用数学函数实现以下功能：分别从键盘中输入底数及次幂，求出从该次幂开始的连续 5 个结果，要求每次次幂数加 1。运行结果如图 10.7 所示。

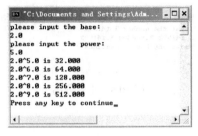

图 10.7　求任意数的 n 次幂

实现过程

（1）打开 Visual C++ 6.0 开发环境，新建一个 C 源文件，并输入要创建 C 源文件的名称。

（2）引用头文件，代码如下：

```
#include <stdio.h>
#include <math.h>
```

（3）从键盘中输入底数和幂指数，使用 pow()函数求得次幂的值，并用 for 循环将连续的 5 个次幂的值输出。

（4）程序主要代码如下：

```
main()
{
    float x, n;
    int i;
    printf("please input the base:\n");
    scanf("%f", &x);                                    /*输入底数 x*/
    printf("please input the power:\n");
    scanf("%f", &n);                                    /*输入次幂数*/
    for (i = 1; i <= 5; i++)
    {
        printf("%.1f^%.1f is %.3f\n", x, n, pow(x, n)); /*将求出的结果输出*/
        n += 1;
    }
    getch();
}
```

技术要点

本程序中用到了 pow()函数，其语法格式如下：

```
double pow(double base,double exp)
```

该函数的作用是计算以参数 base 为底的 exp 次幂，其原型在 math.h 中。

脚下留神：

如果参数 base 为 0，或者 exp 小于 0，则会出现定义域错误。如果参数 base 上溢，则会出现数出界错误。

实例 123　固定格式输出当前时间

（实例位置：配套资源\SL\10\123）

实例说明

编程实现将当前时间用以下形式输出：

星期　　月　　日　　小时:分:秒　　年

运行结果如图 10.8 所示。

图 10.8　固定格式输出当前时间

实现过程

（1）打开 Visual C++ 6.0 开发环境，新建一个 C 源文件，并输入要创建 C 源文件的名称。

（2）引用头文件，代码如下：

```
#include <stdio.h>
#include <stdlib.h>
#include <time.h>
```

（3）调用 time()函数获取当前时间信息，再调用 localtime()函数分解时间，最后使用 asctime()函数将时间以指定格式输出。

（4）程序主要代码如下：

```
main()
{
    time_t Time;                                  /*定义 Time 为 time_t 类型*/
    struct tm *t;                                 /*定义指针 t 为 tm 结构类型*/
    Time = time(NULL);                            /*将 time()函数返回值存到 Time 中*/
    t = localtime(&Time);                         /*调用 localtime()函数*/
    printf("Local time is:%s", asctime(t));       /*调用 asctime()函数，以固定格式输出当前时间*/
    getch();
    return 0;
}
```

技术要点

本程序中用到了 3 个与时间相关的函数，下面逐一介绍。

（1）time()函数的语法格式如下：

```
time_t   time(time_t *t)
```

该函数的作用是获取以秒为单位的、以格林威治时间 1970 年 1 月 1 日 00:00:00 开始计时的当前时间值作为 time()函数的返回值，并把它存在 t 所指的区域中（在不需要存储时通常为 NULL）。该函数的原型在 time.h 中。

（2）localtime()函数的语法格式如下：

```
struct tm *localtime(const time_t *t)
```

Note

该函数的作用是返回一个指向从 tm 形式定义的分解时间的结构的指针。t 的值一般情况下通过调用 time()函数来获得。该函数的原型在 time.h 中。

（3） asctime()函数的语法格式如下：

```
char *asctime(struct tm *p)
```

该函数的作用是返回指向一个字符串的指针。p 指针所指向的结构中的时间信息被转换成如下格式：

星期 月 日 小时:分:秒 年

该函数的原型在 time.h 中。

实例 124 设计函数计算学生平均身高

（实例位置：配套资源\SL\10\124）

实例说明

输入学生数并逐个输入学生的身高，然后输出身高的平均值。运行结果如图 10.9 所示。

实现过程

（1）打开 Visual C++ 6.0 开发环境，新建一个 C 源文件，并输入要创建 C 源文件的名称。

（2）引用头文件，代码如下：

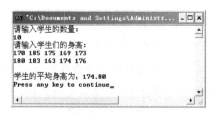

图 10.9 求学生的平均身高

```
#include<stdio.h>
```

（3）自定义求平均身高函数，代码如下：

```
float average(float array[],int n)              /*自定义求平均身高函数*/
{
    int i;
    float aver,sum=0;
    for(i=0;i<n;i++)
    sum+=array[i];                              /*用 for 语句实现 sum 累加求和*/
    aver=sum/n;                                 /*总和除以人数求出平均值*/
    return(aver);                               /*返回平均值*/
}
```

（4）程序主要代码如下：

```
int main()
{
    float average(float array[],int n);         /*函数声明*/
    float height[100],aver;
    int i,n;
    printf("请输入学生的数量：\n");
```

```
        scanf("%d",&n);                            /*输入学生数量*/
        printf("请输入学生们的身高: \n");
        for(i=0;i<n;i++)
        scanf("%f",&height[i]);                     /*逐个输入学生的身高*/
        printf("\n");
        aver=average(height,n);                     /*调用 average()函数求出平均身高*/
        printf("学生的平均身高为: %6.2f\n",aver);    /*将平均身高输出*/
        return 0;
    }
```

技术要点

本实例主要采用了数组名作函数参数,需要注意以下几点:

(1)用数组名作参数,应该在主调函数和被调用函数中分别定义数组,像本实例中主调函数定义的数组为 height,被调用函数定义的数组为 array。

(2)实参数组与形参数组类型应一致,本实例中都为 float。

(3)形参数组也可以不指定大小,在定义数组时在数组名后面跟一个空的方括弧。本实例就没有指定形参数组的大小。

(4)用数组名作函数实参时,不是把数组元素的值传递给形参,而是把实参数组的起始地址传递给形参数组。

实例 125　求数组元素中的最小值

（实例位置：配套资源\SL\10\125）

实例说明

从键盘中输入数组元素的个数(不大于 20),根据输入的个数输入相应个数的数值,并显示出输入数值中的最小值。运行结果如图 10.10 所示。

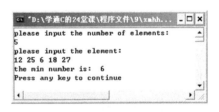

图 10.10　求数组元素中的最小值

实现过程

(1)打开 Visual C++ 6.0 开发环境,新建一个 C 源文件,并输入要创建 C 源文件的名称。

(2)引用头文件,代码如下:

```
#include <stdio.h>
```

(3)自定义函数 min(),用于求出数组元素中的最小值,这里将数组作为函数参数。代码如下:

```
int min(int array[20],int n)
{
    int m,i;
    m = array[0];                              /*为变量赋初值*/
    for (i = 1; i < n; i++)                     /*找出数组中最小的数*/
```

```
        {
            if (array[i] < m)
            {
                m= array[i];                      /*将最小数赋给变量*/
            }
        }
        return (m);                               /*返回最小数*/
    }
```

（4）main()函数中调用 min()函数，求出数组元素中的最小值并输出。代码如下：

```
main()
{
    int a[20], m, n,i;                             /*定义数组及变量数据类型为基本整型*/
    printf("please input the number of elements:\n");
    scanf("%d", &n);                               /*输入元素个数*/
    printf("please input the element:\n");
    for (i = 0; i < n; i++)                        /*输入数据*/
    {
        scanf("%d", &a[i]);
    }
    m=min(a,n);                                    /*调用函数求数组中的最小数*/
    printf("the min number is:%3d\n", m);
    return 0;
}
```

技术要点

本实例调用了自定义函数，关于函数调用可以查看实例 118 中的技术要点。

实例 126　打印 1～5 的阶乘

（实例位置：配套资源\SL\10\126）

实例说明

本实例实现设计一个函数，在屏幕上输出 1～5 的阶乘值。运行结果如图 10.11 所示。

实现过程

（1）打开 Visual C++ 6.0 开发环境，新建一个 C 源文件，并输入要创建 C 源文件的名称。

（2）引用头文件，代码如下：

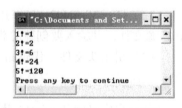

图 10.11　打印 1～5 的阶乘

```
#include <stdio.h>
```

（3）自定义函数 fac()，用于求出指定元素的阶乘值。这里使用了局部静态变量，保存每次计算得到的变量值，下次调用 fac()函数时使用上一次保存的值进行计算，这样就得到了正确的结果。代码如下：

```
int fac(int num)
{
    static int result=1;                /*定义局部静态变量*/
    result=result*num;                  /*进行计算*/
    return(result);                     /*返回结果*/
}
```

（4）main()函数中调用自定义函数 fac()，求出指定数值的阶乘并输出。代码如下：

```
main()
{
    int i, n;                           /*声明变量*/
    for(i=1;i<=5;i++)                   /*循环得到 1～5 的阶乘值*/
    {
        n=fac(i);                       /*调用自定义函数求阶乘*/
        printf("%d!=%d\n",i,n);         /*输出结果*/
    }
    return 0;
}
```

技术要点

本实例调用了自定义函数，关于函数调用可以查看实例 118 中的技术要点。

实例 127 求最大公约数和最小公倍数

（实例位置：配套资源\SL\10\127）

实例说明

本实例设计两个函数，分别计算两个整数的最大公约数和最小公倍数，并在主函数中将结果输出。运行结果如图 10.12 所示。

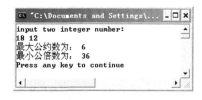

图 10.12 求最大公约数和最小公倍数

实现过程

（1）打开 Visual C++ 6.0 开发环境，新建一个 C 源文件，并输入要创建 C 源文件的名称。

（2）引用头文件，代码如下：

```
#include <stdio.h>
```

（3）设计实现最大公约数的自定义函数 hf()，其有两个参数，分别用于传入要进行计算最大公约数和最小公倍数的两个整数，返回值为最大公约数。代码如下：

```
int hf(int u,int v)
{
    int t,r;                            /*声明两个变量*/
    if(v>u)                             /*判断两个数大小*/
```

```
        {t=u;u=v;v=t;}                              /*使 u 大于 v*/
        while((r=u%v)!=0)                           /*求最大公约数*/
        {
            u=v;
            v=r;
        }
        return(v);                                  /*返回最大公约数*/
    }
```

（4）自定义函数 ld()，实现求最小公倍数。ld()函数有 3 个参数，分别为两个要进行计算的整数和最大公约数。代码如下：

```
    int ld(int u,int v, int h)
    {
        return(u*v/h);                              /*求最小公倍数*/
    }
```

（5）程序主要代码如下：

```
    main()
    {
        int u, v, h, l;                             /*声明变量*/
        printf("input two integer number:\n");      /*输出字符串*/
        scanf("%d%d",&u,&v);                        /*输入两个整数*/
        h=hf(u,v);                                  /*调用求最大公约数的自定义函数*/
        l=ld(u,v,h);                                /*调用求最小公倍数的自定义函数*/
        printf("最大公约数为： %d\n",h);             /*输出最大公约数*/
        printf("最小公倍数为： %d\n",l);             /*输出最小公倍数*/
    }
```

技术要点

在计算两个数的最大公约数时通常采用辗转相除的方法，本实例也就是将辗转相除的过程用 C 语言语句表示出来。最小公倍数和最大公约数之间的关系是：两数相乘的积除以这两个数的最大公约数就是最小公倍数。知道这层关系后用辗转相除法求出最大公约数，那么最小公倍数也便求出来了。

实例 128 求直角三角形的斜边

（实例位置：配套资源\SL\10\128）

实例说明

本实例实现求直角三角形的斜边，运行程序后输入三角形的两个直角边，可输出对应的斜边长度。运行结果如图 10.13 所示。

实现过程

（1）创建一个 C 文件。

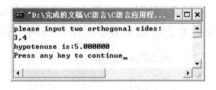

图 10.13 求直角三角形的斜边

（2）引用头文件，代码如下：

```
#include <stdio.h>
#include <math.h>
```

（3）从键盘中任意输入直角三角形的两边并分别赋给 a 和 b，使用 hypot()函数求出直角三角形的斜边长并将其输出。

（4）程序主要代码如下：

```
main()
{
    float a, b, c;
    printf("please input two orthogonal sides:\n");
    scanf("%f,%f", &a, &b);              /*从键盘中输入两个直角边*/
    c = hypot(a,b);                      /*调用 hypot()函数，返回斜边值赋给 c*/
    printf("hypotenuse is:%f\n", c);     /*将斜边值输出*/
    getch();
}
```

技术要点

本实例中用到了 hypot()函数，其语法格式如下：

```
double hypot(double a,double b)
```

该函数的作用是对给定的直角三角形的两个直角边求其斜边的长度，函数的返回值为所求的斜边值。该函数的原型在 math.h 中。

实例 129 相对的最小整数

（实例位置：配套资源\SL\10\129）

实例说明

利用数学函数实现以下功能：从键盘中输入一个数，求不小于该数的最小整数。运行结果如图 10.14 所示。

实现过程

（1）打开 Visual C++ 6.0 开发环境，新建一个 C 源文件，并输入要创建 C 源文件的名称。

（2）引用头文件，代码如下：

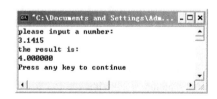

图 10.14 输出不小于该数的最小整数

```
#include <stdio.h>
#include <math.h>
```

（3）从键盘中任意输入一个数并赋给变量 i，使用 ceil()函数求不小于 i 的最小整数并将其输出。

（4）程序主要代码如下：

```
main()
{
    float i, k;                          /*定义变量 i、k 为单精度型*/
    printf("please input a number:\n");
    scanf("%f", &i);                     /*输入一个数并赋给变量 i*/
    printf("the result is:\n");
    printf("%f", ceil(i));               /*调用 ceil()函数，求不小于 i 的最小整数*/
    printf("\n")
    return 0;
}
```

技术要点

本实例中用到了 ceil()函数，其语法格式如下：

```
double ceil(double num)
```

该函数的作用是找出不小于 num 的最小整数，返回值为大于或等于 num 的最小整数值。该函数的原型在 math.h 中。

实例 130　当前时间转换

（实例位置：配套资源\SL\10\130）

实例说明

编程实现将当前时间转换为格林威治时间，同时将当前时间和格林威治时间输出到屏幕上。运行结果如图 10.15 所示。

```
C:\Documents and Settings\Administ...
Local time is:Thu Jun 09 16:35:07 2011
Greenwich Time is:Thu Jun 09 08:35:07 2011
```

图 10.15　将当前时间转换为格林威治时间

实现过程

（1）打开 Visual C++ 6.0 开发环境，新建一个 C 源文件，并输入要创建 C 源文件的名称。

（2）引用头文件，代码如下：

```
#include <stdio.h>
#include <stdlib.h>
#include <time.h>
#include<conio.h>
```

（3）调用 time()函数获取当前时间信息，再调用 localtime()和 gmtime()函数分解时间及将当前时间转换为格林威治时间，最后使用 asctime()函数分别将当前时间及格林威治时间以指定格式输出。

（4）程序主要代码如下：

```
main()
{
```

```
        time_t Time;                          /*定义 Time 为 time_t 类型*/
        struct tm *t,  *gt;                    /*定义指针 t 和 gt 为 tm 结构类型*/
        Time = time(NULL);                     /*将 time()函数返回值存到 Time 中*/
        t = localtime(&Time);                  /*调用 localtime()函数*/
        printf("Local time is:%s", asctime(t));     /*调用 asctime()函数，以固定格式输出当前时间*/
        gt = gmtime(&Time);                      /*调用 gmtime()函数，将当前时间转换为格林威治时间*/
        printf("Greenwich Time is:%s", asctime(gt));/*调用 asctime()函数，以固定格式输出格林威治时间*/
        getch();
        return 0;
    }
```

技术要点

本实例中用到了 gmtime()函数，其语法格式如下：

```
struct tm *gmtime(const time_t *t)
```

该函数的作用是将日期和时间转换为格林威治时间。该函数的原型在 time.h 中。gmtime() 函数返回指向分解时间的结构的指针，该结构是静态变量，每次调用 gmtime()函数时都要 重写该结构。

实例 131　显示程序运行时间

（实例位置：配套资源\SL\10\131）

实例说明

编程实现求一个程序运行时间，以秒为单 位。运行结果如图 10.16 所示。

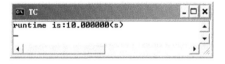

图 10.16　显示程序运行时间

实现过程

（1）在 TC 中创建一个 C 文件。
（2）引用头文件，代码如下：

```
#include <time.h>
#include <stdio.h>
#include <dos.h>
```

（3）首先将当前时间赋给 start，调用 sleep()函数程序中断 10 秒钟，再将中断后的当 前时间赋给 end，最后调用 difftime()函数输出从 start 到 end 所经过的时间。
（4）程序主要代码如下：

```
main()
{
    time_t start, end;                       /*定义 time_t 类型变量 start 和 end*/
    start = time(NULL);                      /*将当前时间赋给 start*/
    sleep(10);                               /*程序中断 10 秒钟*/
    end = time(NULL);                        /*将中断后的当前时间赋给 end*/
```

Note

```
        printf("runtime is:%f(s)\n", difftime(end, start));        /*调用 difftime()函数，输出从 start 到 end
所经过的时间*/
        getch();
        return 0;
    }
```

技术要点

本实例中用到了 difftime()函数，其语法格式如下：

```
    double difftime(time_t time2,time_t time1)
```

该函数的作用是计算从参数 time1 到 time2 所经过的时间，用秒表示。该函数的原型在 time.h 中。

实例 132 显示当前日期及时间

（实例位置：配套资源\SL\10\132）

实例说明

编程实现在屏幕中显示当前日期及时间。
运行结果如图 10.17 所示。

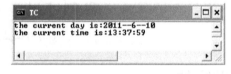

图 10.17 显示当前日期及时间

实现过程

（1）在 TC 中创建一个 C 文件。

（2）引用头文件，代码如下：

```
    #include <dos.h>
    #include <stdio.h>
```

（3）程序中分别调用 getdate()和 gettime()函数来获取系统当前日期及时间。

（4）程序主要代码如下：

```
    main()
    {
        struct date d;                                  /*定义 date 结构体类型变量 d*/
        struct time t;                                  /*定义 time 结构体类型变量 t*/
        getdate(&d);                                    /*获取系统当前日期*/
        gettime(&t);                                    /*获取系统当前时间*/
        printf("the current day is:%d--%d--%d\n",d.da_year, d.da_mon, d.da_day);     /*按指定格式输出
当前日期*/
        printf("the current time is:%d:%d:%d", t.ti_hour, t.ti_min, t.ti_sec);/*按指定格式输出当前时间*/
        getch();
    }
```

技术要点

本实例中用到了 getdate()及 gettime()函数。

（1）getdate()函数

　　void getdate(struct date *d)

该函数的作用是将系统当前日期填入由 d 指向的 date 结构中，其原型在 dos.h 中。

（2）gettime()函数

　　void gettime(struct time *t)

该函数的作用是将系统当前时间填入由 t 指向的 time 结构中，其原型在 dos.h 中。

实例 133　设置 DOS 系统日期

（实例位置：配套资源\SL\10\133）

实例说明

　　编程实现将系统当前日期改为 2008 年 10 月 23 日，要求将原来日期和修改后的日期均显示在屏幕上。运行结果如图 10.18 所示。

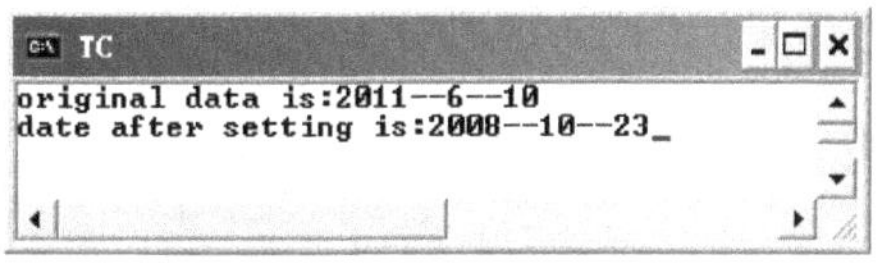

图 10.18　设置系统日期

实现过程

（1）在 TC 中创建一个 C 文件。

（2）引用头文件，代码如下：

```
#include <dos.h>
#include <stdio.h>
```

（3）程序中调用了 getdate()和 setdate()函数，分别用来获取系统当前日期及按照指定的值重新设置系统日期。

（4）程序主要代码如下：

```
main()
{
    struct date setd,now;                        /*定义 setd 为 date 结构体变量*/
    struct date origind;                         /*定义 origind 为 date 结构体变量*/
    getdate(&origind);                           /*获取系统当前日期*/
    printf("original data is:%d--%d--%d\n", origind.da_year, origind.da_mon,origind.da_day);/*输出
系统当前日期*/
    setd.da_year = 2008;                         /*设置系统日期中年份为 2008*/
    setd.da_mon = 10;                            /*设置系统日期中月份为 10*/
    setd.da_day = 23;                            /*设置系统日期中日为 23*/
    setd(&setd);          /*使用 setdate()函数按照上面指定的数据对系统时间进行设置*/
    getdate(&now)                                /*获取系统重新设置后的当前日期*/
    printf("date after setting is:%d--%d--%d", now.da_year, now.da_mon,now.da_day);/*输出设置后
的系统时间*/
    getch();
}
```

Note

技术要点

本实例中用到了 setdate() 函数，其语法格式如下：

```
void setdate(struct date *d)
```

该函数的作用是按照 d 指向的结构中指定的值设置 dos 系统日期，其原型在 dos.h 中。

实例 134   设置 DOS 系统时间

（实例位置：配套资源\SL\10\134）

实例说明

编程实现将系统当前时间改为 10:5:12，要求将原来时间和修改后的时间均显示在屏幕上。运行结果如图 10.19 所示。

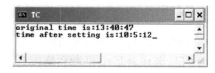

图 10.19　设置系统时间

实现过程

（1）在 TC 中创建一个 C 文件。

（2）引用头文件，代码如下：

```
#include <dos.h>
#include <stdio.h>
```

（3）程序中调用了 gettime() 和 settime() 函数，分别用来获取系统当前时间及按照指定的值重新设置系统时间。

（4）程序主要代码如下：

```
main()
{
    struct time sett, now;          /*定义 sett、now 为 time 结构体变量*/
    struct time origint;            /*定义 origint 为 time 结构体变量*/
    gettime(&origint);              /*获取系统当前时间*/
    printf("original time is:%d:%d:%d\n",origint.ti_hour, origint.ti_min,origint.ti_sec);/*输出系统当前时间*/

    sett.ti_hour = 10;              /*设置系统时间中小时为 10*/
    sett.ti_min = 5;                /*设置系统时间中分为 5*/
    sett.ti_sec = 12;              /*设置系统时间中秒为 12*/
    sett.ti_hund = 32;
    settime(&sett);            /*使用 settime()函数按照指定的数据对系统时间进行设置*/
    gettime(&now);
    printf("time after setting is:%d:%d:%d",now.ti_hour, now.ti_min,now.ti_sec); /*输出设置后的系统时间*/

    getch();
}
```

技术要点

本实例中用到了 settime()函数，其语法格式如下：

> void settime(struct time *t)

该函数的作用是按照 t 指向的结构中指定的值设置 dos 系统时间，其原型在 dos.h 中。

实例 135　读取并设置 BIOS 的时钟

（实例位置：配套资源\SL\10\135）

实例说明

　　编程实现利用 biostime()函数读取并设置 BIOS 时钟。运行结果如图 10.20 所示。

实现过程

　　（1）在 TC 中创建一个 C 文件。

　　（2）引用头文件，代码如下：

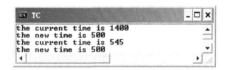

图 10.20　读取并设置 BIOS 时钟

```
#include <bios.h>
#include <stdio.h>
```

　　（3）程序中调用了 biostime()函数来读取和设置 BIOS 的时钟，并将读取出的结果输出到屏幕上。

　　（4）程序主要代码如下：

```
main()
{
    long origin, new;
    origin = biostime(0, 0);                /*调用 biostime()函数读取时钟的当前值*/
    printf("\nthe current time is %ld \n", origin);     /*将获取的当前值输出*/
    new = biostime(1, 500);                 /*设置 BIOS 的时钟*/
    printf("the new time is %ld", new);     /*输出设置后的时间*/
}
```

技术要点

本实例中用到了 biostime()函数，其语法格式如下：

> long biostime(int cmd,long newtime)

该函数的作用是读取或设置 BIOS 的时钟，如果 cmd 为 0，biostime()函数返回该时钟的当前值；如果 cmd 为 1，biostime()函数把时钟设置为 newtime 的值。其原型在 bios.h 中。

脚下留神：

　　BIOS 的时钟以每秒约 18.2 次的脉冲速率运行。它的值在午夜 12 点时为 0，随时间不断增长，直到午夜 12 点又重设为 0，或者被人为地设置成某个值。

实例 136　任意大写字母转小写

（实例位置：配套资源\SL\10\136）

实例说明

利用 strlwr()函数实现将输入的大写字母转换成小写字母。运行结果如图 10.21 所示。

实现过程

（1）创建一个 C 文件。

（2）引用头文件，代码如下：

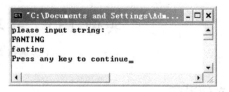

图 10.21　任意大写字母转小写

```c
#include <stdio.h>
#include <string.h>
```

（3）从键盘中输入字符串，调用 strlwr()函数实现将大写字母转换成小写字母，最终将转换的结果输出。

（4）程序主要代码如下：

```c
main()
{
    char str[50];
    printf("please input string:\n");
    gets(str);                    /*输入字符串*/
    strlwr(str);                  /*调用 strlwr()函数，实现大写字母转换成小写字母*/
    printf(str);                  /*将转换后的结果输出*/
    printf("\n");
}
```

技术要点

本实例中用到了 strlwr()函数，其语法格式如下：

```c
char *strlwr(char *str)
```

该函数的作用是把 str 所指向的字符串变为小写字母，其原型在 string.h 中。

实例 137　字符串复制到指定空间

（实例位置：配套资源\SL\10\137）

实例说明

从键盘中输入字符串 1 和字符串 2，将字符串内容保存到内存空间中。运行结果如图 10.22 所示。

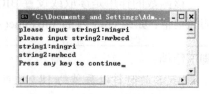

图 10.22　字符串复制到指定空间

实现过程

（1）打开 Visual C++ 6.0 开发环境，新建一个 C 源文件，并输入要创建 C 源文件的名称。

（2）引用头文件，代码如下：

```
#include <stdio.h>
#include<string.h>
```

（3）从键盘中输入字符串 1 和字符串 3，调用 strdup()函数实现在内存中根据这两个字符串的长度为其分配存储空间，并将两个字符串中的内容复制到分配的空间中，分别返回指向该空间的指针。

（4）程序主要代码如下：

```
main()
{
    char str1[30], str2[30], *p1, *p2;
    printf("please input string1:");
    gets(str1);                             /*从键盘中输入字符串 1*/
    printf("please input string2:");
    gets(str2);                             /*从键盘中输入字符串 2*/
    p1 = strdup(str1);                      /*p1 指向存放字符串 1 的地址*/
    p2 = strdup(str2);                      /*p2 指向存放字符串 2 的地址*/
    printf("string1:%s\nstring2:%s", p1, p2);  /*利用指针输出字符串*/
    printf("\n");
    return 0;
}
```

技术要点

本实例中用到了 strdup()函数，其语法格式如下：

```
char *strdup(char *str)
```

该函数的作用有两个：第一，按字符串 str 的长度在内存中分配出空间；第二，将 str 的内容复制到该空间中。该函数返回指向该存放区域的指针。strdup()函数的原型在 string.h 中。

实例 138　查找位置信息

（实例位置：配套资源\SL\10\138）

实例说明

从键盘中输入 str1 和 str2，查找 str1 字符串中第一个不属于 str2 字符串中字符的位置，并将该位置输出；再从键盘中输入 str3 和 str4，查找在 str3 中是否包含 str4，无论包含与否给出提示信息。运行结果如图 10.23 所示。

图 10.23　查找位置信息

实现过程

（1）打开 Visual C++ 6.0 开发环境，新建一个 C 源文件，并输入要创建 C 源文件的名称。

（2）引用头文件，代码如下：

```
#include <string.h>
#include <stdio.h>
```

（3）从键盘中输入字符串 str1 和字符串 str3，调用 strspn()函数实现在 str1 字符串中寻找第一个不属于 str2 字符串中字符的位置，从键盘中输入字符串 str3 和字符串 str4，调用 strstr()函数实现在字符串 str3 中寻找 str4 字符串的位置，并返回指向该位置的指针。

（4）程序主要代码如下：

```
main()
{
    char str1[30], str2[30], str3[30], str4[30], *p;
    int pos;
    printf("please input string1:");
    gets(str1);                              /*从键盘中输入字符串 1*/
    printf("please input string2:");
    gets(str2);                              /*从键盘中输入字符串 2*/
    pos = strspn(str1, str2);                /*调用 strspn()函数找出不同的位置*/
    printf("the position you want to find is:%d\n", pos);
    printf("please input string3:");
    gets(str3);                              /*从键盘中输入字符串 3*/
    printf("please input string4:");
    gets(str4);                              /*从键盘中输入字符串 4*/
    p = strstr(str3, str4);                  /*调用 strstr()函数查看 str3 中是否包含 str4*/
    if (p)
    {
        printf("str3 include str4\n");
    }
    else
    {
        printf("can not find str4 in str3!");
    }
    printf("\n");
    return 0;
}
```

技术要点

本实例中用到了 strspn()与 strstr()函数。

（1）strspn()函数

```
char *strspn(char *str1,char *str2)
```

该函数的作用是在 str1 字符串中寻找第一个不属于 str2 字符串中字符的位置。该函数返回 str1 中第一个与 str2 任一个字符不相匹配的字符下标。该函数的原型在 string.h 中。

（2）strstr()函数

```
char *strstr(char *str1,char *str2)
```

该函数的作用是在字符串 str1 中寻找 str2 字符串的位置，并返回指向该位置的指针，如果没有找到相匹配的就返回空指针。

实例 139　复制当前目录

（实例位置：配套资源\SL\10\139）

实例说明

将当前的工作目录复制到数组 cdir 中并在屏幕上输出。运行结果如图 10.24 所示。

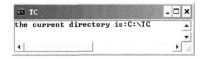

实现过程

（1）在 TC 中创建一个 C 文件。

图 10.24　复制当前目录

（2）引用头文件，代码如下：

```
#include <stdio.h>
#include <dos.h>
#include <dir.h>
```

（3）调用 getdisk()和 getcurdir()函数复制当前目录。

（4）程序主要代码如下：

```
main()
{
    char cdir[MAXDIR];
    strcpy(cdir, "c:\\");
    cdir[0] = 'A' + getdisk();              /*调用函数返回当前驱动器*/
    if (getcurdir(0, cdir + 3))             /*调用函数将当前目录复制到 cdir+3 开始的数组中*/
    {
        printf("error");
        exit(1);
    }
    printf("the current directory is:%s\n", cdir);
    getch();
}
```

技术要点

本实例中用到了 getdisk()和 getcurdir()函数。

（1）getdisk()函数

```
int getdisk(void)
```

该函数的作用是返回当前驱动器名的代码。驱动器 A 为 0，驱动器 B 为 1，依此类推。其原型在 dir.h 中。

Note

（2）getcurdir()函数

```
int getcurdir(int driver,char *dir)
```

该函数的作用是把 driver 所指定的当前工作目录复制到由 dir 所指向的字符串中，若 driver 为 0，则指的是默认驱动器，驱动器 A 用 1，驱动器 B 用 2，依此类推。

指点迷津：

由 dir 所指向的字符串长度必须至少为 MAXDIR 个字节。MAXDIR 为 dir.h 中定义的宏。目录名将不包含驱动器标识符，也不以反斜杠开始。函数的原型在 dir.h 中。

实例 140　产生唯一文件

（实例位置：配套资源\SL\10\140）

实例说明

编程实现在当前目录中产生一个唯一的文件。运行结果如图 10.25 所示。

（a）文件中已有的文件　　　　　　　　（b）新产生的文件名

图 10.25　产生唯一的文件

实现过程

（1）在 TC 中创建一个 C 文件。

（2）引用头文件，代码如下：

```
#include <stdio.h>
#include <dir.h>
```

（3）调用 mktemp()函数产生一个唯一的文件。

（4）程序主要代码如下：

```
main()
{
    char *filename="mingriXXXXXX",*p;     /*为 filename 赋值*/
    p=mktemp(filename);                   /*调用函数产生唯一文件名，返回值赋给 p*/
    printf("%s\n",p);
    getch();
}
```

技术要点

本实例中用到了 mktemp()函数，其语法格式如下：

```
char *mktemp(char *fname)
```

该函数的作用是产生一个唯一的文件名，并且把它复制到由 fname 所指向的字符串中。当调用 mktemp()函数时，由 fname 所指向的字符串必须包含以空为结束符的 6 个 X，该函数把这个字符串转换为唯一的文件名，但并未建立文件。如果成功，mktemp()函数返回指向 fname 的指针，否则返回空。函数的原型在 dir.h 中。

实例 141　不同亮度显示

（实例位置：配套资源\SL\10\141）

实例说明

　　日常操作中经常会发现有些字符串在屏幕中显示的亮度不同，本实例要求在屏幕上以不同亮度即高亮度、低亮度和正常亮度显示字符串。运行结果如图 10.26 所示。

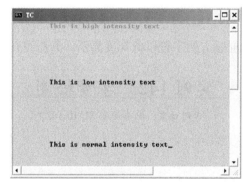

图 10.26　不同亮度显示

实现过程

　　（1）在 TC 中创建一个 C 文件。
　　（2）引用头文件，代码如下：

```
#include <conio.h>
```

　　（3）调用 highvideo()、lowvideo()和 normvideo()函数使字符以不同亮度显示。
　　（4）程序主要代码如下：

```
main()
{
    clrscr();
    highvideo();                              /*调用函数，字符以高亮度显示*/
    gotoxy(10, 1);
    cprintf("This is high intensity text");
    lowvideo();                               /*调用函数，字符以低亮度显示*/
    gotoxy(10, 10);
    cprintf("This is low intensity text");
    normvideo();                              /*调用函数，字符以正常亮度显示*/
    gotoxy(10, 20);
    cprintf("This is normal intensity text");
```

```
        getch();
    }
```

技术要点

本实例中用到了 highvideo()、normvideo()和 lowvideo()函数。

（1）highvideo()函数

```
void highvideo(void)
```

该函数的作用是写到屏幕上的字符以高亮度显示，其原型在 conio.h 中。

（2）normvideo()函数

```
void normvideo(void)
```

该函数的作用是写到屏幕上的字符以正常亮度显示，其原型在 conio.h 中。

（3）lowvideo()函数

```
void lowvideo(void)
```

该函数的作用是写到屏幕上的字符以低亮度显示，其原型在 conio.h 中。

实例 142　字母检测

（实例位置：配套资源\SL\10\142）

实例说明

从键盘中任意输入一个字母或数字或其他字符，编程实现当输入字母时提示"输入的是字母"，否则提示"输入的不是字母"。运行结果如图 10.27 所示。

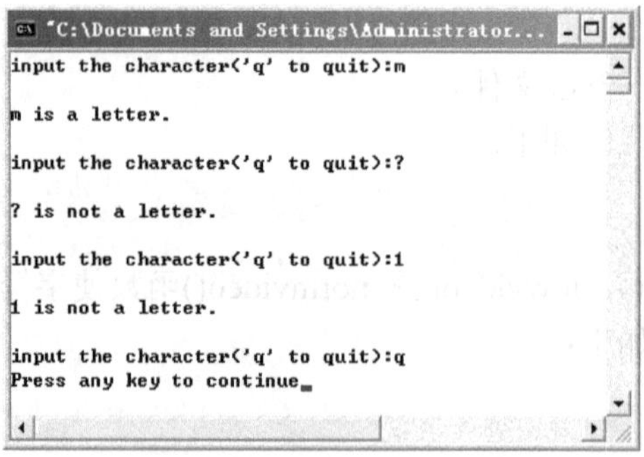

```
C:\Documents and Settings\Administrator...
input the character('q' to quit):m

m is a letter.

input the character('q' to quit):?

? is not a letter.

input the character('q' to quit):1

1 is not a letter.

input the character('q' to quit):q
Press any key to continue
```

图 10.27　字母检测

实现过程

（1）打开 Visual C++ 6.0 开发环境，新建一个 C 源文件，并输入要创建 C 源文件的名称。

（2）引用头文件，代码如下：

```
#include <ctype.h>
#include <stdio.h>
```

（3）调用 isalpha()函数检测输入的是否是字母，当输入 q 或 Q 时退出程序。

（4）程序主要代码如下：

```
main()
{
    char ch, ch1;
    while (1)
    {
        printf("input the character('q' to quit):");
        ch = getchar();                          /*从键盘中获得一个字符*/
        ch1 = getchar();                         /*ch1 接收从键盘中输入的回车*/
        if (ch == 'q' || ch == 'Q')              /*判断输入的字符是不是 q 或 Q*/
            break;                               /*如果是 q 或 Q 跳出循环*/
        if (isalpha(ch))                         /*检测输入的是否是字母*/
            printf("\n%c is a letter.\n\n", ch);
        else
            printf("\n%c is not a letter.\n\n", ch);
    }
}
```

技术要点

本实例中用到了 isalpha()函数，其语法格式如下：

```
int isalpha(int ch)
```

该函数的作用是检测字母，如果 ch 是字母表中的字母（大写或小写），则返回非零；否则返回零。函数的原型在 ctype.h 中。

实例 143　建立目录

（实例位置：配套资源\SL\10\143）

实例说明

编程实现在当前目录下再创建一个目录，创建的文件夹名称为 TEMP。运行结果如图 10.28 所示。

（a）未创建目录前的目录

（b）创建 TEMP 目录后的目录

（c）程序运行界面

图 10.28　建立目录

实现过程

（1）在 TC 中创建一个 C 文件。

（2）引用头文件，代码如下：

```
#include <dir.h>
#include <stdio.h>
```

（3）调用 mkdir()函数以 TEMP 为路径名建立一个目录。

（4）程序主要代码如下：

```
main()
{
    if (!mkdir("temp"))                              /*调用函数以 TEMP 为路径名建立一个目录*/
        printf("directory temp is created\n");       /*目录建成输出提示信息*/
    else
    {
        printf("unable to create new directory\n");  /*目录未建成也同样输出提示信息*/
        exit(1);
    }
    getch();
}
```

技术要点

本实例中用到了 mkdir()函数，其语法格式如下：

```
int mkdir(char *path)
```

该函数的作用是由 path 所指向的路径名建立一个目录。该函数如果成功，则返回 0，否则返回-1。函数的原型在 dir.h 中。

实例 144   删除目录

（实例位置：配套资源\SL\10\144）

实例说明

编程实现在当前目录下再创建一个目录，创建完成后按任意键将该目录删除。运行结果如图 10.29 所示。

（a）未删除目录前的目录

（b）删除 kktt 目录后的目录

```
TC
please input directory name:
kktt
Press any key,and the directory will be removed
Directory is removed.
```

（c）程序运行界面

图 10.29   删除目录

实现过程

（1）在 TC 中创建一个 C 文件。

（2）引用头文件，代码如下：

```
#include <dir.h>
#include <stdio.h>
```

（3）调用 rmdir()函数删除指定的路径名和目录。

（4）程序主要代码如下：

```
main()
{
    char *name[10];                                  /*定义字符型数组存储文件名*/
    printf("please input directory name:\n");
    scanf("%s", name);                               /*输入文件名*/
    printf("Press any key,and the directory will be removed\n");
    getch();
    if (!rmdir(name))                                /*删除目录*/
        printf("Directory is removed.\n");           /*删除成功输出提示信息*/
    else
        printf("can not remove");                    /*删除不成功输出提示信息*/
    getch();
}
```

技术要点

本实例中用到了 rmdir()函数，其语法格式如下：

```
int rmdir(char *path)
```

该函数的作用是删除由 path 所指向的路径名和目录。删除时，目录必须是空的，必须不是当前工作目录，也不能是根目录。函数的原型在 dir.h 中。

实例 145　对数组进行升序和降序排序

（实例位置：配套资源\SL\10\145）

实例说明

对包含 10 个元素 125、–26、53、12、–6、95、46、85、–45、785 的数组分别进行升序和降序排列。运行结果如图 10.30 所示。

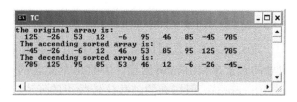

图 10.30　对数组进行升序和降序排序

实现过程

（1）在 TC 中创建一个 C 文件。

（2）引用头文件，代码如下：

```
#include <ctype.h>
#include <stdio.h>
```

（3）调用 qsort()函数将原数组分别以升序和降序输出。

（4）程序主要代码如下：

```
main()
{
    int i, comp1(), comp2();
    clrscr();                                          /*清屏*/
    printf("the original array is:\n");
    for (i = 0; i < 10; i++)                           /*将数组按原序输出*/
    {
        printf("%10d", num[i]);
    }
    qsort(num, 10, sizeof(int), comp1);
    printf("\n The accending sorted array is:\n");
    for (i = 0; i < 10; i++)                           /*将数组按升序输出*/
    {
        printf("%10d", num[i]);
    }
    qsort(num, 10, sizeof(int), comp2);
    printf("\n The decending sorted array is:\n");
    for (i = 0; i < 10; i++)                           /*将数组按降序输出*/
    {
        printf("%10d", num[i]);
    }
    getch();
}
comp1(int *i,int *j)
{
    return *i-*j;
}
comp2(int *i,int *j)
{
    return *j-*i;
}
```

技术要点

本实例中用到了 qsort()函数，其语法格式如下：

```
void qsort(void *base,int num,int size,int (*compare)())
```

该函数的作用是用快速分类法对由 base 所指向的数组分类。数组被分类直到结尾。数组中的元素个数由 num 给出，并且每个元素的大小由 size 描述。

由 compare 所指向的函数比较数组的元素，函数的形式必须为：

```
func_name(arg1,arg2)
void *arg1,*arg2;
```

返回值的情况如下：

☑　如果 arg1<arg2，则返回值小于 0。

☑　如果 arg1=arg2，则返回值等于 0。

☑　如果 arg1>arg2，则返回值大于 0。

实例 146　设置组合键

（**实例位置：配套资源\SL\10\146**）

实例说明

编程实现检测 Ctrl+Break 的当前状态，并设置 Ctrl+Break 状态显示在屏幕上。运行结果如图 10.31 所示。

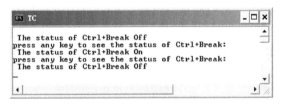

图 10.31　设置组合键

实现过程

（1）在 TC 中创建一个 C 文件。

（2）引用头文件，代码如下：

```
#include <stdio.h>
#include <dos.h>
```

（3）调用 getcbrk()和 setcbrk()函数来获取和设置当前 Ctrl+Break 状态，并将获取的状态输出到屏幕上。

（4）程序主要代码如下：

```
main()
{
    printf("\nThe status of Ctrl+Break %s",(getcbrk())?"On":"Off");/*检测当前 Ctrl+Break 状态并输出*/
    printf("\npress any key to see the status of Ctrl+Break:");
    getch();
    setcbrk(1);                                    /*设置 Ctrl+Break 状态为 on*/
    printf("\nThe status of Ctrl+Break %s",(getcbrk())?"On":"Off");/*检测当前 Ctrl+Break 状态并输出*/
    printf("\npress any key to see the status of Ctrl+Break:");
    getch();
    setcbrk(0);                                    /*设置 Ctrl+Break 状态为 off*/
    printf("\nThe status of Ctrl+Break %s\n",(getcbrk())?"On":"Off"); /*检测当前 Ctrl+Break 状态并
输出*/
}
```

Note

技术要点

本实例中分别使用了 getcbrk()和 setcbrk()函数来获取 Ctrl+Break 当前状态和设置当前 Ctrl+Break 状态。

（1）getcbrk()函数

> int getcbrk(void)

该函数的作用是检测 Ctrl+Break 是关闭还是打开，当关闭时函数返回 0，当打开时函数返回 1。该函数的原型在 dos.h 中。

（2）setcbrk()函数

> int setcbrk(int cbrkvalue)

该函数的作用是设置 Ctrl+Break 的检测状态为 on 或 off。若 cbrkvalue=0，则检测状态设置为 off；若 cbrkvalue=1，则检测状态设置为 on。该函数的原型在 dos.h 中。

实例 147 获取当前日期与时间

（实例位置：配套资源\SL\10\147）

实例说明

获取当前日期与时间是应用程序常见的功能。本实例用于介绍在 DOS 控制台中输出当前系统日期与时间的方法。运行本实例编译后的可执行文件，运行结果如图 10.32 所示。

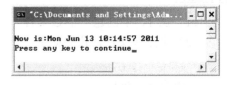

图 10.32 获取当前日期与时间

实现过程

（1）打开 Visual C++ 6.0 开发环境，新建一个 C 源文件，并输入要创建 C 源文件的名称。

（2）引用头文件，代码如下：

```
#include <stdio.h>
#include<time.h>
```

（3）声明 time_t 类型变量 now。

（4）使用 time()函数将当前日期和时间存入变量 now 中。

（5）程序主要代码如下：

```
main()
{
    time_t now;                              //声明 time_t 类型变量
    time(&now);                              //获取当前系统日期与时间
    printf("\nNow is:%s",ctime(&now));       //输出当前系统日期与时间
}
```

技术要点

当前日期与时间的获取通过使用 time() 函数来实现。该函数的原型在 time.h 头文件中，其语法格式如下：

> time_t time(time_t *timer)

该函数的作用是获取当前的日期和时间，函数返回类型为 time_t。

其中，参数 timer 为要获取当前日期和时间，其类型为 time_t 结构体指针。

实例 148　获取当地日期与时间

（实例位置：配套资源\SL\10\148）

实例说明

运行本实例编译后的可执行文件显示当地日期与时间，运行结果如图 10.33 所示。

实现过程

（1）打开 Visual C++ 6.0 开发环境，新建一个 C 源文件，并输入要创建 C 源文件的名称。

（2）引用头文件，代码如下：

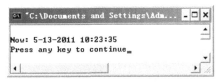

图 10.33　获取当地日期与时间

```
#include<stdio.h>
#include<time.h>
```

（3）程序主要代码如下：

```
main()
{
    struct tm * tmpointer;                              // tm 结构指针
    time_t secs;                                       //声明 time_t 类型变量
    time(&secs);                                       //获取系统日期与时间
    tmpointer=localtime(&secs);                        //获取当地日期时间
    //输出本地时间
    printf("\nNow: %d-%d-%d %d:%d:%d\n ",tmpointer->tm_mon,tmpointer->
    tm_mday,tmpointer->tm_year+1900,tmpointer->tm_hour,tmpointer->tm_min,tmpointer->tm_sec);
}
```

技术要点

获取当地日期与时间通过使用 localtime() 函数来实现。该函数的原型在 time.h 头文件中，其语法格式如下：

> struct tm *localtime(const time_t *timer);

该函数的作用是把 timer 所指的时间（如函数 time 返回的时间）转换成当地标准时间，并以 tm 结构形式返回。

其中，参数 timer 为要获取当前时间的传递参数，格式为 time_t 指针类型。

实例 149　获取格林尼治平时

（实例位置：配套资源\SL\10\149）

实例说明

以本初子午线的平子夜算起的平太阳时，又称格林尼治平时或格林尼治时间。本实例用来介绍获取格林尼治平时的方法，运行本实例编译后的可执行文件，运行结果如图 10.34 所示。

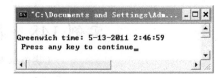

图 10.34　获取格林尼治平时

实现过程

（1）打开 Visual C++ 6.0 开发环境，新建一个 C 源文件，并输入要创建 C 源文件的名称。

（2）引用头文件，代码如下：

```
#include<stdio.h>
#include<time.h>
```

（3）程序主要代码如下：

```
main()
{
    struct tm * gmtp;                                        //tm 结构指针
    time_t secs;                                            //声明 time_t 类型变量 secs
    time(&secs);                                            //获取时间
    gmtp=gmtime(&secs);                                     //获取格林尼治平时
    printf("\nGreenwich time: %d-%d-%d %d:%d:%d\n ",gmtp->tm_mon,  //输出格林尼治平时
    gmtp->tm_mday,gmtp->tm_year+1900,gmtp->tm_hour,gmtp->tm_min,gmtp->tm_sec);
}
```

技术要点

获取格林尼治平时通过使用 gmtime() 函数来实现。该函数的原型在 time.h 头文件中，其语法格式如下：

```
struct tm * gmtime(const time_t *timer);
```

该函数的作用是把 timer 所指的时间（如由函数 time 返回的时间）转换成格林尼治时间，并以 tm 结构形式返回。

其中，参数 timer 为获取格林尼治平时的传递参数，格式为 time_t 指针类型。

tm 结构如下：

```
struct   tm{
    int   tm_sec;                                           //秒——取值区间为[0,59]
    int   tm_min;                                           //分——取值区间为[0,59]
```

Note

```
    int    tm_hour;                          //时——取值区间为[0,23]
    int    tm_mday;                          //一个月中的日期——取值区间为[1,31]
    int    tm_mon;                           //本月份（从一月开始，0 代表一月）——取值区间为[0,11]
    int    tm_year;                          //年份，其值等于实际年份减去 1900
    //星期——取值区间为[0,6]，其中 0 代表星期天，1 代表星期一，依次类推…
    int    tm_wday;
    //从每年的 1 月 1 日开始的天数——取值区间为[0,365]；其中 0 代表 1 月 1 日，1 代表 1 月
2 日，依次类推…
    int    tm_yday;
    //夏时标识符，实行夏时令时 tm_isdst 为正；不实行夏时令时 tm_isdst 为 0；不了解情况时
tm_isdst 为负
    int    tm_isdst;
    };
```

实例 150 设置系统日期

（实例位置：配套资源\SL\10\150）

实例说明

本实例用于介绍设置系统日期的方法，运行本实例编译后的可执行文件，输入指定的年份、月份、日期。运行结果如图 10.35 所示。

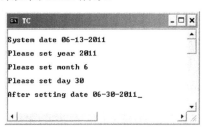

图 10.35 设置系统日期

实现过程

（1）在 TC 中创建一个 C 文件。

（2）引用头文件，代码如下：

```
#include<stdio.h>
#include<dos.h>
```

（3）设置"年"，代码如下：

```
printf("\n\nPlease set year ");              //提示指定年
gets(str);                                   //获取控制台输入的字符串
setdt.da_year=atol(str);                     //将字符串转换为整数并设置年结构成员
```

（4）设置"月"，代码如下：

```
printf("\nPlease set month ");               //提示指定月
gets(str);                                   //获取控制台输入的字符串
```

```
    setdt.da_mon=atol(str);                              //将字符串转换为整数并设置月结构成员
```

（5）设置"日"，代码如下：

```
    printf("\nPlease set day ");                          //提示指定日
    gets(str);                                            //获取控制台输入的字符串
    setdt.da_day=atol(str);                              //将字符串转换为整数并设置日结构成员
```

（6）设置系统日期，并显示设置后的系统日期，代码如下：

```
    setdate(&setdt);                                     //设置系统日期
    getdate(&setdt);                                     //获取系统日期
```

（7）程序主要代码如下：

```
    main()
    {
        char *str;                                        //字符指针
        struct date    setdt;                             //声明 date 结构变量 setdt
        getdate(&setdt);                                  //获取当前系统日期
        printf("\nSystem date %02d-%02d-%04d",setdt.da_mon,setdt.da_day,setdt.da_year);
                                                          //输出系统日期
        printf("\n\nPlease set year ");                   //提示设置年
        gets(str);                                        //从控制台获取字符串
        setdt.da_year=atol(str);                          //将字符串转换为整数并设置年结构成员
        printf("\nPlease set month ");                    //提示指定月
        gets(str);                                        //从控制台获取字符串
        setdt.da_mon=atol(str);                           //将字符串转换为整数并设置月结构成员
        printf("\nPlease set day ");                      //提示指定日
        gets(str);                                        //获取控制台输入的字符串
        setdt.da_day=atol(str);                           //将字符串转换为整数并设置日结构成员
        setdate(&setdt);                                  //设置系统日期
        getdate(&setdt);                                  //获取系统日期
        printf("\nAfter setting date %02d-%02d-%04d",setdt.da_mon,setdt.da_day,setdt.da_year); //输出
系统日期
    }
```

技术要点

1．获取当前系统日期

获取当前系统日期使用 getdate()函数来实现。该函数的原型在 dos.h 头文件中，其语法格式如下：

```
    void getdate(struct date *datep);
```

该函数的作用是将计算机内的日期写入 datep 指向的 date 结构中，以供用户使用。
date 结构如下：

```
    struct date{
        int da_year;                                     /* Year - 1980 */
        char da_day;                                     /* Day of the month */
```

```
            char da_mon;                                    /* Month (1 = Jan) */
    };
```

2. 设置系统日期

设置系统日期使用 setdate() 函数来实现。该函数的原型在 dos.h 头文件中，其语法格式如下：

```
    void setdate(struct date *datep);
```

该函数的作用是将计算机内的日期改成由 datep 指向的 date 结构所指定的日期。

实例 151 获取 BIOS 常规内存容量

（实例位置：配套资源\SL\10\151）

实例说明

计算机的地址空间为 1MB，其中低端 640KB 用作 RAM，供 DOS 及应用程序使用。低端的 640KB 称为常规内存。本实例用于介绍获取 BIOS 常规内存的方法。运行本实例编译后的可执行文件，运行结果如图 10.36 所示。

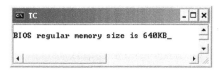

图 10.36 获取 BIOS 常规内存容量

实现过程

（1）在 TC 中创建一个 C 文件。

（2）引用头文件，代码如下：

```
    #include <stdio.h>
    #include <bios.h>
```

（3）程序主要代码如下：

```
    main()
    {
        int memsize;                                    /*声明整型变量*/
        memsize=biosmemory();                           /*获取 BIOS 常规内存容量*/
        printf("\nBIOS regular memory size is %dKB",memsize);    /*输出 BIOS 常规内存容量值*/
        getch();
    }
```

技术要点

获取 BIOS 常规内存容量通过 biosmemory() 函数来实现。该函数的原型在 bios.h 头文件中，其语法格式如下：

```
    int biosmemory();
```

该函数的作用是返回常规内存大小，以 KB 为单位。

Note

实例 152 读/写 BIOS 计时器

（实例位置：配套资源\SL\10\152）

实例说明

本实例介绍读取和设置 BIOS 计时器的方法。运行本实例编译后的可执行文件，运行结果如图 10.37 所示。

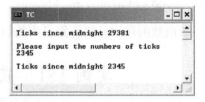

图 10.37 读/写 BIOS 计时器

实现过程

（1）在 TC 中创建一个 C 文件。

（2）引用头文件，代码如下：

```
#include<stdio.h>
#include<dos.h>
```

（3）使用 biostime()函数获取 BIOS 计时器数值，代码如下：

```
ticks =biostime(0,ticks);
```

（4）使用 biostime()函数设置 BIOS 计时器数值，代码如下：

```
ticks =biostime(1,atol(str));
```

（5）程序主要代码如下：

```
main()
{
    long ticks;                                      //声明长整型变量
    char *str;                                       //字符指针
    ticks =biostime(0,ticks);                        //获取 BIOS 计时器数值
    printf("\n Ticks since midnight %ld \n ", ticks);  //输出 BIOS 计时器数值
    getch();
    printf("\n Please input the numbers of ticks \n ");
    gets(str);                                       //从控制台获取字符串
    ticks =biostime(1,atol(str));                    //将字符串转换为整数并设置 BIOS 计时器数值
    printf("\n Ticks since midnight %ld \n", ticks);   //输出 BIOS 计时器数值
}
```

技术要点

控制 BIOS 计时器通过使用 biostime()函数来实现。该函数的原型在 bios.h 头文件中，其语法格式如下：

```
int biostime(int cmd,long newtime);
```

该函数的作用是计时器控制，cmd 为功能号，其值为 0 时，函数返回计时器的当前值；为 1 时，将计时器设为新值 newtime。

实例 153　获取 CMOS 密码

（实例位置：配套资源\SL\10\153）

实例说明

CMOS 是计算机主板上的一块可读写的 RAM 芯片，主要用来保存当前系统的硬件配置。为了防止他人随意更改硬件设置，需要为 CMOS 设置密码。当计算机使用者将密码遗忘时，为了保全当前的硬件配置信息就不能进行清空 CMOS 的操作，而需要使用应用程序获取 CMOS 的密码。本实例用来介绍获取 AWARD 公司 BIOS 的 CMOS 密码的方法。运行本实例编译后的可执行文件，运行结果如图 10.38 所示。

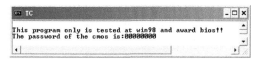

图 10.38　获取 CMOS 密码

实现过程

（1）在 TC 中创建一个 C 文件。

（2）引用头文件，代码如下：

```
#include <stdio.h>
#include <dos.h>
```

（3）读取 0x1d 处数据并用四进制表示，代码如下：

```
outportb(0x70, 0x1d);                    /*在 0x70 地址写入字节 0x1d*/
comspass=inportb(0x71);                  /*读取 0x71 地址的字节*/
for (n = 6;n>=0;n-=2)                     /*6～0 循环，步长为-2*/
{
    temp = comspass;                     /*记录 0x71 地址的字节内容*/
    temp >>= n;                          /*右移*/
    temp = temp & 0x03;                  /*与 0x03 与运算*/
    printf("%d", temp);                  /*以四进制形式输出 0x1d 地址处的数据*/
}
```

（4）读取 0x1c 处数据并用四进制表示，代码如下：

```
outportb(0x70, 0x1c);                    /*在 0x70 地址写入字节 0x1c*/
result = inportb(0x71);                  /*读取 0x71 地址的字节*/
for (n = 6; n >= 0; n -= 2)              /*6～0 循环，步长为-2*/
{
    temp = comspass;                     /*记录 0x71 地址的字节内容*/
    temp >>= n;                          /*右移*/
    temp = temp & 0x03;                  /*与 0x03 与运算*/
    printf("%d", temp);                  /*以四进制的形式输出 0x1c 地址处的数据*/
}
```

（5）程序主要代码如下：

```
void main() {
```

```
    int n;                                      /*声明整型变量*/
    char comspass;                              /*字符类型变量*/
    char temp = 0;                              /*声明字符串类型变量初始值为0*/
    int result;                                 /*声明整型变量*/
    printf("\nThis program only is tested at win98 and award bios!!\n");   /*输出字符串*/
    printf("The password of the cmos is:");
    outportb(0x70,0x1d);                        /*在 0x70 地址写入字节 0x1d*/
    comspass = inportb(0x71);                   /*读取 0x71 地址的字节*/
    for (n = 6;n>=0;n-=2)                        /*6～0 循环，步长为-2*/
    {
        temp = comspass;                        /*记录 0x71 地址的字节内容*/
        temp >>= n;                             /*右移*/
        temp = temp & 0x03;                     /*与 0x03 与运算*/
        printf("%d", temp);                     /*以四进制形式输出 0x1d 地址处的数据*/
    }

    outportb(0x70, 0x1c);                       /*在 0x70 地址写入字节 0x1c*/
    result = inportb(0x71);                     /*读取 0x71 地址的字节*/
    for (n = 6; n >= 0; n -= 2)                 /*6～0 循环，步长为-2*/
    {
        temp = comspass;                        /*记录 0x71 地址的字节内容*/
        temp >>= n;                             /*右移*/
        temp = temp & 0x03;                     /*与 0x03 与运算*/
        printf("%d", temp);                     /*以四进制的形式输出 0x1c 地址处的数据*/
    }
}
```

技术要点

AWARD 公司 BIOS 的 CMOS 密码存放在 CMOS 芯片 0x1c、0x1d 处的两个字节中，将这两个字节的数据读取出来并用四进制表示，就是密码。读取 0x1c、0x1d 处的两个字节数据需要 "字节写入指定的输出端口"、"从指定的输入端口读取字节" 两个步骤。

1. 字节写入指定的输出端口

将一个字节写入输出端口通过使用 outportb() 函数来实现。该函数的原型在 dos.h 头文件中，其语法格式如下：

```
void outportb(int port,char byte);
```

其中，参数 port 为端口地址；byte 为一字节。

2. 从指定的输入端口读取字节

从指定的输入端口读取一个字节通过使用 inportb() 函数来实现。该函数的原型在 dos.h 头文件中，其语法格式如下：

```
int inportb(int port);
```

该函数的作用是从指定的输入端口读入一个字节，并返回这个字节。

其中，参数 port 为端口地址。

实例 154　获取 Ctrl+Break 消息

（实例位置：配套资源\SL\10\154）

实例说明

在一般情况下，DOS 程序运行时按 Ctrl+Break 组合键后可以终止程序运行。当运行中
的程序收到 Ctrl+Break 消息后可以执行相应的
操作。例如本实例程序，当按 Ctrl+Break 组合
键后可以输出一行指定的字符串 Ctrl+Break
pressed.This program will be quit。本实例用于介
绍获取 Ctrl+Break 消息的方法。运行本实例编
译后的可执行文件，运行结果如图 10.39 所示。

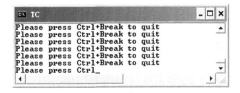

图 10.39　获取 Ctrl+Break 消息

实现过程

（1）在 TC 中创建一个 C 文件。

（2）引用头文件，代码如下：

```
#include<stdio.h>
#include<dos.h>
```

（3）创建 ctrbrkpr()函数，作为按 Ctrl+Break 组合键后执行的过程。代码如下：

```
int ctrbrkpr()
{
    printf("\nCtrl+Break pressed.This program will be quit");        //输出字符串
    return(0);
}
```

（4）使用 getcbrk()函数对 Ctrl+Break 进行检测。当处于禁止检测状态时，使用 setcbrk()
函数将其设置为允许检测；使用 ctrlbrk()函数指定按 Ctrl+Break 组合键后执行的过程。

（5）程序主要代码如下：

```
int ctrbrkpr()
{
    printf("\nCtrl+Break pressed.This program will be quit");        //输出字符串
    return(0);
}
main()
{
    if(getcbrk()==0)                                                 //检测 Ctrl+Break，当断开时
        setcbrk(1);                                                  //设置 Ctrl+Break
    ctrlbrk(ctrbrkpr);                          //指定按 Ctrl+Break 组合键后执行的过程为 ctrbrkpr
    for(;;)                                                          //死循环
    printf("\nPlease press Ctrl+Break to quit");                     //输出字符串
}
```

技术要点

1. 检测 Ctrl+Break

检测 Ctrl+Break 通过使用 getcbrk()函数来实现。该函数的原型在 dos.h 头文件中，其语法格式如下：

```
int getcbrk();
```

该函数的作用是返回控制中断检测的当前设置。

2. 设置 Ctrl+Break

设置 Ctrl+Break 通过使用 setcbrk()函数来实现。该函数的原型在 dos.h 头文件中，其语法格式如下：

```
int setcbrk(int value);
```

该函数的作用是设置控制中断检测是接通还是断开。当 value=0 时，为断开检测；当 value=1 时，为接开检测。

3. 指定按 Ctrl+Break 组合键后执行的过程

指定按 Ctrl+Break 组合键后执行的过程通过使用 ctrlbrk()函数来实现。该函数的原型在 dos.h 头文件中，其语法格式如下：

```
void ctrlbrk(int (*fptr)());
```

该函数的作用是设置中断后，对中断的处理程序。

实例 155　鼠标中断

（实例位置：配套资源\SL\10\155）

实例说明

　　鼠标的作用是为了使计算机的操作更加简单快捷，代替键盘繁琐的指令。在 DOS 程序的开发过程中，如果要求应用程序可以使用鼠标进行相关的操作，那么就需要设置鼠标中断。本实例通过设置鼠标中断，实现显示或隐藏鼠标的功能。运行本实例编译后的可执行文件，运行结果如图 10.40 所示。

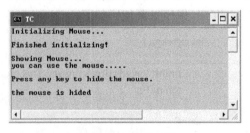

图 10.40　鼠标中断

实现过程

　　（1）在 TC 中创建一个 C 文件。

　　（2）引用头文件，代码如下：

```
#include <conio.h>
```

```
#include <stdlib.h>
#include <dos.h>
#include <stdio.h>
```

（3）初始化鼠标，代码如下：

```
union REGS regs;                              //定义寄存器型共同体
int mousedr;                                  //声明整型变量
clrscr();                                     //清屏
printf("Initializing Mouse...\n\n");          //输出字符串
regs.x.ax=0;                                  //设置 ax 值为 0
int86(0x33,&regs,&regs);
mousedr=regs.x.ax;                            //记录 ax 值
if(mousedr==0)                                //当值等于 0 时
{
    printf("initialize mouse error!");        //提示鼠标初始化失败
    exit(1);                                  //终止程序
}
printf("Finished initializing!\n\n");         //提示完成初始化
```

（4）显示鼠标，代码如下：

```
regs.x.ax=1;                                  //设置 ax 值为 1
int86(0x33,&regs,&regs);                      //显示鼠标
```

（5）隐藏鼠标，代码如下：

```
regs.x.ax=2;                                  //设置 ax 值为 1
int86(0x33,&regs,&regs);                      //隐藏鼠标
```

（6）程序主要代码如下：

```
int main()
{
    union REGS regs;                          //定义寄存器型共同体
    int mousedr;                              //声明整型变量
    clrscr();                                 //清屏
    printf("Initializing Mouse...\n\n");      //输出字符串
    regs.x.ax=0;                              //设置 ax 值为 0
    int86(0x33,&regs,&regs);
    mousedr=regs.x.ax;                        //记录 ax 值
    if(mousedr==0)                            //等于 0 时
    {
        printf("initialize mouse error!");    //提示初始化鼠标错误
        exit(1);                              //终止程序
    }
    printf("Finished initializing!\n\n");     //完成初始化
    printf("Showing Mouse...\n");             //提示显示鼠标
    regs.x.ax=1;                              //设置 ax 值为 1
    int86(0x33,&regs,&regs);                  //显示鼠标
    printf("you can use the mouse.....\n\n"); //提示能用鼠标
    printf("Press any key to hide the mouse.\n"); //提示按任意键隐藏鼠标
    getch();
```

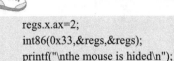

```
    regs.x.ax=2;                                    //设置 ax 值为 2
    int86(0x33,&regs,&regs);                        //隐藏鼠标
    printf("\nthe mouse is hided\n");               //提示鼠标正在隐藏
    getch();
    return 1;
}
```

技术要点

1. 初始化鼠标

鼠标初始化通过使用int86()函数来执行0x33号中断实现。该函数的原型在头文件dos.h中，其语法格式如下：

```
int int86(int intr_num,union REGS *inregs,union REGS *outregs);
```

该函数的作用是执行 intr_num 号中断，用户定义的寄存器值存于结构 inregs 中，执行完后将返回的寄存器值存于结构 outregs 中。

2. 显示或隐藏鼠标

显示或隐藏鼠标通过设置 REGS 联合体中的 x.ax 的值，配合使用 int86()函数来实现。当 x.ax 的值为 1 时，显示鼠标；当 x.ax 的值为 2 时，隐藏鼠标。

REGS 联合体如下：

```
union REGS {
    struct WORDREGS x;
    struct BYTEREGS h;
};
```

其中的 WORDREGS 定义为：

```
struct WORDREGS {
    unsigned int ax, bx, cx, dx, si, di,
    cflag /*进位标志*/,
    flags /*标志寄存器*/;
};
```

BYTEREGS 定义为：

```
struct BYTEREGS {
    unsigned char al, ah, bl, bh, cl, ch, dl, dh;
};
```

实例 156 设置文本显示模式

（实例位置：配套资源\SL\10\156）

实例说明

本实例程序通过使用 BIOS 中提供的 INT 10H 中断的各种功能，实现文本显示模式的设置。通过文本显示模式的指定，可以调整每行可以显示的字符数。本实例用于介绍设置文本显示模式的方法。运行本实例编译后的可执行文件，运行结果如图 10.41 所示，显示在每种模式下最多能输出的行数。

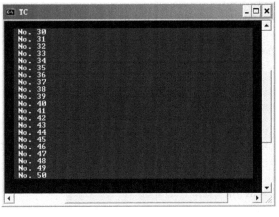

图 10.41　文本显示模式

实现过程

（1）在 TC 中创建一个 C 文件。

（2）引用头文件，代码如下：

```c
#include <conio.h>
#include <dos.h>
#include <stdlib.h>
```

（3）创建 setfont8x8()函数，用于设置 8×8 点阵，每行 80 字符的显示模式，并获取可显示的最大行数。代码如下：

```c
int setfont8x8(mode)
int mode;
{
    int maxlines,maxcol;
    char vtype,displaytype;
    textmode(mode);                    /*设置文本格式，mode 含义为每行可以显示的字符数*/
    _AH = 0x0F;        /*INT 10H 的 0FH 功能为获取当前的显示模式，执行后，每行可显示字
符数保存在 AH 中*/
    geninterrupt(VIDEO_BIOS);          /*geninterrupt()函数执行一个软中断，调用 INT 10H*/
    maxcol = _AH;                      /*获取每行可以显示的字符数*/
    _AX = 0x1A00;                      /*INT 10H 的 1AH 功能为获取当前的显示代码*/
    geninterrupt(VIDEO_BIOS);
    displaytype=_AL;                   /*INT 10H 返回后，AL 中为显示类型*/
    vtype = _BL;                       /*BL 中为显示器的类型*/
    if (displaytype == 0x1A)           /*可以直接获取最大行数*/
    {
        switch (vtype)
        {
            case 4:
```

```
            case 5:maxlines = 43;
                       break;
            case 7:
            case 8:
            case 11:
            case 12: maxlines = 50;
                       break;
            default: maxlines = 25;
                       break;
        }
    }
    else                                  /*无法读取显示器的类型  */
    {
        _AH = 0x12;                       /*INT 10H 的 12H 功能为选择显示器程序*/
        _BL = 0x10;
        geninterrupt(VIDEO_BIOS);
        if (_BL == 0x10)
        {
            maxlines = 25;
        }
        else
        {
            maxlines = 43;
        }
    }
    if (maxlines > 25)                                /*如果可以设置更多的行*/
    {
        _AX = 0x1112;/*以下部分都是 INT 10H 的 11H 号功能调用，作用是生成相应显示字符*/
        _BL = 0;
        geninterrupt(VIDEO_BIOS);
        _AX = 0x1103;
        _BL = 0;
        geninterrupt(VIDEO_BIOS);
    }
    *((char *) &directvideo - 8) = maxlines;          /*设置显示行数*/
    window(1,1,maxcol,maxlines);                      /*画出相应大小的窗口*/
    return(maxlines);                                 /*返回可以设置的最大行数*/
}
```

（4）创建 setstdfont()函数，用于重新设置成标准的每行 80 字符的显示模式。代码如下：

```
void setstdfont(mode)
int mode;
{
    if (mode != LASTMODE)
    {
        _AL = mode;
    }
    else
    {
```

Note

```
        _AH = 0x0F;                              /*获取当前显示模式*/
        geninterrupt(VIDEO_BIOS);
        mode = _AL;
    }
    _AH = 0;                                      /*恢复成系统标准模式*/
    geninterrupt(VIDEO_BIOS);
    *((char *) &directvideo - 8) = 25;            /*行数设置成 25 行*/
    textmode(mode);
}
```

（5）调用 setfont8x8()和 setstdfont()函数设置文本显示模式，并绘制窗口以及设置背景与文字颜色。代码如下：

```
#include <conio.h>
#include <dos.h>
#include <stdlib.h>
#define VIDEO_BIOS    0x10                         /*INT 10H 是 BIOS 中对视频函数的调用*/
int     setfont8x8(int);                           /*设置不同的显示模式*/
void    setstdfont(int);                           /*恢复成系统默认的显示模式*/
void    main(void)
{
    int      lines,i;
    /*设置 8×8 点阵，每行 80 字符的显示模式，并获取可显示的最大行数*
    /lines = setfont8x8(C80);
    /*textattr()函数设置字符模式下窗口的前景色和背景色*/
    textattr(WHITE);
    clrscr();                                      /*清除屏幕*/
    if (lines < 43)
    {
        textattr(LIGHTRED);
        /*cprintf()的功能是向窗口输出文本*/
        cprintf("\n\r Drivers of EGA or VGA not found...\n\r");
        exit(1);
    }
    /*画字符模式窗口，4 个参数依次为左、上、右、下的位置*/
    window(20,15,70,35);
    textattr((RED<<4)+WHITE);                      /*把窗口设置成前景色为白色，背景色为红色*/
    clrscr();
    for (i=1;i<=lines;i++)                          /*循环输出最多能输出的行数*/
    {
        cprintf("\n\r No. %d ",i);
    delay(200);                                    /*每输出一行，等待 200ms*/
    }
    getch();                                        /*等待用户输入一个字符*/
    window(1,1,80,lines);                           /*重新设置窗口*/
    textattr(LIGHTGRAY<<4);                         /*将窗口背景色设置为灰色*/
    clrscr();
    cprintf("\n\r Full screen 80x%d display mode.\n\r",lines);
    getch();
    lines = setfont8x8(C40);                        /*将窗口设置为每行 40 个字符的显示模式*/
```

```
        textattr((BLUE<<4)+LIGHTGREEN);      /*设置窗口，前景亮绿色，背景蓝色*/
        clrscr();
        cprintf("\n\r Can be also set as 40x%d mode.\n\r",lines);
        getch();
        setstdfont(C80);                      /*重新设置成标准的每行 80 字符的显示模式*/
        clrscr();
        cprintf("\n\r Back to normal mode...\n\r");
        printf(" Press any key to quit...");
        getch();
        exit(0);
}
```

技术要点

1. 执行软件中断

执行软件中断通过使用 geninterrupt()函数来实现。该函数的原型在 dos.h 头文件中，其语法格式如下：

    void geninterrupt(int intr_num);

该函数的作用是执行由 intr_num 所指定的软件中断。

其中，参数 intr_num 为中断号。

2. 设置文本模式

设置文本模式通过使用 textmode()函数来实现。该函数的原型在 conio.h 中，其语法格式如下：

    void textmode(int mode);

其中，参数 mode 为模式值，模式说明如表 10.1 所示。

表 10.1 文本模式说明

模　式　名	等价整数值	说　　明
BW40	0	40 列黑白
C40	1	40 列彩色
BW80	2	80 列黑白
C80	3	80 列彩色
Mone	7	80 列单色
LASTMODE	−1	上一次的模式

实例 157　显卡类型测试

（实例位置：配套资源\SL\10\157）

实例说明

显卡类型有很多种，如 CGA、MCGA、EGA、VGA 等，当前以 VGA 类型最为普遍。

如果需要对显卡的相关设置进行优化，那么首先需要了解当前所使用显卡的类型。本实例用于介绍获取显卡类型的方法。通过运行本实例编译后的可执行文件，就可以获取到目前所使用显卡的类型名称，运行结果如图 10.42 所示。

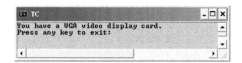

图 10.42 显卡类型测试结果

实现过程

（1）在 TC 中创建一个 C 文件。

（2）引用头文件，代码如下。

```c
#include <graphics.h>
#include <stdio.h>
```

（3）创建数组用于指定显卡名称，代码如下：

```c
char *dvrname[] =
{
    "requests detection", "a CGA", "an MCGA", "an EGA", "a 64K EGA",
        "a monochrome EGA", "an IBM 8514", "a Hercules monochrome",
        "an AT&T 6300 PC", "a VGA", "an IBM 3270 PC"
};                                                      //创建数组用于保存显卡类型名称
```

（4）使用 detectgraph()函数检测显卡的图形驱动和模式。代码如下：

```c
detectgraph(&gdriver, &gmode);
```

（5）使用 graphresult()函数获取最后一次不成功的图形操作的错误编码。代码如下：

```c
errorcode = graphresult();                              //获取错误编码
```

（6）当获取的错误编码为 0 时，显示显卡图形驱动程序名称；当获取的错误编码不为 0 时，使用 grapherrormsg()函数，根据错误编码获取错误信息串并使用 printf 语句输出。如下面代码，输出错误信息串：

```c
printf("Graphics error: %s\n", grapherrormsg(errorcode));  //输出错误信息串
```

（7）程序主要代码如下：

```c
int main(void)
{
    int gdriver, gmode, errorcode;                      //声明 3 个整型变量
    detectgraph(&gdriver, &gmode);                      //检测显卡的图形驱动和模式
    errorcode = graphresult();                          //获取错误编码
    if (errorcode != 0)                                 //错误编码不等于 0 时
    {
        printf("Graphics error: %s\n", grapherrormsg(errorcode));//输出错误信息串
        printf("Press any key to exit");                //输出字符串提示按任意键退出程序
        getch();
        exit(1);                                        //关闭程序
    }
    clrscr();                                           //清屏
```

```
        printf("You have %s video display card.\n", dvrname[gdriver]);//输出字符串，显示显卡类型名称
        printf("Press any key to exit:");                    //输出字符串提示按任意键退出程序
        getch();
        return 0;
    }
```

技术要点

1. 检测显卡图形驱动和模式

检测显卡并确定图形驱动和模式通过使用 detectgraph()函数来实现。该函数的原型在 graphics.h 头文件中，其语法格式如下：

```
void far detectgraph(int far *graphdriver,int far *graphmode);
```

其中，参数 graphdriver 用于表示图形驱动器，graphmode 用于表示图形模式。

2. 获取最后一次不成功的图形操作的错误编码

获取最后一次不成功的图形操作的错误编码，通过使用 graphresult()函数来实现。该函数的原型在 graphics.h 头文件中，其语法格式如下：

```
int far graphresult(void);
```

其返回值为 int 类型，表示最后一次不成功的图形操作的错误编码。

3. 获取错误信息串

获取错误的信息串通过使用 grapherrormsg()函数来实现。该函数的原型在 graphics.h 头文件中，其语法格式如下：

```
char *far grapherrormsg(int errorcode);
```

其中，参数 errorcode 为图形操作的错误编码。

实例 158　获取系统配置信息

（实例位置：配套资源\SL\10\158）

实例说明

如果用户需要配置系统环境，首先要查看当前的系统配置信息，主要包括系统日期、设备号、驱动器类型等。本实例程序通过端口获取系统配置信息。运行本实例编译后的可执行文件，可以对当前系统配置信息进行显示，显示信息如图 10.43 所示。

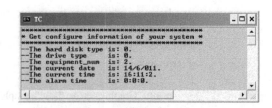

图 10.43　获取系统配置信息

实现过程

（1）在 TC 中创建一个 C 文件。

（2）引用头文件，代码如下：

```
#include <stdio.h>
#include <dos.h>
```

（3）创建 SYSTEMINFO 结构用于获取系统配置信息，代码如下：

```
struct SYSTEMINFO
{
    unsigned char current_second;              //当前系统时间（秒）
    unsigned char alarm_second;                //闹钟时间（秒）
    unsigned char current_minute;              //当前系统时间（分）
    unsigned char alarm_minute;                //闹钟时间（分）
    unsigned char current_hour;                //当前系统时间（小时）
    unsigned char alarm_hour;                  //闹钟时间（小时）
    unsigned char current_day_of_week;         //当前系统时间（星期几）
    unsigned char current_day;                 //当前系统日期（日）
    unsigned char current_month;               //当前系统日期（月）
    unsigned char current_year;                //当前系统日期（年）
    unsigned char status_registers[4];         //寄存器状态
    unsigned char diagnostic_status;           //诊断位
    unsigned char shutdown_code;               //关机代码
    unsigned char drive_types;                 //驱动器类型
    unsigned char reserved_x;                  //保留位
    unsigned char disk_1_type;                 //硬盘类型
    unsigned char reserved;                    //保留位
    unsigned char equipment;                   //设备号
    unsigned char lo_mem_base;
    unsigned char hi_mem_base;
    unsigned char hi_exp_base;
    unsigned char lo_exp_base;
    unsigned char fdisk_0_type;                //软盘驱动器 0 类型
    unsigned char fdisk_1_type;                //软盘驱动器 1 类型
    unsigned char reserved_2[19];              //保留位
    nsigned char hi_check_sum;
    unsigned char lo_check_sum;
    unsigned char lo_actual_exp;
    unsigned char hi_actual_exp;
    unsigned char century;                     //世纪信息
    unsigned char information;
    unsigned char reserved3[12];               //保留位
};
```

（4）为 SYSTEMINFO 结构变量赋值，获取系统配置信息。代码如下：

```
for(i=0;i<size;i++)
    {
        outportb(0x70,(char)i);                //输出整数到硬件端口中
        byte=inportb(0x71);                    //从硬件端口中输入
        //以字节为单位依次为变量 SYSTEMINFO 赋值
        *ptr_sysinfo++=byte;
    }
```

（5）程序主要代码如下：

```c
int main()
{
    struct SYSTEMINFO systeminfo;                    //声明 SYSTEMINFO 结构变量
    int i, size;                                     //声明整型变量
    char *ptr_sysinfo, byte;                         //声明字符指针变量与字符变量
    clrscr();                                        //清屏
    puts("******************************************");
    puts("* Get configure information of your system *");
    puts("******************************************");
    size = sizeof(systeminfo);                       //结构占用字节数
    ptr_sysinfo = (char*) &systeminfo;               //将结构地址转换为字符指针
    for (i = 0; i < size; i++)
    {
        outportb(0x70, (char)i);                     //输出整数到硬件端口中
        byte = inportb(0x71);                        //从硬件端口中输入
        //以字节为单位依次为变量 SYSTEMINFO 赋值
        *ptr_sysinfo++ = byte;
    }
    printf("--The hard disk type is: %d.\n", systeminfo.disk_1_type);    //硬盘类型
    printf("--The drive type is: %d.\n", systeminfo.drive_types);        //驱动器类型
    printf("--The equipment_num   is: %d.\n", systeminfo.equipment);     //设备号
    printf("--The current date is:%x/%x/0%x.\n", systeminfo.current_day,systeminfo.current_month,
            systeminfo.current_year);                //当前日期
    printf("--The current time    is: %x:%x:%x.\n", systeminfo.current_hour,systeminfo.current_minute,
            systeminfo.current_second);              //当前时间
    printf("--The alarm time      is: %x:%x:%x.\n", systeminfo.alarm_hour,systeminfo.alarm_minute,
            systeminfo.alarm_second);                //报警时间
    getch();
    return 0;
}
```

技术要点

系统信息存放在 CMOS 存储器中，本实例程序通过向端口 0x70 发送一字节数据，并从端口 0x71 读取一个字节的数据，实现读取 CMOS 中信息的功能。

1. 字节写入指定的输出端口

将一个字节写入输出端口通过使用 outportb() 函数来实现。该函数的原型在 dos.h 头文件中，其语法格式如下：

```c
void outportb(int port,char byte);
```

其中，参数 port 为端口地址，byte 为一字节。

2. 从指定的输入端口读取字节

从指定的输入端口读取一个字节通过使用 inportb() 函数来实现。该函数的原型在 dos.h 头文件中，其语法格式如下：

```c
int inportb(int port);
```

该函数的作用是从指定的输入端口读入一个字节，并返回这个字节。
其中，参数 port 为端口地址。

实例 159 访问系统 temp 中的文件

（实例位置：配套资源\SL\10\159）

实例说明

本实例用于实现访问系统 temp 目录中的文件，并将文件内容显示在屏幕上。运行结果如图 10.44 所示。

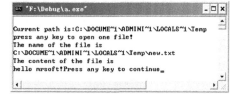

图 10.44 获取寄存器信息

实现过程

（1）在 TC 中创建一个 C 文件。

（2）引用如下头文件：

```c
#include<stdio.h>
#include <stdlib.h>
#include <string.h>
```

（3）调用 getnev()函数获取 temp 目录，再打开文件夹中指定文件，利用 while 循环将文件中的内容输出到屏幕上。

（4）主函数程序代码如下：

```c
main()
{
    char *pathname, filename[30], ch;
    FILE *fp;
    pathname = getenv("TEMP");                      /*获取临时文件夹路径*/
    printf("\nCurrent path is:%s\n", pathname);     /*将临时文件夹路径输出*/
    printf("press any key to open one file!");
    getch();
    strcat(pathname, "\\new.txt");                  /*连接文件名*/
    strcpy(filename, pathname);              /*将完整的文件路径名复制到 filename 中*/
    if ((fp = fopen(filename, "r")) != NULL)
    {
        printf("\nThe name of the file is");
        printf("\n%s", filename);                   /*输出文件路径名*/
        printf("\nThe content of the file is");
        printf("\n");
        ch = fgetc(fp);
        while (ch != EOF)
                                                    /*读取文件中的内容*/

        {
            printf("%c", ch);
            ch = fgetc(fp);
        }
```

```
        fclose(fp);                                        /*关闭文件*/
    }
    else
        printf("can not open!");
                                                           /*若文件未打开输出提示信息*/
}
```

技术要点

本实例访问系统 temp 目录时使用了 getnev() 函数，其语法格式如下：

```
char *getnev(char *name)
```

该函数的作用是返回一个指向环境信息的指针，该信息与由 name 所指向的在 DOS 环境信息表中有关的字符串有关。如果用一个与任何环境数据都不匹配的参数调用 getnev()，则返回的是空指针。该函数的原型在 stdlib.h 中。

实例 160　控制扬声器声音

（实例位置：配套资源\SL\10\160）

实例说明

在程序开发过程中，可能需要控制扬声器的声音，将发出的声音作为程序操作的提示音。本实例主要用于介绍控制扬声器声音的方法。运行本实例编译后的可执行文件，可听见从计算机主机发出的声音。

实现过程

（1）在 TC 中创建一个 C 文件。
（2）引用头文件，代码如下：

```
#include <dos.h>
```

（3）创建一个循环体。
（4）在循环体内部使用 sound() 函数控制扬声器发出指定频率的声音。
（5）程序主要代码如下：

```
main(void)
{
    unsigned fre=50;                                      //声明无符合基本型变量
    int times;                                            //声明整型变量
    for(times=0;times<1000;times++)                       //0～999 循环
    {
        fre=(fre+times)%40000;                            //生成声音频率
        sound(fre);                                       //发出声音
        delay(1000);                                      //延时 1 秒
    }
    nosound();                                            //停止发声
}
```

Note

技术要点

控制扬声器的声音通过使用 sound()函数来实现。该函数的原型在 dos.h 头文件中，其语法格式如下：

```
void sound(unsigned frequency);
```

该函数的作用是让扬声器发出指定频率的声音。其中，参数 frequency 为扬声器发声的频率。

实例 161　获取 Caps Lock 键状态

（实例位置：配套资源\SL\10\161）

实例说明

开启键盘上的 Caps Lock 键，从键盘输入的所有字母都为大写。在需要对字母的大小写进行判断的程序中，可以对 Caps Lock 键的状态进行判断，为用户提供是否开启 Caps Lock 键的提示。本实例用来介绍判断 Caps Lock 键的状态的方法。当 Caps Lock 键处于开启状态时，运行本实例编译后的可执行文件，运行结果如图 10.45 所示。

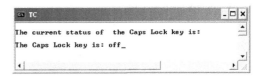

图 10.45　获取 Caps Lock 键状态

实现过程

（1）在 TC 中创建一个 C 文件。

（2）引用头文件，代码如下：

```
#include <stdio.h>
#include <dos.h>
```

（3）获取段地址为 0x0040，偏移地址为 0x0017 的字节单元的值，代码如下：

```
value=peekb(0x0040,0x0017);
```

（4）获取字节单元值后，对值进行判断，获取 Caps Lock 键的状态。代码如下：

```
main()
{
    int value=0;                                        //声明整型变量
    printf("\n\The current status of  the Caps Lock key is:");   //输出字符串
    value=peekb(0x0040,0x0017);                         //获取内存单元
    if (value & 64)              //当获取的字节单元的值与 64 进行与运算的值为非零时
    {
        printf("\n\nThe Caps Lock key is: on");         //输出状态 ON
    }
    else                                                //否则
    {
```

```
            printf("\n\nThe Caps Lock key is: off");              //输出状态 OFF
        }
    }
```

技术要点

1. 获取指定内存单元内容

获取 Caps Lock 键的状态首先需要获取内存单元内容，然后根据相应内容进行状态的判断。

获取内存单元内容通过使用 peekb() 函数来实现。该函数的原型在 dos.h 头文件中，其语法格式如下：

```
char peekb(int segment,unsigned offset);
```

该函数的作用是返回地址为 segment:offset 处字节单元的值。

其中，参数 segment 为段地址，offset 为偏移地址。

2. 键值的判断

获取内存单元内容后，将内存单元内容与 64 进行"与"运算，当返回值为 1 时说明 Caps Lock 键处于启用状态。

实例 162　获取环境变量

（实例位置：配套资源\SL\10\162）

实例说明

环境变量是包含计算机名称、驱动器、路径之类的字符串。环境变量控制着多种程序的行为。例如 SYSTEMROOT 环境变量用于指定操作系统启动路径。本实例用于介绍获取环境变量的方法。运行本实例编译后的可执行文件，可以将全部环境变量显示出来，运行结果如图 10.46 所示。

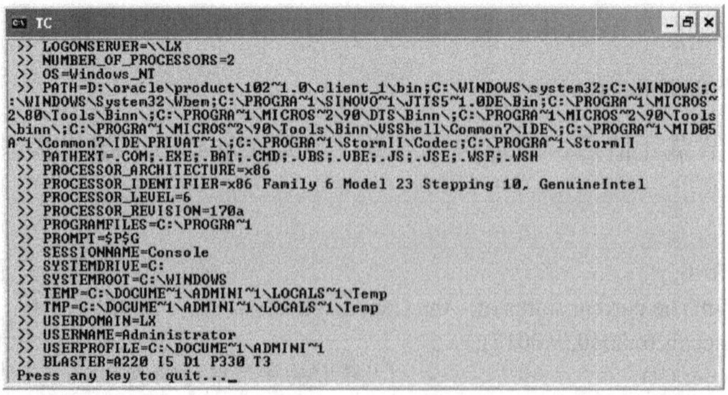

图 10.46　获取环境变量

实现过程

（1）在 TC 中创建一个 C 文件。

（2）引用头文件，代码如下：

```
#include <stdio.h>
#include <dos.h>
```

（3）使用循环输出 environ 各个数组元素值，代码如下：

```
int main(void)
{
    char *path,   *ptr;                                    //定义指定
    int i = 0;                                             //初始化整型变量
    //clrscr();                                            //清屏
    puts(" This program is to get the information of environ.");
    /*获得当前环境变量中的 path 信息*/
    while (environ[i])                                     //循环输出所有的环境变量
        printf(" >> %s\n", environ[i++]);
    printf(" Press any key to quit...");
    getch();                                               //获取字符
    return 0;                                              //返回语句
}
```

技术要点

environ 是 Turbo C 内置的全局变量，可以在任何程序中访问这个变量。environ 是一个字符型数组，其含有系统中所有的系统变量。可以用循环的方式将其全部输出。

实例 163 贪吃蛇游戏

（实例位置：配套资源\SL\10\163）

实例说明

贪吃蛇游戏的基本规则是：通过按键盘上的上、下、左、右键来控制蛇运行的方向，当蛇将食物吃了后身体长度自动增加，当蛇撞墙或吃到自身则蛇死，此时将退出贪吃蛇游戏。当蛇向左运行时，按向右键将不改变蛇的运行方向，蛇继续向左运行；同理当蛇向右运行时，按向左键也不改变蛇的运行方向，蛇将继续向右运行；当蛇向上运行与向下运行时，原理同向左向右运行。运行结果如图 10.47 所示。

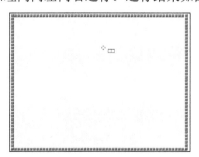

（a）贪吃蛇游戏界面　　　　　　　　　　　（b）游戏结束界面

图 10.47　贪吃蛇游戏

实现过程

（1）在 TC 中创建一个 C 文件。

（2）引用头文件、进行宏定义及数据类型的指定并声明程序中自定义的函数。代码如下：

```c
#include <graphics.h>
#include <stdlib.h>
#include <dos.h>
#include <conio.h>
#define LEFT 0x4b00
#define RIGHT 0x4d00
#define DOWN 0x5000
#define UP 0x4800
#define ESC 0x011b
#define N 100                          /*贪吃蛇的最大长度*/
int i, key;
int speed;
void GameOver();                       /*结束游戏*/
void Play();                           /*玩游戏过程*/
void dwall();                          /*画墙*/
void wall(int x, int y);               /*画组成墙的砖*/
int Speed();                           /*选择贪吃蛇的速度*/
```

（3）定义结构体，FOOD 是表示食物基本信息的结构体，Snake 是定义贪吃蛇基本信息的结构体。代码如下：

```c
struct FOOD
{
    int x;                             /*食物的横坐标*/
    int y;                             /*食物的纵坐标*/
    int flag;                          /*标志是否要出现食物*/
} food;
struct Snake
{
    int x[N];
    int y[N];
    int node;                          /*蛇的节数*/
    int dir;                           /*蛇移动方向*/
    int life;                          /*标志是死是活*/
} snake;
```

（4）自定义函数 wall()，用来画组成墙的砖。代码如下：

```c
void wall(int x,int y)
{
    int sizx=9;
    int sizy=9;
    setcolor(15);                      /*白色画砖的上边和左边*/
    line(x,y,x+sizx,y);
    line(x,y+1,x+sizx-1,y+1);
    line(x,y,x,y+sizy);
```

```
        line(x+1,y,x+1,y+sizy-1);
        setcolor(4);                              /*红色画砖的右面和下面*/
        line(x+1,y+sizy,x+sizx,y+sizy);
        line(x+2,y+sizy-1,x+sizx,y+sizy-1);
        line(x+sizx-1,y+2,x+sizx-1,y+sizy-1);
        line(x+sizx,y+1,x+sizx,y+sizy);
        setfillstyle(1,12);                       /*用淡红色填充砖的中间部分*/
        bar(x+2,y+2,x+sizx-2,y+sizy-2);
}
```

（5）自定义函数 dwall()，用来画墙。代码如下：

```
void dwall()                                      /*用前面画好的砖来画墙*/
{
    int j;
    for (j = 50; j <= 600; j += 10)
    {
        wall(j, 40);                              /*画上面墙*/
        wall(j, 451);                             /*画下面墙*/
    }
    for (j = 40; j <= 450; j += 10)
    {
        wall(50, j);                              /*画左面墙*/
        wall(601, j);                             /*画右面墙*/
    }
}
```

（6）自定义函数 speed()，用来选择贪吃蛇的速度。代码如下：

```
int speed()                                       /*选择贪吃蛇运行的速度*/
{
    int m;
    gotoxy(20, 10);
    printf("level1\n");
    gotoxy(20, 12);
    printf("level2\n");
    gotoxy(20, 14);
    printf("level3\n\t\tplease choose:");
    scanf("%d", &m);
    switch (m)
    {
        case 1:
            return 60000;
        case 2:
            return 40000;
        case 3:
            return 20000;
        default:
            cleardevice();
            speed();
    }
}
```

（7）自定义函数 play()，用来实现贪吃蛇游戏的具体过程。代码如下：

```
void play(void)                              /*游戏实现过程*/
{
    srand((unsigned long)time(0));
    food.flag = 1;                           /*1 表示需出现新食物，0 表示食物已存在*/
    snake.life = 0;                          /*标志贪吃蛇活着*/
    snake.dir = 1;                           /*方向向右*/
    snake.x[0] = 300;
    snake.y[0] = 240;                        /*定位蛇头初始位置*/
    snake.x[1] = 290;
    snake.y[1] = 240;
    snake.node = 2;                          /*贪食蛇节数*/
    do
    {
        while (!kbhit())                     /*在没有按键的情况下，蛇自己移动身体*/
        {
            if (food.flag == 1)              /*需要出现新食物*/
            do
            {
                food.x = rand() % 520+60;
                food.y = rand() % 370+60;
                food.flag = 0;               /*标志已有食物*/
            }
            while (food.x % 10 != 0 || food.y % 10 != 0);
            if (food.flag == 0)              /*画出食物*/
            {
                setcolor(GREEN);
                setlinestyle(3, 0, 3);
                rectangle(food.x, food.y, food.x + 10, food.y + 10);
            }
            for (i = snake.node - 1; i > 0; i--)     /*实现蛇向前移动*/
            {
                snake.x[i] = snake.x[i - 1];
                snake.y[i] = snake.y[i - 1];
            }
            switch (snake.dir)
            {
            case 1:
                snake.x[0] += 10;
                break;                       /*向右移*/
            case 2:
                snake.x[0] -= 10;
                break;                       /*向左移*/
            case 3:
                snake.y[0] -= 10;
                break;                       /*向上移*/
            case 4:
```

```
                    snake.y[0] += 10;
                    break;                              /*向下移*/
            }
            for (i = 3; i < snake.node; i++)
            {
                if(snake.x[i]==snake.x[0]&&snake.y[i]==snake.y[0])/*判断蛇是否吃到自己*/
                {
                    GameOver();                         /*游戏结束*/
                    snake.life = 1;                     /*蛇死*/
                    break;
                }
            }
            if(snake.x[0]<60||snake.x[0]>590||snake.y[0]<50||snake.y[0]> 440)/*蛇是否撞到墙壁*/
            {
                GameOver();                             /*游戏结束*/
                snake.life = 1;                         /*蛇死*/
                    break;
            }
            if (snake.x[0] == food.x && snake.y[0] == food.y)/*判断是否吃到食物*/
            {
                setcolor(0);                            /*用背景色遮盖掉食物*/
                rectangle(food.x, food.y, food.x + 10, food.y + 10);
                snake.node++;                           /*蛇的身体长一节*/
                food.flag = 1;                          /*需要出现新的食物*/
            }
            setcolor(4);                                /*画蛇*/
            for (i = 0; i < snake.node; i++)
            {
                setlinestyle(0, 0, 1);
                rectangle(snake.x[i], snake.y[i], snake.x[i] + 10, snake.y[i] +10);
            }
            delay(speed);
            setcolor(0);                                /*用背景色遮盖掉蛇的最后一节*/
            rectangle(snake.x[snake.node - 1], snake.y[snake.node - 1],
                snake.x[snake.node - 1] + 10, snake.y[snake.node - 1] + 10);
        }
        if (snake.life == 1)                            /*如果蛇死就跳出循环*/
        {
            break;
        }
        key = bioskey(0);                               /*接收按键*/
        if (key == UP && snake.dir != 4)                /*判断是否向相反的方向移动*/
        {
            snake.dir = 3;
        }
        else
        {
            if (key == DOWN && snake.dir != 3)          /*判断是否向相反的方向移动*/
            {
```

```
                        snake.dir = 4;
                }
                else
                {
                    if (key == RIGHT && snake.dir != 2)      /*判断是否向相反的方向移动*/
                    {
                        snake.dir = 1;
                    }
                    else
                    {
                        if (key == LEFT && snake.dir != 1)    /*判断是否向相反的方向移动*/
                        {
                            snake.dir = 2;
                        }
                    }
                }
            }
        }
        while (key != ESC);                                  /*按 Esc 键退出游戏*/
    }
```

（8）自定义函数 GameOver()，用来提示游戏结束。代码如下：

```
void GameOver(void)
{
    cleardevice();
    setcolor(RED);
    settextstyle(0, 0, 4);
    outtextxy(50, 200, "GAME OVER,BYE BYE!");
    sleep(3);
}
```

（9）程序主要代码如下：

```
main()
{
    int gdriver = DETECT, gmode;
    initgraph(&gdriver, &gmode, "");
    speed = Speed();                            /*将函数返回值赋给 speed*/
    cleardevice();                              /*清屏*/
    dwall();                                    /*开始画墙*/
    Play();                                     /*开始玩游戏*/
    getch();
    closegraph();                               /*退出图形界面*/
}
```

技术要点

在编写贪吃蛇游戏时要注意以下几点：

（1）如何实现蛇在吃到食物后食物消失。这里用到的方法是采用背景色在出现食物的地方重画食物，这样食物就不见了。

（2）如何实现蛇的移动且在移动过程中不留下痕迹。实现蛇的移动也是贪吃蛇游戏最核心的技术，主要方法是将蛇头后面的每一节逐次移到前一节的位置，然后按蛇的运行方向不同对蛇头的位置作出相应调整。这里以向右运行为例，当蛇向右运行时蛇头的横坐标加 10 纵坐标不变，蛇每向前运行一步，相应地将其尾部一节用背景色重画，即去掉其尾部。

（3）当蛇向上运行时，从键盘中输入向下键，此时蛇的运行方向不变，其他几个方向依此类推，本实例采用了 if…else 语句来实现该功能。

（4）食物出现的位置本实例采用了随机产生，但这种随机产生也是有一定限制条件的，即食物出现位置的横纵坐标必须能被 10 整除，只有这样才能保证蛇能够吃到食物。

实例 164　五子棋游戏

（实例位置：配套资源\SL\10\164）

实例说明

五子棋游戏的基本规则是：本游戏棋的颜色分为蓝色和红色，哪种颜色的棋子先满足下列任意一个条件即为获胜，条件如下。

（1）水平方向 5 个棋子无间断相连。

（2）垂直方向 5 个棋子无间断相连。

（3）斜方向 5 个棋子无间断相连。

运行结果如图 10.48 所示。

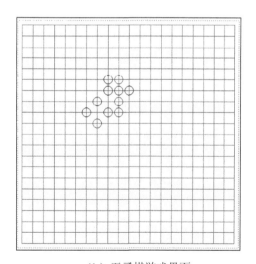

（a）五子棋游戏开始界面　　　　　　　　（b）五子棋游戏界面

图 10.48　五子棋游戏

实现过程

（1）在 TC 中创建一个 C 文件。

（2）引用头文件、进行宏定义及数据类型的指定并声明程序中自定义的函数。代码如下：

```
#include <stdio.h>
#include <stdlib.h>
#include <graphics.h>
#include <bios.h>
#include <conio.h>
#define LEFT 0x4b00
#define RIGHT 0x4d00
#define DOWN 0x5000
#define UP 0x4800
#define ESC 0x011b
#define SPACE 0x3920
int chessx, chessy;
int key;
int chess[20][20];
int flag = 1;
void chessboard();
void draw_cicle(int x, int y, int color);
void play();
int result(int x, int y);
void start();
```

（3）自定义函数 start()，用于询问是否开始玩游戏。代码如下：

```
void start()                                               /*是否开始游戏*/
{
    settextstyle(4, 0, 5);
    outtextxy(80, 240, "GAME START!");
    settextstyle(3, 0, 3);
    outtextxy(120, 340, "ESC-exit/press any key to continue");
}
```

（4）自定义函数 chessboard()，用来画棋盘。代码如下：

```
void chessboard()                                          /*画棋盘*/
{
    int i, j;
    setbkcolor(WHITE);
    cleardevice();                                         /*清屏*/
    for (i = 40; i <= 440; i = i + 20)                     /*设置起始点 40，终止点 440，表格宽度 20*/
    for (j = 40; j <= 440; j++)
    {
        putpixel(i, j, 8);                                 /*画点*/
        putpixel(j, i, 8);
    }
    setcolor(8);
    setlinestyle(1, 0, 1);
    rectangle(32, 32, 448, 448);
}
```

（5）自定义函数 draw_circle()，用来画棋子。代码如下：

```c
void draw_circle(int x, int y, int color)          /*画棋子*/
{
    setcolor(color);
    setlinestyle(SOLID_LINE, 0, 1);
    x = (x + 2) *20;
    y = (y + 2) *20;
    circle(x, y, 8);
}
```

（6）自定义函数 draw_pixel()，用于将棋子走过棋盘上留下的点补成棋盘颜色。代码
如下：

```c
void draw_pixel(int x, int y, int color)          /*画点，棋子走过所留下的点*/
{
    x = (x + 2) *20;
    y = (y + 2) *20;
    {
        putpixel(x + 8, y, color);
        putpixel(x, y - 8, color);
        putpixel(x, y + 8, color);
        putpixel(x - 8, y, color);
    }
}
```

（7）自定义函数 play()，用来实现五子棋游戏的具体过程。代码如下：

```c
void play()                                        /*五子棋游戏过程*/
{
    int i;
    int j;
    switch (key)
    {
        case LEFT:
            if (chessx - 1 < 0)                    /*判断向左走是否出了棋盘*/
                break;
            else
            {
                for (i = chessx - 1, j = chessy; i >= 1; i--)
                if (chess[i][j] == 0)
                {
                    draw_circle(chessx, chessy, WHITE);    /*去除棋子走过留下的痕迹*/
                    draw_pixel(chessx, chessy, 8);
                        break;
                }
                if (i < 1)
                    break;
                chessx = i;
                if (flag == 1)                     /*判断 flag 值来确定要画的棋子的颜色*/
                    draw_circle(chessx, chessy, BLUE);
                else
```

```
                    draw_circle(chessx, chessy, RED);
            }
            break;
        case RIGHT:
            if (chessx + 1 > 19)                              /*判断向右走是否出了棋盘*/
                break;
            else
            {
                for (i = chessx + 1, j = chessy; i <= 19; i++)
                if (chess[i][j] == 0)
                {
                    draw_circle(chessx, chessy, WHITE);    /*去除棋子走过留下的痕迹*/
                    draw_pixel(chessx, chessy, 8);
                        break;
                }
                if (i > 19)
                    break;
                chessx = i;
                if (flag == 1)                               /*判断 flag 值来确定要画的棋子的颜色*/
                    draw_circle(chessx, chessy, BLUE);
                else
                    draw_circle(chessx, chessy, RED);
            }
            break;
        case DOWN:
            if ((chessy + 1) > 19)                            /*判断向下走是否出了棋盘*/
                break;
            else
            {
                for (i = chessx, j = chessy + 1; j <= 19; j++)
                if (chess[i][j] == 0)
                {
                    draw_circle(chessx, chessy, WHITE);    /*去除棋子走过留下的痕迹*/
                    draw_pixel(chessx, chessy, 8);
                        break;
                }
                if (j > 19)
                    break;
                chessy = j;
                if (flag == 1)                               /*判断 flag 值来确定要画的棋子的颜色*/
                    draw_circle(chessx, chessy, BLUE);
                else
                    draw_circle(chessx, chessy, RED);
            }
            break;
        case UP:
            if (chessy - 1 < 0)                               /*判断向上走是否出了棋盘*/
                break;
            else
            {
                for (i = chessx, j = chessy - 1; j >= 1; j--)
```

```
            if (chess[i][j] == 0)
            {
                draw_circle(chessx, chessy, WHITE);      /*去除棋子走过留下的痕迹*/
                draw_pixel(chessx, chessy, 8);
                break;
            }
            if (j < 1)
                break;
            chessy = j;
            if (flag == 1)                        /*判断 flag 值来确定要画的棋子的颜色*/
                draw_circle(chessx, chessy, BLUE);
            else
                draw_circle(chessx, chessy, RED);
        }
        break;
    case ESC:                                    /*按 Esc 键退出游戏*/
        break;
    case SPACE:
        if (chessx >= 1 && chessx <= 19 && chessy >= 1 && chessy <= 19)/*判断棋子是否
在棋盘范围内*/
        {
            if (chess[chessx][chessy] == 0)                /*判断该位置上是否有棋子*/
            {
                chess[chessx][chessy] = flag;/*若无棋子，则在该位置存入指定棋子的
flag 值*/
                if (result(chessx, chessy) == 1)           /*判断下完该棋子游戏是否结束*/
                {
                    if (flag == 1)                         /*如果 flag 值是 1 则蓝色棋子赢*/
                    {
                        cleardevice();
                        settextstyle(4, 0, 9);
                        outtextxy(80, 200, "BLUE Win!");
                        getch();
                        closegraph();
                        exit(0);
                    }
                    if (flag == 2)                     /*如果 flag 值是 2 则红色棋子赢*/
                    {
                        cleardevice();
                        settextstyle(4, 0, 9);
                        outtextxy(80, 200, "Red Win!");
                        getch();
                        closegraph();
                        exit(0);
                    }
                }
                if (flag == 1)        /*若按下空格键后游戏未结束，则将棋子的颜色改变*/
                    flag = 2;
                else
                    flag = 1;
                break;
```

Note

```
                }
            }
            else
                break;
        }
    }
}
```

（8）自定义函数 result()，用来判断两种颜色的棋子在各个方向谁先到达 5 个即哪种颜色棋子获胜。代码如下：

```
/*判断两种颜色的棋子在不同方向的个数是否达到5个*/
int result(int x, int y)
{
    int j, k, n1, n2;
    while (1)
    {
        /*左上方*/
        n1 = 0;
        n2 = 0;
        for (j = x, k = y; j >= 1 && k >= 1; j--, k--)
        {
            if (chess[j][k] == flag)
                n1++;
            else
                break;
        }
        /*右下方*/
        for (j = x, k = y; j <= 19 && k <= 19; j++, k++)
        {
            if (chess[j][k] == flag)
                n2++;
            else
                break;
        }
        if (n1 + n2 - 1 >= 5)
            return (1);
        /*右上方*/
        n1 = 0;
        n2 = 0;
        for (j = x, k = y; j <= 19 && k >= 1; j++, k--)
        {
            if (chess[j][k] == flag)
                n1++;
            else
                break;
        }
        /*左下方*/
        for (j = x, k = y; j >= 1 && k <= 19; j--, k++)
        {
            if (chess[j][k] == flag)
```

```
                n2++;
            else
                break;
        }
        if (n1 + n2 - 1 >= 5)
            return (1);
        n1 = 0;
        n2 = 0;
        /*水平向左*/
        for (j = x, k = y; j >= 1; j--)
        {
            if (chess[j][k] == flag)
                n1++;
            else
                break;
        }
        /*水平向右*/
        for (j = x, k = y; j <= 19; j++)
        {
            if (chess[j][k] == flag)
                n2++;
            else
                break;
        }
        if (n1 + n2 - 1 >= 5)
            return (1);
        /*垂直向上*/
        n1 = 0;
        n2 = 0;
        for (j = x, k = y; k >= 1; k--)
        {
            if (chess[j][k] == flag)
                n1++;
            else
                break;
        }
        /*垂直向下*/
        for (j = x, k = y; k <= 19; k++)
        {
            if (chess[j][k] == flag)
                n2++;
            else
                break;
        }
        if (n1 + n2 - 1 >= 5)
            return (1);
        return (0);
    }
}
```

Note

（9）程序主要代码如下：

```
main()
{
    int gdriver = DETECT, gmode;
    initgraph(&gdriver, &gmode, "");              /*图形界面初始化*/
    start();                                       /*调用 start()函数*/
    key = bioskey(0);                              /*接收键盘按键*/
    if (key == ESC)                                /*按 Esc 键退出游戏*/
        exit(0);
    else
    {
    cleardevice();
        flag = 1;                                  /*设置 flag 初始值*/
        chessboard();                              /*画棋盘*/
        do
        {
            chessx = 0;
            chessy = 0;
            if (flag == 1)                         /*判断 flag 值来确定要画的棋子的颜色*/
                draw_circle(chessx, chessy, BLUE);
            else
                draw_circle(chessx, chessy, RED);
            do
            {
                while (bioskey(1) == 0);
                key = bioskey(0);                  /*接收键盘按键*/
                play();                            /*调用 play()函数，进行五子棋游戏*/
            }
            while (key != SPACE && key != ESC);    /*当按 Esc 键或空格键时退出循环*/
        }
        while (key != ESC);
        closegraph();                              /*退出图形界面*/
    }
}
```

技术要点

在编写五子棋游戏时要注意以下几点：

（1）如何画棋盘。本实例用到了画点函数 putpixel()来画棋盘的格，用 rectangle()函数来画棋盘最外面的方框。

（2）如何实现五子棋移动后棋盘仍无改变。当五子棋从一个位置移动到另一个位置时，在原位置留下的痕迹该如何消掉呢，这里可以采用背景色在原位置画圆，这样就可以将棋子移走留下的痕迹去掉，但是同时又产生一个新的问题，就是在棋子与棋盘中方格交汇的地方也会被背景色覆盖，这样就需要在用背景色覆盖原位置时，也要画点来使棋盘方格完整。

（3）如何判断哪方棋子获胜。这里设置标志位 flag 用来判断当前棋子的颜色，将其各个方向上达到 5 个的可能均列出，当满足其中任意一种可能时就说明该颜色棋子获胜。

实例 165　弹力球游戏

（**实例位置：配套资源\SL\10\165**）

实例说明

弹力球游戏的基本规则是：弹力球游戏分为两个级别，其主要不同点在于墙的厚度，第一个级别墙的厚度是 6 层，第二个级别墙的厚度为 9 层，通过左右移动鼠标来接住落下的小球好让其再次反弹，若未接住小球则游戏结束；若墙被小球全部打没，则说明完成该游戏。运行结果如图 10.49 所示。

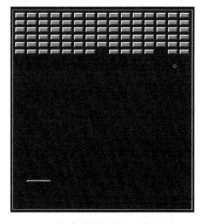

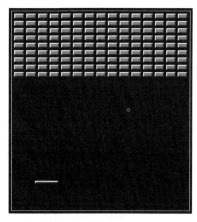

（a）菜单界面　　　　　（b）弹力球游戏第一关界面　　　　（c）弹力球游戏第二关界面

图 10.49　弹力球游戏

实现过程

（1）在 TC 中创建一个 C 文件。

（2）引用头文件、进行宏定义及指定全局变量数据的类型。代码如下：

```c
#include <graphics.h>
#include <dos.h>
#include <stdio.h>
#include <conio.h>
#include <stdlib.h>
#include <time.h>
#include <bios.h>
#define R 4
#define Key_Up      0x4800
#define Key_Enter   0x1c0d
#define Key_Down    0x5000
int Keystate;
int MouseX;
int MouseY = 400;
```

Note

```
int dx = 1, dy = 1;                              /*计算球的反弹*/
int sizex = 20, sizey = 10;                      /*墙的宽度和长度*/
int Ide, Key;
```

（3）定义结构体 wall，用来存储墙的结构。代码如下：

```
struct wall                                      /*墙*/
{
    int x;
    int y;
    int color;
} a[20][20];
```

（4）自定义函数 draw()和 picture()，用来画组成墙的砖和墙。代码如下：

```
void draw(int x, int y)                          /*画组成墙的砖*/
{
    int sizx = sizex - 1;
    int sizy = sizey - 1;
    setcolor(15);                                /*砖左边及上边的颜色*/
    line(x, y, x + sizx, y);
    line(x, y + 1, x + sizx, y + 1);
    line(x, y, x, y + sizy);
    line(x + 1, y, x + 1, y + sizy);
    setcolor(4);                                 /*砖右边及下边的颜色*/
    line(x + 1, y + sizy, x + sizx, y + sizy);
    line(x + 2, y + sizy - 1, x + sizx, y + sizy - 1);
    line(x + sizx - 1, y + 1, x + sizx - 1, y + sizy);
    line(x + sizx, y + 2, x + sizx, y + sizy);
    setfillstyle(1, 12);                         /*砖主体颜色填充*/
    bar(x + 2, y + 2, x + sizx - 2, y + sizy - 2);
}
void picture(int r, int l)                       /*画墙*/
{
    int i, j;
    setcolor(15);
    rectangle(100, 50, 482, 461);
    for (i = 0; i < r; i++)
    for (j = 0; j < l; j++)
    {
        a[i][j].color = 0;
        a[i][j].x = 106+j * 25;
        a[i][j].y = 56+i * 15;
        draw(106+j * 25, 56+i * 15);
    }
    sizex = 50, sizey = 5;
}
```

（5）自定义函数 MouseOn()、MouseSetX()、MouseSetY()、MouseSetXY()、MouseSpeed()、MouseGetXY()和 MouseStatus()，用来定义鼠标相关信息。代码如下：

```c
void MouseOn(int x, int y)                              /*鼠标光标显示*/
{
    draw(x, y);
}
void MouseSetX(int lx, int rx)                          /*设置鼠标左右边界*/
{
    _CX = lx;
    _DX = rx;
    _AX = 0x07;
    geninterrupt(0x33);
}
void MouseSetY(int uy, int dy)                          /*设置鼠标上下边界*/
{
    _CX = uy;
    _DX = dy;
    _AX = 0x08;
    geninterrupt(0x33);
}
void MouseSetXY(int x, int y)                           /*设置鼠标当前位置*/
{
    _CX = x;
    _DX = y;
    _AX = 0x04;
    geninterrupt(0x33);
}
void MouseSpeed(int vx, int vy)                         /*设置鼠标速度*/
{
    _CX = vx;
    _DX = vy;
    _AX = 0x0f;
    geninterrupt(0x33);
}
void MouseGetXY()                                       /*获取鼠标当前位置*/
{
    _AX = 0x03;
    geninterrupt(0x33);
    MouseX = _CX;
    MouseY = _DX;
}
void MouseStatus()                                      /*鼠标按键情况*/
{
    int x;
    int status;
    status = 0;
    x = MouseX;
    if (x == MouseX && status == 0)
    /*判断鼠标是否移动*/
    {
        MouseGetXY();
```

```
            if (MouseX != x)
                 if (MouseX + 50 < 482)
                      status = 1;
        }
        if (status)
        /*如果鼠标移动则重新显示鼠标*/
        {
            setfillstyle(1, 0);
            bar(x, MouseY, x + sizex, MouseY + sizey);
            MouseOn(MouseX, MouseY);
        }
    }
}
```

（6）自定义函数 play()，用于实现小球来回运动撞墙及反弹到最终游戏结束的过程。
代码如下：

```
void play(int r, int l)
{
    int ballX;
    int ballY = MouseY - R;
    int i, j, t = 0;
    srand((unsigned long)time(0));
    do
    {
        ballX = rand() % 477;
    }
    while (ballX <= 107 || ballX >= 476);                    /*随机产生小球的位置*/
    while (kbhit)
    {
        MouseStatus();
        if (ballY <= (59-R))
        /*碰上反弹*/
            dy *= ( - 1);
        if (ballX >= (482-R) || ballX <= (110-R))
            /*碰左右反弹*/
            dx *= ( - 1);
        setcolor(YELLOW);
        circle(ballX += dx, ballY -= dy, R - 1);
        delay(2500);
        setcolor(0);                                          /*将球移动后留下的痕迹用背景色覆盖*/
        circle(ballX, ballY, R - 1);
        for (i = 0; i < r; i++)
            for (j = 0; j < l; j++)
            /*判断是否撞到墙*/
            if (t < l *r && a[i][j].color == 0 && ballX >= a[i][j].x && ballX <=
                a[i][j].x + 20 && ballY >= a[i][j].y && ballY <= a[i][j].y + 10)
            {
                t++;
                dy *= ( - 1);
                a[i][j].color = 1;
```

```
        setfillstyle(1, 0);
        bar(a[i][j].x, a[i][j].y, a[i][j].x + 20, a[i][j].y + 10);
    }
    if (ballX == MouseX || ballX == MouseX - 1 || ballX == MouseX - 2 &&
        ballX == (MouseX + 50+2) || ballX == (MouseX + 50+1) || ballX ==(MouseX + 50))
    /*判断球落在板的边缘*/
    if (ballY >= (MouseY - R))
    {
        dx *= ( - 1);
        dy *= ( - 1); /*原路返回*/
    }
    if (ballX > MouseX && ballX < (MouseX + 50))
        /*碰板反弹*/
        if (ballY >= (MouseY - R))
            dy *= ( - 1);
    if (t == l *r)                          /*判断是否将墙壁完全清除*/
    {
        sleep(1);
        cleardevice();
        setcolor(RED);
        settextstyle(0, 0, 4);
        outtextxy(100, 200, "Win");
        sleep(1);
        break;
    }
    if (ballY > MouseY)
    {
        sleep(1);
        cleardevice();
        setcolor(RED);
        settextstyle(0, 0, 4);
        outtextxy(130, 200, "Game Over");
        sleep(1);
        break;
    }
    }
    dx = 1, dy = 1;                         /*dx、dy 重新置 1*/
    sizex = 20, sizey = 10;
}
```

（7）自定义函数 Rule()，用来描述游戏的具体规则。代码如下：

```
    void Rule()                             /*游戏规则*/
    {
        int n;
        char *s[5] =
        {
            "move the mouse right or left to let the ball rebound",
                "when the ball bounce the wall", "the wall will disappear",
                "when all the wall disappear", "you will win!"
```

```
    };
        settextstyle(0, 0, 1);
        setcolor(GREEN);
        for (n = 0; n < 5; n++)
            outtextxy(150, 170+n * 20, s[n]);
    }
```

（8）自定义函数 DrawMenu()，用来输出菜单中的选项。代码如下：

```
    void DrawMenu(int j)                          /*菜单中的选项*/
    {
        int n;
        char *s[4] =
        {
            "1.Mession One", "2.Mession two", "3.rule", "4.Exit Game"
        };
        settextstyle(0, 0, 1);
        setcolor(GREEN);
        for (n = 0; n < 4; n++)
            outtextxy(250, 170+n * 20, s[n]);
        setcolor(RED);                            /*选中哪个菜单，哪个菜单变为红色*/
        outtextxy(250, 170+j * 20, s[j]);
    }
```

（9）自定义函数 MainMenu()，用来初始化主菜单界面。代码如下：

```
    void MainMenu()                               /*主菜单*/
    {
        void JudgeIde();
        setbkcolor(BLACK);
        cleardevice();
        Ide = 0, Key = 0;
        DrawMenu(Ide);
        do
        {
            if (bioskey(1))
            /*有键按下则处理按键*/
            {
                Key = bioskey(0);
                switch (Key)
                {
                    case Key_Down:
                    {
                        Ide++;
                        Ide = Ide % 4;
                        DrawMenu(Ide);
                        break;
                    }
                    case Key_Up:
                    {
                        Ide--;
```

```
                        Ide = (Ide + 4) % 4;
                        DrawMenu(Ide);
                        break;
                    }
                }
            }
        }
    while (Key != Key_Enter);
    JudgeIde();                              /*调用 JudgeIde()函数*/
}
```

（10）自定义函数 JudgeIde()，用来判断用户输入的选项。代码如下：

```
void JudgeIde()
{
    switch (Ide)
    {
        case 0:
            cleardevice();
            picture(6, 15);
            MouseSetX(101, 431);                /*设置鼠标移动的范围*/
            MouseSetY(MouseY, MouseY);          /*鼠标只能左右移动*/
            MouseSetXY(150, MouseY);            /*鼠标的初始位置*/
            Play(6, 15);
            MainMenu();
            break;
        case 1:
        {
            cleardevice();
            picture(9, 15);
            MouseSetX(101, 431);
            MouseSetY(MouseY, MouseY);
            MouseSetXY(150, MouseY);
            Play(9, 15);
            MainMenu();
            break;
        }
        case 2:
        {
            cleardevice();
            Rule();
            sleep(8);
            MainMenu();
            break;
        }
        case 3:
        {
            cleardevice();
            settextstyle(0, 0, 4);
            outtextxy(150, 200, "goodbye!");
```

```
                    sleep(1);
                    exit(0);
                }
            }
        }
```

（11）程序主要代码如下：

```
    main()
    {
        int gdriver = DETECT, gmode;
        initgraph(&gdriver, &gmode, "");
        MainMenu();
        closegraph();
    }
```

技术要点

在编写弹力球游戏时要注意以下几点：

（1）如何绘制墙，先定义函数实现一块砖的绘制，再使用循环语句调用自定义绘制砖的函数来实现整个墙的绘制。为了美观，砖和砖之间留有固定间隙。

（2）确定左右两边的范围，以便来实现小球撞到两边后反弹。

（3）小球移动留下的痕迹用背景色覆盖。

（4）确定用来接小球的板的范围，以判断小球是否撞板反弹。

指针

本章读者可以学到如下实例：

实例 166　使用指针实现整数排序

（实例位置：配套资源\SL\11\166）

实例说明

本实例实现输入 3 个整数，将这 3 个整数按照由大到小的顺序输出，显示在屏幕上。运行结果如图 11.1 所示。

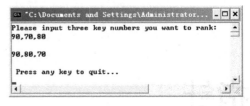

图 11.1　整数排序

实现过程

（1）打开 Visual C++ 6.0 开发环境，新建一个 C 源文件，并输入要创建 C 源文件的名称。

（2）自定义函数 swap()，用来实现数据的交换。代码如下：

```c
swap(int *p1, int *p2)                          /*交换两个数据*/
{
    int temp;                                   /*声明整型变量，用于存储数据*/
    /*实现数据交换*/
    temp =  *p1;
    *p1 =  *p2;
    *p2 = temp;
}
```

（3）自定义函数 exchange()，用于实现比较数值大小，并调用自定义函数 swap()交换数据的位置。代码如下：

```c
exchange(int *pt1, int *pt2, int *pt3)          /*比较数值大小并进行交换*/
{
    /*从大到小的顺序排列*/
    if (*pt1 <  *pt2)
    {
        swap(pt1, pt2);
    }
    if (*pt1 <  *pt3)
    {
        swap(pt1, pt3);
    }
    if (*pt2 <  *pt3)
    {
        swap(pt2, pt3);
    }
}
```

（4）创建 main()函数作为程序的入口程序，并调用 exchange()函数，实现对输入的 3

个数据比较大小并交换位置。代码如下：

```
main()
{
    int a, b, c,  *q1,  *q2,  *q3;                        /*声明变量*/
    puts("Please input three key numbers you want to rank:");
    scanf("%d,%d,%d", &a, &b, &c);                        /*输入 3 个数*/
    q1 = &a;
    q2 = &b;
    q3 = &c;
    exchange(q1, q2, q3);                                 /*比较大小并交换位置*/
    printf("\n%d,%d,%d\n", a, b, c);                      /*输出交换后的值*/
    puts("\n Press any key to quit...");
    getch();
}
```

技术要点

本实例用到了函数的嵌套调用，自定义函数 swap()用来实现两个数的互换；自定义函数 exchange()用来完成 3 个数的位置交换，其内部嵌套使用了自定义函数 swap()。这两个函数的参数都是指针变量，实现了传址的功能，即改变形参的同时，实参也被改变。

实例 167 指向结构体变量的指针

（实例位置：配套资源\SL\11\167）

实例说明

本实例通过结构体指针变量实现在窗体上显示学生信息。运行程序后，将学生信息输出在窗体上。运行结果如图 11.2 所示。

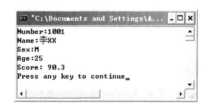

图 11.2 显示学生信息

实现过程

（1）打开 Visual C++ 6.0 开发环境，新建一个 C 源文件，并输入要创建 C 源文件的名称。

（2）引用头文件，代码如下：

```
#include<stdio.h>
```

（3）声明 struct student 类型，代码如下：

```
struct student{
    int num;                                             /*学生学号*/
    char name[20];                                       /*学生姓名*/
    char sex;                                            /*学生性别*/
    int age;                                             /*学生年龄*/
    float score;                                         /*学生成绩*/
};
```

（4）创建 main()函数作为程序的入口程序，在 main()函数中定义 struct student 类型的变量。定义一个指针变量指向 struct student 类型的数据。代码如下：

```
void main()
{
    struct student student1={1001,"liming",'M',20,92.5};    /*定义结构体变量*/
    struct student *p;                                       /*定义指针变量指向结构体类型*/
    p=&student1;                                             /*使指针指向结构体变量*/
    printf("Number:%d\n",p->num);                            /*输出学生学号*/
    printf("Name:%s\n",p->name);                             /*输出学生姓名*/
    printf("Sex:%c\n",p->sex);                               /*输出学生性别*/
    printf("Age:%d\n",p->age);                               /*输出学生年龄*/
    printf("Score:%f\n",p->score);                           /*输出学生成绩*/
    getch();
}
```

技术要点

一个结构体变量的指针就是该变量所占据的内存段的起始地址。用一个指针变量指向一个结构体变量，此时该指针变量的值是结构体变量的起始地址。

实例 168 使用指针输出数组元素

（实例位置：配套资源\SL\11\168）

实例说明

本实例通过指针变量输出数组的各元素值，运行程序后，输入 10 个数值，运行后，可以看到输出的数组元素值。运行结果如图 11.3 所示。

图 11.3 输出数组元素值

实现过程

（1）打开 Visual C++ 6.0 开发环境，新建一个 C 源文件，并输入要创建 C 源文件的名称。

（2）引用头文件，代码如下：

```
#include<stdio.h>
```

（3）创建 main()函数，在 main()函数中将用户输入的 10 个数值存入到数组中，使用指针变量指向这个数组，并将其输出。代码如下：

```
#include<stdio.h>
main()
{
    int a[10];                                  /*定义整型数组*/
    int *p,i;                                    /*定义指针和变量*/
    puts("\nPlease input ten integer:\n");       /*输出提示信息*/
```

```
    for (i = 0;i<10;i++)                    /*i 的范围为 0～9*/
        scanf("%d",&a[i]);                  /*输入数组元素*/
    printf("\n");
    for (p=&a;p<(a + 10);p++)               /*使用指针指向数组,并输出数组元素*/
        printf("%d",*p);
    puts("\n\n Press any key to quit...");
    getch();
    return 0;
}
```

技术要点

本实例应用指向数组的指针实现输出数组元素。定义一个指向数组元素的指针变量的方法,与定义指向变量的指针变量相同。例如:

```
    int a[10];                              /*定义一个包含 10 个整型数据的数组*/
    int *p;                                 /*定义整型指针变量 p*/
    p=&a[0];                                /*对指针变量赋值*/
```

上面第 3 句代码把数组 a 的 a[0]元素的地址赋给指针变量 p。也就是说,p 指向 a 数组的首元素,如图 11.4 所示。指针变量 p 中存放 a[0]的地址,因此 p 指向 a[0]。C 语言中数组名代表数组的首地址,也就是数组第一个元素的地址。因此,下面两个语句是等价的:

```
    p=&a[0];
    p=a;
```

使用指针指向数组后,就要通过指针引用数组元素。在 C 语言中,如果指针变量 P 指向数组中的一个元素,则 p+1 指向同一数组中的下一个元素。如图 11.5 所示,如果 p 的初值为&a[0],则 p+1 的值就是&a[1],也可表示为 a+1。同理,p+i 和 a+i 就是 a[i] 的地址,或者说,它们都指向 a 数组的第 i 个元素。则*(p+i)就是 p+i 所指向的数组元素,即 a[i]。

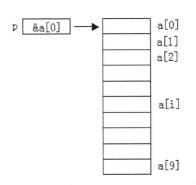

图 11.4 指向数组的指针

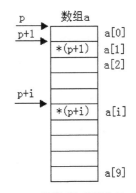

图 11.5 通过指针引用数组元素

本实例使用指针变量指向一个数组,使 p 的初始值为数值元素首地址。使用 p+1 移动指针,使指针指向数组的每个元素值。

Note

实例169 使用指针查找数列中的最大值和最小值

（实例位置：配套资源\SL\11\169）

实例说明

本实例实现在窗体上输入 10 个整数，自动查找这些数中的最大值和最小值，并显示在窗体上。运行结果如图 11.6 所示。

实现过程

（1）打开 Visual C++ 6.0 开发环境，新建一个 C 源文件，并输入要创建 C 源文件的名称。

（2）引用头文件，代码如下：

```
Input 10 integer numbers you want to operate:
11 55 66 88 22 33 77 44 99 98

The maximum number is: 99
The minimum number is: 11
Press any key to continue
```

图 11.6 查找最大值和最小值

```
#include<stdio.h>
```

（3）自定义函数 max_min()，用于实现查找数组中的最大值和最小值。代码如下：

```
void max_min(int a[], int n, int *max, int *min)
{
    int *p;
    *max = *min = *a;                    /*初始化最大值和最小值指针变量*/
    for (p = a + 1; p < a + n; p++)
    if (*p > *max)
        *max = *p;                       /*最大值*/
    else if (*p < *min)
        *min = *p;                       /*最小值*/
    return 0;
}
```

（4）创建 main()函数，在此函数中调用 max_min()函数，并将所得结果输出在窗体上。

（5）程序主要代码如下：

```
main()
{
    int i, a[10];
    int max, min;
    printf("Input 10 integer numbers you want to operate:\n ");
    for (i = 0; i < 10; i++)
        scanf("%d", &a[i]);              /*输入数组元素*/
    max_min(a, 10, &max, &min);          /*返回最大值和最小值*/
    printf("\nThe maximum number is: %d\n", max);  /*输出最大值*/
    printf("The minimum number is: %d\n", min);    /*输出最小值*/
    getch();
}
```

技术要点

本实例使用指向一维数组的指针，遍历一维数组中的数据，从而实现查找数组中的最大值和最小值。

在本实例中，自定义函数 max_min()用于将求得的最大值和最小值分别存放在变量 max 和 min 中。变量 max 和 min 是在 main()函数中定义的局部变量，将这两个变量的地址作为函数参数传递给被调用函数 max_min()，函数执行后将数组中最大值和最小值存储在 max 和 min 中并返回。这是数值的传递过程。

下面介绍如何实现查找数组中的最大值和最小值。在自定义函数 max_min()中，定义了指针变量 p 指向数组，其初值为 a+1，也就是使 p 指向 a[1]。循环执行 p++，使 p 指向下一个元素。每次循环都将*p 和*max 与*min 比较，将大值存放在 max 所指地址中，将小值存放在 min 所指地址中。

实例 170　使用指针的指针输出字符串

（实例位置：配套资源\SL\11\170）

实例说明

本实例实现使用指针的指针输出字符串。首先要使用指针数组创建一个字符串数组，然后定义指向指针的指针，使其指向字符串数组，并使用其输出数组中的字符串。运行结果如图 11.7 所示。

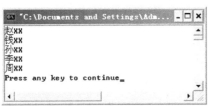

图 11.7　输出字符串

实现过程

（1）打开 Visual C++ 6.0 开发环境，新建一个 C 源文件，并输入要创建 C 源文件的名称。

（2）创建 main()函数，在此函数中使用指针数组创建字符串数组，并使用指向指针的指针将字符串数组中的字符串输出。

（3）程序主要代码如下：

```
main()
{
    char *strings[]={"赵 XX",
                    "钱 XX",
                    "孙 XX",
```

```
                          "李 XX",
                          "周 XX"};                        /*使用指针数组创建字符串数组*/
          char **p,i;                                     /*声明变量*/
          p=strings;                                      /*指针指向字符串数组首地址*/
          for(i=0;i<5;i++)                                /*循环输出字符串*/
          {
               printf("%s\n",*(p+i));
          }
     }
```

技术要点

本实例使用指针的指针实现对字符串数组中字符串的输出。指向指针的指针即是指向指针数据的指针变量。这里创建一个指针数组 strings，它的每个数组元素相当于一个指针变量，都可以指向一个整型变量，其值为地址，示意图如图 11.8 所示。strings 是一个数组，它的每个元素都有相应的地址。数组名 stirngs 代表该指针数组的首单元的指针，就是说指针数组首单元中存放的也是一个指针。strings+i 是 strings[i]的地址。strings+i 就是指向指针型数据的指针。

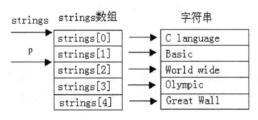

图 11.8　指针数组结构示意图

指向指针数据的指针变量定义语句形式如下：

```
char **p;
```

p 的前面有两个*号，*运算符是从右到左结合，**p 就相当于*(*p)，*p 表示定义一个指针变量，在其前面再添加一个*号，表示指针变量 p 是指向一个指针变量。*p 就表示 p 所指向的另一个指针变量，即一个地址。**p 是 p 间接指向的对象的值。例如，这里*(p+2)就表示 strings[2]中的内容，它也是一个指针，指向字符串"World wide"。因此，输出字符串时，语句为：

```
printf("%s\n",*(p+i));
```

实例 171　使用指向指针的指针对字符串排序

（实例位置：配套资源\SL\11\171）

实例说明

本实例使用指向指针的指针实现对字符串数组中的字符串进行排序输出，输出是按照汉字的首字母进行排序的。运行结果如图 11.9 所示。

图 11.9　字符串排序

实现过程

（1）打开 Visual C++ 6.0 开发环境，新建一个 C 源文件，并输入要创建 C 源文件的名称。

（2）引用头文件，代码如下：

```c
#include "stdio.h"                                    /*引用头文件*/
#include "string.h"
```

（3）自定义函数 sort()，用于实现对字符串的排序。代码如下：

```c
sort(char *strings[], int n)
{
    char *temp;                                      /*声明字符型指针变量*/
    int i, j;                                        /*声明整型变量*/
    for (i = 0; i < n; i++)                          /*外层循环*/
    {
        for (j = i + 1; j < n; j++)
        {
            if (strcmp(strings[i], strings[j]) > 0)  /*比较两个字符*/
            {
                temp = strings[i];                   /*交换字符位置*/
                strings[i] = strings[j];
                strings[j] = temp;
            }
        }
    }
}
```

（4）创建 main()函数，在此函数中调用 sort()函数对字符串数组中的字符串进行排序，并将排序结果显示在窗体上。代码如下：

```c
void main()
{
    int n = 5;
    int i;
    char **p;                                        /*指向指针的指针变量*/
    char *strings[] =
    {
```

```
        "赵 XX", "钱 XX", "孙 XX", "李 XX", "周 XX"
    };                                              /*初始化字符串数组*/
    p = strings;                                    /*指针指向数组首地址*/
    printf("排序前的数组：\n");
    for(i=0;i<n;i++)
    {
        printf("%s\n",strings[i]);
    }
    sort(p, n);                                     /*调用排序自定义过程*/
    printf("排序后的数组：\n");
    for (i = 0; i < n; i++)                          /*循环输出排序后的数组元素*/
    {
        printf("%s\n", strings[i]);
    }
    getch();
}
```

技术要点

本实例同样使用指向指针的指针实现对字符串数组中的字符串进行排序，这里定义了自定义函数 sort()，使用 strcmp()函数实现对给定字符串的比较，并进行排序。

实例 172　使用返回指针的函数查找最大值

（实例位置：配套资源\SL\11\172）

实例说明

本实例实现在窗体上输入 10 个整数后，在窗体上输出这些整数中的最大值。运行结果如图 11.10 所示。

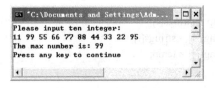

图 11.10　输出最大值

实现过程

（1）打开 Visual C++ 6.0 开发环境，新建一个 C 源文件，并输入要创建 C 源文件的名称。

（2）引用头文件，代码如下：

```
#include <stdio.h>
#include <conio.h>
```

（3）自定义函数 FindMax()，用于实现返回输入的整数中的最大值。

（4）创建 main()函数，在此函数中调用指针函数 FindMax()，将得到的最大值显示在窗体上。

（5）程序主要代码如下：

```
*FindMax(int *p, int n)
{
    int i,   *max;
    max = p;
    for (i = 0; i < n; i++)
    {
        if (*(p + i) >   *max)
        {
            max = p + i;                        /*把最大数的地址赋给变量*/
        }
    }
    return max;
}
void main()
{
    int a[10],   *max, i;
    printf("Please input ten integer:\n");
    for (i = 0; i < 10; i++)
    {
        scanf("%d", &a[i]);
    }
    max = FindMax(a, 10);
    printf("The max number is: %d\n",   *max);      /*输出查找到的最大值*/
    getch();
}
```

技术要点

函数返回值可以是整型、字符型、实型等，同样也可以是指针型数值，即一个地址。返回指针的函数的定义形式如下：

```
int * fun(int x,int y)
```

在调用 fun()函数时，直接写函数名加上参数即可，返回一个指向整型数据的指针，其值为一个地址。x、y 是 fun()函数的形参。在函数名前面直接添加*，表示此函数是指针型函数，即函数值是指针。最前面的 int 表示返回的指针指向整型变量。

实例 173　使用指针连接两个字符串

（实例位置：配套资源\SL\11\173）

实例说明

本实例实现将两个已知的字符串连接，放到另外一个字符串数组中，并将连接后的字符串输出到屏幕上。运行结果如图 11.11 所示。

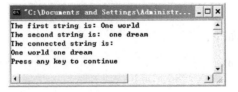

图 11.11　字符串连接

实现过程

（1）创建一个 C 文件。

（2）引用头文件，代码如下：

```
#include<stdio.h>
```

（3）自定义函数 connect()，用于连接两个字符串。代码如下：

```
connect(char *s, char *t, char *q)
{
    int i = 0;
    for (; *s != '\0';)                              /*放入第一个字符串*/
    {
        *q =   *s;
        s++;
        q++;
    }
    for (; *t != '\0';)                              /*连接第二个字符串*/
    {
        *q =   *t;
        t++;
        q++;
    }
    *q = '\0';
}
```

（4）在 main()函数中调用 connect()函数，将两个字符串连接并输出。代码如下：

```
int main(void)
{
    char   fa[60], *p;
    char str[] = {"One world"};                      /*用于连接的字符串*/
    char t[] = {" one dream"};                       /*用于连接的字符串*/
    p=fa;
    printf("The first string is: %s\n", str);
    printf("The second string is: %s\n", t);
    connect(str, t, p);                              /*将两个字符串连接*/
    printf("The connected string is:\n");
    printf("%s\n", p);                               /*输出连接后的字符串*/
}
```

技术要点

本实例应用字符型指针变量和指向字符串的指针做函数的参数来实现字符串的连接。

本实例创建了自定义函数 connect()用于实现字符串的连接。connect()函数带有 3 个参数，两个用于连接的字符串，一个作为连接后的字符串。

实例 174　用指针实现逆序存放数组元素值

（实例位置：配套资源\SL\11\174）

实例说明

本实例实现使用指针将数组中的元素逆序放置，并将结果输出。运行结果如图 11.12 所示。

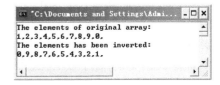

图 11.12　实现数组元素值逆序存放

实现过程

（1）打开 Visual C++ 6.0 开发环境，新建一个 C 源文件，并输入要创建 C 源文件的名称。

（2）引用头文件，代码如下：

```
#include<stdio.h>
```

（3）自定义函数 inverte()，用于将数组中的元素逆序存放。代码如下：

```
inverte(int *x, int n)
{
    int *p, temp,   *i,   *j, m = (n - 1) / 2;    /*声明变量*/
    i = x;                                         /*变量i存放数组首地址*/
    j = x + n - 1;                                 /*变量j存放数组末尾元素地址*/
    p = x + m;                                     /*变量p存放数组中间元素地址*/
    for (; i <= p; i++, j--)                       /*交换数组前半部分和后半部分元素*/
    {
        temp =   *i;
        *i =   *j;
        *j = temp;
    }
    return 0;
}
```

（4）主函数中定义数组并初始化，调用 inverte()函数实现数组中元素逆序放置并输出。代码如下：

```
void main()
{
    /*void inverte(int *x,int n);*/
    int i, a[10] ={1, 2, 3, 4, 5, 6, 7, 8, 9, 0};    /*定义数组*/
    printf("The elements of original array:\n");
    for (i = 0; i < 10; i++)                          /*输出数组*/
        printf("%d,", a[i]);
    printf("\n");
    inverte(a, 10);                                  /*使数组元素逆序*/
```

```
        printf("The elements has been inverted:\n");
        for (i = 0; i < 10; i++)                              /*输出逆序放置后的数组*/
            printf("%d,", a[i]);
        printf("\n");
    }
```

技术要点

本实例创建了自定义函数 inverte()，用来实现对数组元素的逆序存放。自定义函数的形参为一个指向数组的指针变量 x，x 初始值指向数组 a 的首元素的地址。x+n 是 a[n]元素的地址。声明指针变量 i、j 和 p，i 初值为 x，即指向数组首元素地址，j 的初值为 x+n-1，即指向数组最后一个元素地址，使 p 指向数组中间元素地址。交换*i 与*j 的值，即交换 a[i]与 a[j]的值。移动 i 和 j，使 i 指向数组第二个元素，j 指向倒数第二个元素，继续交换，直到中间值。这样就实现了数组元素的逆序存放。

实例 175   用指针数组构造字符串数组

（实例位置：配套资源\SL\11\175）

实例说明

本实例实现输入一个星期中对应的第几天，可显示其英文写法。例如，输入"4"，则显示星期四所对应的英文名。运行结果如图 11.13 所示。

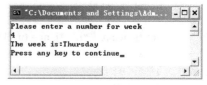

图 11.13　构造字符串数组程序运行效果

实现过程

（1）打开 Visual C++ 6.0 开发环境，新建一个 C 源文件，并输入要创建 C 源文件的名称。

（2）创建 main()函数，在此函数中实现使用指针数组构造一个字符串数组，使用指针数组中的元素指向星期几的英文名字符串。

（3）程序主要代码如下：

```
#include "stdio.h"
int main(void)
{
    char *Week[] =
    {
        "Monday", "Tuesday", "Wednesday", "Thursday", "Friday", "Saturday", "Sunday",
    };                                                        /*声明指针数组*/
    int i;
    printf("Please enter a number for week\n");
    scanf("%d", &i);                                          /*输入要查找星期几*/
    printf("The week is:");
    printf("%s\n", Week[i - 1]);
```

```
            getch();
            return 0;
        }
```

技术要点

本实例主要实现通过指针数组来构造一个字符串数组，并显示指定的数组元素值。指针数组，即数组中的元素都是指针类型的数据。指针数组中的每个元素都是一个指针。一维指针数组的定义形式如下：

> 类型名 *数组名[数组长度];

其中，类型名为指针所指向的数据的类型，数组长度为该数组中可以存放的指针个数。例如：

> int *p[4];

其中，p 是一个指针数组，该数组由 4 个数组元素组成，每个元素相当于一个指针变量，都可以指向一个整型变量。

脚下留神：

注意*p[4]与(*p)[4]不要混淆。(*p)[4]中的 p 是一个指向一维数组的指针变量。前面已经介绍过，这里不再赘述。

指针数组比较适用于构造字符串数组。字符串本身就相当于一个字符数组，可以用指向字符串第一个字符的指针表示，字符串数组是由指向字符串第一个字符的指针组成的数组。

实例 176 用指针函数输出学生成绩

（实例位置：配套资源\SL\11\176）

实例说明

本实例实现在窗体上输入学生序号，将在窗体上输出该序号对应的学生的成绩。运行结果如图 11.14 所示。

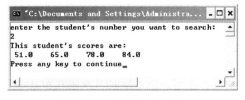

图 11.14 显示学生成绩

实现过程

（1）打开 Visual C++ 6.0 开发环境，新建一个 C 源文件，并输入要创建 C 源文件的名称。

（2）引用头文件，代码如下：

```
#include <stdio.h>
#include <conio.h>
```

（3）自定义指针函数 search()，用于实现按照学生序号进行查找。代码如下：

```
float *search(float(*p)[4], int n)
{
    float *pt;
    pt = *(p + n);
    return (pt);
}
```

（4）创建 main() 函数，在此函数中调用指针函数 search()，将得到的结果输出在窗体上。代码如下：

```
void main()
{
    float score[][4]={{60,75,82,91},{75,81,91,90},{51,65,78,84},{65,51,78,72}};/*声明数组*/
    float *p;
    int i, j;
    printf("enter the student's number you want to search:");
    scanf("%d", &j);                                          /*输入学生学号*/
    printf("This student's scores are:\n");
    p = search(score, j);
    for (i = 0; i < 4; i++)
    {
        printf("%5.1f\t", *(p + i));
    }
    getch();
}
```

技术要点

指向函数的指针变量的一般形式如下：

```
数据类型(*指针变量名)();
```

这里的数据类型是指函数返回值的类型。

例如：

```
int (*pmin)();
```

(*p)() 表示定义一个指向函数的指针变量，用来存放函数的入口地址。在程序设计过程中，将一个函数地址赋给它，它就指向那个函数。函数指针变量赋值可按如下方式书写：

```
p=min;
```

可见在赋值时，只给出函数名称即可，不必给出函数的参数。

在使用函数指针变量调用函数时，要写出函数的参数，例如可按如下方式书写：

```
m=(*p)(a,b);
```

实例 177　寻找相同元素的指针

（实例位置：配套资源\SL\11\177）

实例说明

本实例实现比较两个有序数组中的元素，输出两个数组中第一个相同的元素值。运行结果如图 11.15 所示。

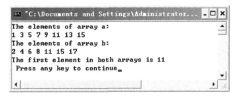

图 11.15　寻找相同元素

实现过程

（1）创建一个 C 文件。

（2）引用头文件，代码如下：

```
#include "stdio.h"
#include "conio.h"
```

（3）自定义函数 find()，用于实现查找两个数组中第一个相同的元素值。代码如下：

```
int *find(int *pa,int *pb,int an,int bn)
{
    int *pta,*ptb;
    pta=pa;ptb=pb;
    while(pta<pa+an&&ptb<pb+bn)
    {
        if(*pta<*ptb)
        {
            pta++;
        }
        else if(*pta>*ptb)
        {
            ptb++;
        }
        else
        {
            return pta;                    /*如果两个值相等，返回这个值的指针*/
        }
    }
    return 0;
}
```

（4）创建 main() 函数，在此函数中调用 find() 函数，将得到的结果输出在窗体上。代码如下：

```
void main()
{
    int *p, i;
    int a[] =
```

```
{
    1, 3, 5, 7, 9, 11, 13, 15
};                                              /*声明数组*/
int b[] =
{
    2, 4, 6, 8, 11, 15, 17
};                                              /*声明数组*/
printf("The elements of array a:");
for (i = 0; i < sizeof(a) / sizeof(a[0]); i++)
{
    printf("%d ", a[i]);                        /*输出数组 a 的元素*/
}
printf("\nThe elements of array b:");
for (i = 0; i < sizeof(b) / sizeof(b[0]); i++)
{
    printf("%d ", b[i]);                        /*输出数组 b 的元素*/
}
p = find(a, b, sizeof(a) / sizeof(a[0]), sizeof(b) / sizeof(b[0]));
if (p)
{
    printf("\nThe first element in both arrays is %d\n",*p);
}
else
{
    printf("Doesn't found the same element!\n");
}
getch();
}
```

技术要点

本实例中自定义了一个指针函数，这类函数的返回值为指针型数值，即一个地址。该函数的定义形式如下：

```
int *find(int *pa,int *pb,int an,int bn);
```

在程序代码中，以如下形式调用这类指针函数：

```
p = find(a, b, sizeof(a) / sizeof(a[0]), sizeof(b) / sizeof(b[0]));
```

变量 p 是一个整型指针，该函数返回一个指向整型变量的指针

实例 178　查找成绩不及格的学生

（实例位置：配套资源\SL\11\178）

实例说明

有 4 个学生的四科考试成绩，找出至少有一科不及格的学生，并将成绩列表输出。运行结果如图 11.16 所示。

图 11.16　查找成绩不及格的学生

实现过程

（1）创建一个 C 文件。

（2）引用头文件，代码如下：

```
#include<stdio.h>
```

（3）自定义函数 search()，查找分数小于 60 的学生，即不及格的学生，代码如下：

```
float *search(float(*p)[4])
{
    int i;                          /*声明变量*/
    float *pt;                      /*声明指针变量*/
    pt = *(p + 1);                  /*获取下一行的首地址*/
    for(i=0;i<4;i++)
    {
        if(*(*p+i)<60)              /*判断分数是否小于 60*/
        {
            pt=*p;                  /*指向本行首地址*/
        }
    }
    return (pt);                    /*返回首地址*/
}
```

（4）主函数编写，输入想要知道的学生成绩，调用 search()函数，找出相应的成绩并
将其输出。

（5）程序主要代码如下：

```
void main()
{
    float score[][4]={{60,75,82,91},{75,81,91,90},{51,65,78,84},{65,72,78,72}};    /*声明数组*/
    float *p;                               /*声明指针变量*/
    int i, j;                               /*声明计数变量*/
    for(i=0;i<4;i++)
    {
        p=search(score+i);                  /*查找有不及格的行*/
        if (p==*(score+i))
        {
            printf("The student NO.%d list:",i+1);
            for (j=0;j<4;j++,p++)           /*输出成绩*/
            {
                printf("%5.1f",*p);
            }
        }
    }
}
```

```
        getch();
    }
```

技术要点

本实例应用指针函数实现查找成绩不及格学生的程序，关于指针函数的相关知识可参见实例 176 的介绍。

实例 179　使用指针实现冒泡排序

（实例位置：配套资源\SL\11\179）

实例说明

冒泡排序是 C 语言中比较经典的例子，也是读者应该掌握的一种算法，下面具体介绍如何使用指针变量作函数参数来实现冒泡排序。运行结果如图 11.17 所示。

图 11.17　冒泡排序

实现过程

（1）打开 Visual C++ 6.0 开发环境，新建一个 C 源文件，并输入要创建 C 源文件的名称。

（2）引用头文件，代码如下：

```
#include <stdio.h>
```

（3）自定义函数 order()，用于将数组中的元素进行冒泡排序。代码如下：

```
    void order(int *p,int n)
    {
        int i,t,j;
        for(i=0;i<n-1;i++)
            for(j=0;j<n-1-i;j++)
                if(*(p+j)>*(p+j+1))                    /*判断相邻两个元素的大小*/
                {
                    t=*(p+j);
                    *(p+j)=*(p+j+1);
                    *(p+j+1)=t;                        /*借助中间变量 t 进行值互换*/
                }
        printf("排序后的数组: ");
        for(i=0;i<n;i++)
        {
            if(i%5==0)                                 /*以每行 5 个元素的形式输出*/
                printf("\n");
            printf("%5d",*(p+i));                      /*输出数组中排序后的元素*/
        }
        printf("\n");
    }
```

（4）程序主要代码如下：

```
main()
{
    int a[20],i,n;
    printf("请输入数组元素的个数：\n");
    scanf("%d",&n);                        /*输入数组元素的个数*/
    printf("请输入各个元素：\n");
    for(i=0;i<n;i++)
        scanf("%d",a+i);                   /*给数组元素赋初值*/
    order(a,n);                            /*调用 order()函数*/
}
```

技术要点

　　冒泡排序的基本思想是：如果要对 n 个数进行冒泡排序，则要进行 n-1 趟比较，在第 1 趟比较中要进行 n-1 次两两比较，在第 j 趟比较中要进行 n-j 次两两比较。

实例 180　输入月份号并输出英文月份名

（实例位置：配套资源\SL\11\180）

实例说明

　　使用指针数组创建一个含有月份英文名的字符串数组，并使用指向指针的指针指向这个字符串数组，实现输出数组中的指定字符串。运行程序后，输入要显示英文名的月份号，将输出该月份对应的英文名。运行结果如图 11.18 所示。

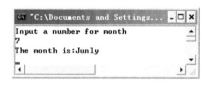

图 11.18　输入月份号并输出英文月份名

实现过程

　　（1）在 TC 中创建一个 C 文件。

　　（2）引用头文件，代码如下：

```
#include<stdio.h>
#include<conio.h>
```

　　（3）程序主要代码如下：

```
int main()
{
    char *Month[]={                        /*定义字符串数组*/
            "January",
            "February",
            "March",
            "April",
            "May",
            "June",
```

```
                "Junly",
                "August",
                "September",
                "October",
                "November",
                "December"
        };
        int i;
        char **p;                                    /*声明指向指针的指针变量*/
        p=Month;                                     /*将数组首地址值赋给指针变量*/
        printf("Input a number for month\n");
        scanf("%d",&i);                              /*输入要显示的月份号*/
        printf("The month is:");
        printf("%s\n",*(p+i-1));        /*使用指向指针的指针输出对应的字符串数组中的字符串*/
        getch();
        return 0;
}
```

技术要点

使用指针的指针实现对字符串数组中字符串的输出。这里首先定义了一个包含月份英文名的字符串数组，并定义了一个指向指针的指针变量指向该数组。使用该变量输出字符串数组的字符串。

实例 181　使用指针插入元素

（实例位置：配套资源\SL\11\181）

实例说明

在有序（升序）的数组中插入一个数，使插入后的数组仍然有序。运行结果如图 11.19 所示。

图 11.19　插入元素

实现过程

（1）在 TC 中创建一个 C 文件。

（2）引用头文件，进行宏定义，代码如下：

```
#include<stdio.h>
#define N 10
```

（3）自定义函数 insert()，用于实现向有序的数组中插入一个元素，并使插入后的数组仍然有序。代码如下：

```
void insert(int *a, int n, int x)                  /*插入元素的自定义过程*/
{
    int*p, *q;                                     /*声明指针变量*/
```

```
    for(p=a;p<a+n; p++)                              /*遍历数组元素*/
    {
        if(*p>x)                                     /*找到要插入的位置*/
        {
            q=p;                                     /*记录要插入的位置*/
            break;                                   /*跳出循环*/
        }
    }
    for(p=a+n;p>=q;p--)                              /*将插入位置之后的数据下移*/
        *p=*(p-1);
    *q=x;                                            /*插入*/
}
```

（4）程序主要代码如下：

```
main()
{
    int i, a[N+1],an;                               /*声明变量和数组*/
    int *p;                                         /*声明指针变量*/
    printf("Input 10 seriate integer :\n ");
    for (i = 0; i < N; i++)
        scanf("%d", &a[i]);                         /*输入数组元素*/
    printf("input inserting data: ");
    scanf("%d", &an);                               /*输入要插入的数*/
    insert(a,N,an);                                 /*进行插入操作*/
    for(p=a;p<a+N+1;p++)
    {
        printf("%3d",*p);                           /*输出插入元素后的数组*/
    }
}
```

技术要点

关于指针技术要点，可以参照实例 180 的技术要点。

实例 182　使用指针交换两个数组中的最大值

（实例位置：配套资源\SL\11\182）

实例说明

在屏幕上输入两个分别带有 5 个元素的数组，使用指针实现将两个数组中的最大值交换，并输入交换最大值之后的两个数组。运行结果如图 11.20 所示。

实现过程

（1）创建一个 C 文件。

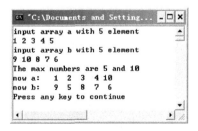

图 11.20　交换两个数组中的最大值

Note

（2）引用头文件，进行宏定义，代码如下：

```
#include <stdio.h>
#define N 5
```

（3）自定义函数 max()，用于获取数组中最大值的位置，并返回这个位置，其返回值为指针型数据。代码如下：

```
*max(int *a, int n)                          /*自定义函数返回数组最大值地址*/
{
    int *p, *q;                              /*定义指针变量*/
    q=a;                                     /*获取首地址*/
    for(p=a+1;p<a+n;p++)                      /*判断查找最大值*/
    {
        if(*p>*q)
            q=p;                             /*将最大值地址保存在 q 中*/
    }
    return q;                                /*返回最大值地址*/
}
```

（4）自定义函数 swap()，用于两个数组元素值的交换，这里的参数为指针型，表示要交换数据的两个数组元素的地址。代码如下：

```
swap(int *pa, int *pb)                       /*交换两个数值的自定义函数*/
{
    int temp;                                /*定义变量*/
    temp=*pa;                                /*进行交换*/
    *pa=*pb;
    *pb=temp;
}
```

（5）在 main()函数中实现输入两个数组，调用自定义函数实现查找数组中最大值并将两个最大值交换。代码如下：

```
main()
{
    int a[N], b[N];                          /*定义两个数组*/
    int *pa, *pb, *p;                        /*定义指针变量*/
    printf("input array a with 5 element\n");
    for(p=a;p<a+N;p++)                       /*输入数组元素*/
    {
        scanf("%d",p);
    }
    printf("input array b with 5 element\n");
    for(p=b;p<b+N;p++)                       /*输入数组 b 的元素*/
    {
        scanf("%d",p);
    }
    pa=max(a,N);                             /*获取数组 a 中的最大值地址*/
    pb=max(b,N);                             /*获取数组 b 中的最大值地址*/
    printf("The max numbers are %d and %d\n",*pa,*pb);
```

```
        swap(pa,pb);                                    /*交换两个元素值*/
        printf("now a: ");
        for(p=a;p<a+N;p++)                              /*输出数组*/
        {
            printf ("%3d",*p);
        }
        printf("\nnow b: ");
        for(p=b;p<b+N;p++)                              /*输出数组*/
        {
            printf ("%3d",*p);
        }
        printf("\n");
    }
```

技术要点

本实例实现使用指针交换两个数组中的最大值，首先要先分别找出两个数组中最大值的地址，然后使用指针将两个数组中最大值的地址中的值进行交换。

实例 183   输出二维数组有关值

（实例位置：配套资源\SL\11\183）

实例说明

本实例实现在窗体上输出二维数组的有关值，以及指向二维数组的指针变量的应用。运行结果如图 11.21 所示。

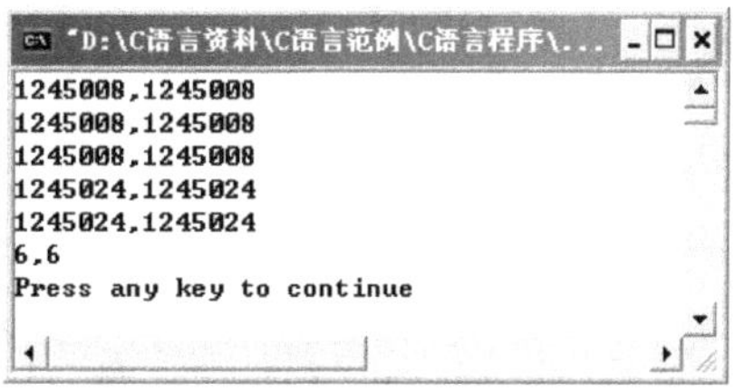

实现过程

（1）打开 Visual C++ 6.0 开发环境，新建一个 C 源文件，并输入要创建 C 源文件的名称。

（2）引用头文件，代码如下：

图 11.21　输出二维数组有关值

```
    #include <stdio.h>
    #include <conio.h>
```

（3）创建 main()函数，实现输出与二维数组有关的值。

（4）程序主要代码如下：

```
    void main()
    {
        int a[3][4]={1,2,3,4,5,6,7,8,9,10,11,12};       /*声明数组*/
        printf("%d,%d\n",a,*a);                         /*输出第 0 行首地址和 0 行 0 列元素地址*/
        printf("%d,%d\n",a[0],*(a+0));                  /*输出 0 行 0 列地址*/
        printf("%d,%d\n",&a[0],&a[0][0]);               /*0 行首地址和 0 行 0 列地址*/
        printf("%d,%d\n",a[1],a+1);                     /*输出 1 行 0 列地址和 1 行首地址*/
        printf("%d,%d\n",&a[1][0],*(a+1)+0);            /*输出 1 行 0 列地址*/
```

```
        printf("%d,%d\n",a[1][1],*(*(a+1)+1));            /*输出 1 行 1 列元素值*/
        getch();
    }
```

技术要点

要更清楚地了解二维数组的指针,首先要掌握二维数组数据结构的特性。二维数组可以看成是元素值为一维数组的数组。假设有一个 3 行 4 列的二维数组 a,定义为:

> int a[3][4]={{1,2,3,4},{5,6,7,8},{9,10,11,12}};

其中,a 是数组名。a 数组包含 3 行,即 3 个元素——a[0]、a[1]、a[2]。而每个元素又是一个包含 4 个元素的一维数组。同一维数组一样,a 的值为数组首元素地址值,而这里的首元素为 4 个元素组成的一维数组。因此,从二维数组角度看,a 代表的是首行的首地址。a+1 代表的是第一行的首地址。a[0]+0 可表示为&a[0][0],即首行首元素地址;a[0]+1 可表示为&a[0][1],即首行第二个元素的地址。

使用指针指向数组时,在一维数组中 a[0]与*a[0]等价,a[1]与*a(+1)等价。因此,在二维数组中,a[0]+1 和*(a+0)+1 的值都是&a[0][1],如图 11.22 中的地址 1002;a[1]+2 和*(a+1)+2 的值都是&a[1][2],如图 11.22 中的地址 1012。

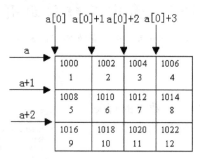

图 11.22　二维数组地址描述

实例 184　输出二维数组任一行任一列值

（实例位置：配套资源\SL\11\184）

实例说明

本实例实现在窗体上输出一个 3 行 4 列的数组,输入要显示数组元素的所在行数和列数,将在窗体上显示该数组元素的值。运行结果如图 11.23 所示。

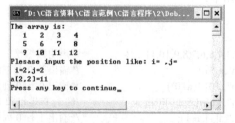

图 11.23　输出二维数组任一行任一列值

实现过程

（1）打开 Visual C++ 6.0 开发环境，新建一个 C 源文件，并输入要创建 C 源文件的名称。

（2）引用头文件，代码如下：

```
#include <stdio.h>
#include <conio.h>
```

（3）创建 main()函数，实现在窗体上显示一个 3 行 4 列的数组，并能够输出制定数组元素的值。

（4）程序主要代码如下：

```
main()
{
    int a[3][4]={1,2,3,4,5,6,7,8,9,10,11,12};        /*定义数组*/
    int *p,(*pt)[4],i,j;                              /*声明指针、指针型数组等变量*/
    printf("The array is:");
    for(p=a[0];p<a[0]+12;p++)
    {
        if((p-a[0])%4==0)printf("\n");               /*每行输出 4 个元素*/
        printf("%4d",*p);                            /*输出数组元素*/
    }
    printf("\n");
    printf("Plesase input the position like: i= ,j= \n ");
    pt=a;
    scanf("i=%d,j=%d",&i,&j);                         /*输入元素位置*/
    printf("a[%d,%d]=%d\n",i,j,*(*(pt+i)+j));         /*输出指定位置的数组元素*/
    getch();
}
```

技术要点

本实例使用指向由 m 个元素组成的一维数组的指针变量，实现输出二维数组中指定的数值元素。当指针变量指向一个包含 m 个元素的一维数组时，如果 p 初始指向了 a[0]，即 p=&a[0]，则 p+1 指向 a[1]，而不是 a[0][1]。其示意图如图 11.24 所示。

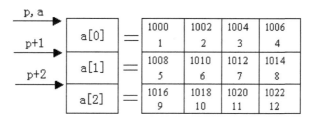

图 11.24　数组与指针关系示意图

定义一个指向一维数组的指针变量可以按如下方式书写：

```
int (*p)[4]
```

该语句表示定义一个指针变量 p，它指向包含 4 个整型元素的一维数组。也就是 p 所指的对象是有 4 个整型元素的数组，其值为该一维数组的首地址。可以将 p 看成是二维数组中的行指针，p+i 表示二维数组第 i 行的地址，如图 11.24 所示。因为 p+i 表示二维数组第 i 行的地址，所以*(p+i)+j 表示二维数组第 i 行第 j 列的元素地址。*(*(p+i)+j)则表示二维数组第 i 行第 j 列的值，即 a[i][j]的值。

实例 185 将若干字符串按照字母顺序输出

（实例位置：配套资源\SL\11\185）

实例说明

本实例实现对程序中给出的几个字符串按照由小到大的顺序进行排序，并将排序结果显示在窗体上。运行结果如图 11.25 所示。

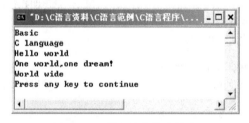

图 11.25 将字符串排序输出

实现过程

（1）创建一个 C 文件。

（2）引用头文件，代码如下：

```c
#include "stdio.h"
#include "string.h"
#include "conio.h"
```

（3）自定义函数 sort()，实现对字符串进行排序。代码如下：

```c
sort(char *strings[], int n)                              /*对字符串排序*/
{
    char *temp;
    int i, j;
    for (i = 0; i < n; i++)
    {
        for (j = i + 1; j < n; j++)
        {
            if (strcmp(strings[i], strings[j]) > 0)       /*比较字符大小，交换位置*/
            {
                temp = strings[i];
                strings[i] = strings[j];
```

```
                    strings[j] = temp;
                }
            }
        }
    }
```

（4）创建 main()函数，实现使用指针数组构造一个字符串数组，调用 sort()函数对字符串进行排序，并显示排序后的数组结果。

（5）程序主要代码如下：

```
    void main()
    {
        int n = 5;
        int i;
        char *strings[] =
        {
            "C language", "Basic", "World wide", "Hello world",
            "One world,one dream!"
        };                                              /*构造字符串数组*/
        sort(strings, n);                               /*排序*/
        for (i = 0; i < n; i++)
            printf("%s\n", strings[i]);
        getch();
    }
```

技术要点

本实例应用到了实例 175 中的使用指针数组构造一个字符串数组，然后比较这个字符串数组中各元素值的大小，实现对数组内容按照由大到小的顺序输出。自定义函数 sort()的作用是对字符串进行排序。sort()函数的形参 strings 是指针数组名，接受实参传过来的 strings 数组的首地址，这里使用选择排序法进行排序。本实例应用了字符串函数 strcmp()进行字符串比较，下面对这个函数进行介绍。

strcmp 字符串比较函数：

函数原型：int strcmp(char *str1,char *str2)

应用的头文件：#include<string.h>

函数功能：比较两个字符串的大小，其实就是将两个字符串从首字符开始逐一进行比较，字符的比较是按照字符的 ASCII 码值进行比较。

返回值：返回结果为 str1-str2 的值。返回结果大于 0，表示字符串 str1 大于字符串 str2；返回结果等于 0，表示两个字符串相等；返回结果小于 0，表示字符串 str1 小于字符串 str2。

实例 186 用指向函数的指针比较大小

（实例位置：配套资源\SL\11\186）

实例说明

本实例实现输入两个整数后，将输入的较小值输出显示在窗体上。运行结果如图 11.26

所示。

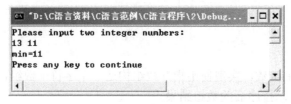

图 11.26　输出较小值

实现过程

（1）打开 Visual C++ 6.0 开发环境，新建一个 C 源文件，并输入要创建 C 源文件的名称。

（2）引用头文件，代码如下：

```
#include "stdio.h"
```

（3）自定义函数 min()，实现返回输入的两个整数中的较小值。代码如下：

```
min(int a ,int b)
{
    if(a<b) return a;                /*如果 a 小于 b 则返回 a*/
    else return b;                   /*否则返回 b*/
    }
```

（4）创建 main()函数，在此函数中实现定义指向函数的指针变量，并使此函数指针变量指向 min()函数，将得到的结果输出在窗体上。代码如下：

```
void main()
{
    int(*pmin)();
    int a, b, m;
    pmin = min;
    printf("Please input two integer numbers: \n");
    scanf("%d%d", &a, &b);                       /*输入两个值*/
    m = (*pmin)(a, b);                           /*返回最小值*/
    printf("min=%d", m);
    getch();
    printf("\n");
    return 0;
}
```

技术要点

这里使用指向函数的指针实现调用比较数值大小的函数。一个函数在编译时被分配一个入口地址，这个地址就称为函数的指针。所以也可以使用指针变量指向一个函数，然后通过该指针变量调用这个函数。关于指向函数的指针变量的介绍，可以参照实例 176 的技术要点。

实例 187 寻找指定元素的指针

（实例位置：配套资源\SL\11\187）

实例说明

本实例实现寻找指定元素的指针，运行结果如图 11.27 所示。

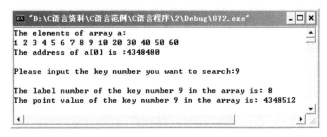

图 11.27 寻找指定元素的指针

实现过程

（1）打开 Visual C++ 6.0 开发环境，新建一个 C 源文件，并输入要创建 C 源文件的名称。

（2）引用头文件，声明数组，代码如下：

```
#include <stdio.h>
#include <conio.h>
int a[] =
{
    1, 2, 3, 4, 5, 6, 7, 8, 9, 10, 20, 30, 40, 50, 60
};
```

（3）自定义函数 search()，实现查找指定值在数组中的位置；自定义函数 find()，实现返回指定值的指针，即返回指定值的地址。代码如下：

```
int search(int *pt, int n, int key)
{
    int *p;
    for (p = pt; p < pt + n; p++)
    {
        if (*p == key)                    /*如果指针指向的值等于指定值，返回在数组中的位置*/
        {
            return p - pt;
        }
    }
    return 0;
}
int *find(int *pt, int n, int key)
{
```

```
        int *p;
        for (p = pt; p < pt + n; p++)            /*如果指针指向的值等于指定值，返回地址*/
        {
            if (*p == key)
            {
                return p;
            }
        }
        return 0;
    }
```

（4）创建 main()函数，在此函数中调用 search()和 find()函数，将得到的结果输出在窗体上。代码如下：

```
    main()
    {
        int i, key;
        int *j;
        printf("The elements of array a:\n");
        for (i = 0; i < sizeof(a) / sizeof(a[0]); i++)                    /*输入数组 a 的元素*/
        {
            printf("%d ", a[i]);
        }
        printf("\nThe address of a[0] is :%d\n", &a[0]);
        printf("\nPlease input the key number you want to search:");      /*输入要查找的值*/
        scanf("%d", &key);
        i = search(a, sizeof(a) / sizeof(a[0]), key);
        printf("\nThe label number of the key number %d in the array is: %d", key, i);/*输出查找值在数组中的位置*/
        j = find(a, sizeof(a) / sizeof(a[0]), key);
        printf("\nThe point value of the key number %d in the array is: %d", key, j);   /*输出查找值所在位置*/
        getch();
    }
```

技术要点

本实例应用返回指针的函数实现返回指定元素的指针，详细介绍可参考实例 172。

实例 188   字符串的匹配

（实例位置：配套资源\SL\11\188）

实例说明

本实例实现对两个字符串进行匹配操作，即在第一个字符串中查找是否存在第二个字符串。如果字符串完全匹配，则提示匹配的信息，并显示第二个字符串在第一个字符串中的开始位置，否则提示不匹配。运行结果如图 11.28 所示。

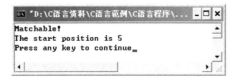

图 11.28　字符串的匹配

实现过程

（1）在 TC 中创建一个 C 文件。

（2）引用头文件，代码如下：

```
#include "stdio.h"
#include <string.h>
#include <conio.h>
```

（3）自定义函数 match()，实现字符串匹配操作。代码如下：

```
int   match( char   B,   char   A )                    /*此函数实现字符串的匹配操作*/
{
    int   i, j, start = 0;
    int   lastB = strlen (B)-1;
    int   lastA = strlen (A)-1 ;
    int   endmatch = lastA;
    for(j=0;endmatch<=lastB;endmatch++,start++)
    {
        if ( B[endmatch] == A[lastA])
            for (j=0,i=start;j<lastA&&B[i]==A[j];)
                i++,j++;
        if ( j == lastA ){
            return (start+1);                          /*成功*/
        }
    if(endmatch>lastB)
    {                                                  /*循环输出*/
        printf("The string is not matchable!");
        return   -1;
    }
}
```

（4）创建 main()函数，在此函数中调用 match()函数，将得到的结果输出在窗体上。
代码如下：

```
void main()
{
    char s[] = "One world,one dream";                 /*原字符串*/
    char t[] = "world";                                /*要测试匹配的字符串*/
    int p = match(s, t);
    if (p != -1)                                       /*如果匹配成功输出位置*/
    {
```

```
            printf("Matchable!\n");
            printf("The start position is %d", p);
        }
    printf("\n");
    getch();
}
```

技术要点

　　本实例创建了自定义函数 match() 进行字符串的匹配操作。match() 函数包含两个参数，参数 B 为要进行匹配操作的字符串，其类型为字符型指针；参数 A 为用来匹配的字符串。使用循环语句比较 A 字符串最后一个字符是否与 B 中字符相同，如果相同，使用循环语句比较 A 与 B 是否匹配。

常用数据结构

本章读者可以学到如下实例：

实例 189 比较计数

（实例位置：配套资源\SL\12\189）

实例说明

用比较计数法对结构数组 a 按字段 num 进行升序排序，num 的值从键盘中输入。运行结果如图 12.1 所示。

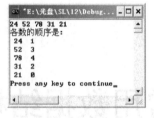

图 12.1 比较计数

实现过程

（1）在 VC++ 6.0 中创建一个 C 文件。

（2）引用头文件，进行宏定义，代码如下：

```c
#include<stdio.h>
#define N 5
```

（3）定义结构体 order，用来存储数据及其排序，并定义结构体数组 a。代码如下：

```c
struct order                    /*定义结构体用来存储数据及其排序*/
{
    int num;
    int con;
}a[20];                         /*定义结构体数组 a*/
```

（4）程序主要代码如下：

```c
void main()
{
    int i,j;
    for(i=0;i<N;i++)
    {
        scanf("%d",&a[i].num);          /*输入要进行排序的 5 个数字*/
        a[i].con=0;
    }
    for(i=N-1;i>=1;i--)
        for(j=i-1;j>=0;j--)
            if(a[i].num<a[j].num)       /*对数组中的每个元素和其他元素进行比较*/
                a[j].con++;             /*记录排序号*/
            else
                a[i].con++;
    printf("各数的顺序是：\n");
    for(i=0;i<N;i++)
        printf("%3d%3d\n",a[i].num,a[i].con);/*将数据及其排序输出*/
}
```

技术要点

本实例的算法思想是：定义结构体用来存储输入的数据及其最后排序，对数组中的元素逐个比较并用结构体中成员变量 con 记录该元素大于其他元素的次数，次数越大证明该数据越大。

实例 190　找出最高分

（实例位置：配套资源\SL\12\190）

实例说明

通过结构体变量记录学生成绩，比较得到记录中的最高成绩，并输出该学生的信息。运行结果如图 12.2 所示。

图 12.2　找出最高分

实现过程

（1）在 VC++ 6.0 中创建一个 C 文件。

（2）引用头文件，代码如下：

```
#include<stdio.h>
```

（3）声明 struct student 类型，其成员为学生信息。代码如下：

```
struct student
{
    /*结构体成员*/
    int num;
    char name[20];
    float score;
};
```

（4）在 main()函数中定义 struct student 类型的数组，查找数组中各学生记录的最高分，并显示在窗体上。代码如下：

```
void main()
{
    int i, m;
    float maxscore;
    struct student stu[5] =
    {
        {101, "李明", 89} ,
        {102, "苑达", 95},
        {103, "孙佳", 89},
        {104, "王子川", 85},
        {105, "刘春月", 75}
    };                                      /*声明结构体类型数组*/
    m = 0;
    maxscore = stu[0].score;                /*初始化最高成绩*/
    for (i = 1; i < 5; i++)
    {
```

Note

```
            if (stu[i].score > maxscore)
            {
                maxscore = stu[i].score;                    /*记录最高成绩*/
                m = i;                                       /*记录最高成绩下标*/
            }
        }
        printf("最高分是: %5.1f\n", maxscore);              /*输出最高成绩*/
        printf("最高分学生的学号:  %d\n", stu[m].num);      /*最高成绩的学号*/
        printf("最高分学生的姓名:  %s\n", stu[m].name);     /*最高成绩的姓名*/
    }
```

技术要点

本实例应用了结构体数组实现存储学生信息记录。下面介绍结构体数组的相关知识。

一个结构体变量中可以存放一组数据（如一个学生的学号、姓名、年龄等数据）。如果要记录的学生数量很多，定义多个结构体变量显然很麻烦，这时就要应用数组。数据元素为结构体类型的数组称为结构体数组。与一般数组不同的是，结构体数组元素都是一个结构体类型的数据，它们各自还包含成员。

结构体数组的定义与一般结构体变量定义类似，只需说明其为数组即可，例如：

```
    struct student stu[5];
```

表示定义了一个名为 stu 的数组，数组有 5 个元素，它的每个元素都是一个 struct student 类型数据。

与定义结构体变量一样，结构体数组也可以直接定义结构体数组，例如：

```
    struct student
    {
        int num;
        char name[20];
        float score;
    } stu[5] ;
```

或者

```
    struct
    {
        int num;
        char name[20];
        float score;
    } stu[5] ;
```

实例 191　信息查询

（实例位置：配套资源\SL\12\191）

实例说明

从键盘中输入姓名和电话号码，以#号结束，编程实现输入姓名可查询电话号码的功能。运行结果如图 12.3 所示。

图 12.3　信息查询

实现过程

（1）在 VC++ 6.0 中创建一个 C 文件。

（2）引用头文件并进行宏定义。代码如下：

```
#include <stdio.h>
#include <string.h>
#define MAX 101
```

（3）定义结构体 aa，用来储存电话号码和姓名。代码如下：

```
struct aa                          /*定义结构体 aa 存储姓名和电话号码*/
{
    char name[15];
    char tel[15];
};
```

（4）自定义函数 readin()，用来实现电话号码和姓名存储的过程。代码如下：

```
int readin(struct aa *a)               /*自定义函数 readin()，用来存储姓名及电话号码*/
{
    int i=0,n=0;
    while(1)
    {
        scanf("%s",a[i].name);         /*输入姓名*/
        if(!strcmp(a[i].name,"#"))
            break;
        scanf("%s",a[i].tel);          /*输入电话号码*/
        i++;
        n++;                           /*记录的条数*/
    }
    return n;                          /*返回条数*/
}
```

（5）自定义函数 search()，用来查询输入的姓名所对应的电话号码。代码如下：

```
void search(struct aa *b,char *x,int n)/*自定义函数 search()，用来查找姓名所对应的电话号码*/
{
    int i;
```

```
        i=0;
        while(1)
        {
            if(!strcmp(b[i].name,x))          /*查找与输入姓名相匹配的记录*/
            {
                printf("姓名：%s    电话：%s\n",b[i].name,b[i].tel);/*输出查找到的姓名所对应的电
话号码*/

                break;
            }
            else
                i++;
            n--;
            if(n==0)
            {
                printf("没有找到!");          /*若没查找到记录输出提示信息*/
                break;
            }
        }
    }
```

（6）程序主要代码如下：

```
    void main()
    {
        struct aa s[MAX];          /*定义结构体数组 s*/
        int num;
        char name[15];
        num=readin(s);             /*调用 readin()函数*/
        printf("输入姓名：");
        scanf("%s",name);          /*输入要查找的姓名*/
        search(s,name,num);        /*调用 search()函数*/
    }
```

技术要点

本实例的主要思路是：首先定义一个结构体用来存储姓名及电话号码，再分别定义两
个函数，一个函数的作用是将输出的姓名及电话号码存储到结构体数组中；另一个函数的
作用是根据输入的姓名查找电话号码，最后在主函数中分别调用这两个函数就能实现题中
所要求的功能。

实例 192   候选人选票程序

（实例位置：配套资源\SL\12\192）

实例说明

设计一个候选人选票程序。假设有 3 个候选人，在屏幕上输入要选择的候选人姓名，
有 10 次投票机会，最后输出每个人的得票结果。运行结果如图 12.4 所示。

图 12.4　候选人选票程序

实现过程

（1）在 VC++ 6.0 中创建一个 C 文件。

（2）引用头文件，代码如下：

```c
#include<stdio.h>
#include<string.h>
```

（3）声明结构体类型并定义结构体变量。代码如下：

```c
struct candidate                                    /*定义结构体类型*/
{
    char name[20];                                  /*存储名字*/
    int count;                                      /*存储得票数*/
} cndt[3]={{"王",0},{"张",0},{"李",0}};              /*定义结构体数组*/
```

（4）程序主要代码如下：

```c
void main()
{
    int i,j;                                        /*声明变量*/
    char Ctname[20];                                /*声明数组*/
    for(i=1;i<=10;i++)                              /*进行 10 次投票*/
    {
        scanf("%s",&Ctname);                        /*输入候选人姓名*/
        for(j=0;j<3;j++)
        {
            if(strcmp(Ctname,cndt[j].name)==0)      /*字符串比较*/
                cndt[j].count++;                    /*给相应的候选人票数加 1*/
        }
    }
    for(i=0;i<3;i++)
    {
        printf("%s : %d\n",cndt[i].name,cndt[i].count);   /*输出投票结果*/
    }
}
```

技术要点

　　为候选人设定数据类型可以描述候选人的姓名以及票数信息，因此结构类型名为

candidate，成员字符数组 name 表示候选人姓名，以及 count 描述候选人得票数目。设定数组 cndt，存放 3 个元素，初始化候选人姓名以及票数 0。主函数中设定循环输入 10 个候选人姓名，如果输入的姓名和某个候选人姓名相同，那么相应的候选人的票数增加计数。

脚下留神：

　　比较姓名时，因为是字符串之间的比较，不能利用关系运算符比较，必须要利用 strcmp() 函数比较。

实例 193　计算开机时间

（实例位置：配套资源\SL\12\193）

实例说明

　　编程实现计算开机时间，要求在每次开始计算开机时间时都能接着上次记录的结果向下记录。运行结果如图 12.5 所示。

图 12.5　计算开机时间

实现过程

　　（1）在 TC 中创建一个 C 文件。

　　（2）引用头文件，代码如下：

```
#include <stdio.h>
```

　　（3）定义结构体 time，用来存储时间信息。代码如下：

```
struct time                    /*定义结构体 time，存储时间信息*/
{
    int hour;
    int minute;
    int second;
}t;
```

　　（4）main()函数作为程序的入口函数，代码如下：

```
void main()
{
    FILE *fp;                              /*定义文件类型指针 fp*/
    fp=fopen("Time","r");                  /*以只读方式打开文件 Time*/
```

```
        fread(&t,sizeof(struct time),1,fp);                    /*读取文件中信息*/
        while(!kbhit())                                        /*当无按键时执行循环体语句*/
        {
            rewind(fp);                                        /*将文件指针设置到文件起点*/
            sleep(1);                                          /*程序停止 1 秒钟*/
            fread(&t,sizeof(struct time),1,fp);                /*读取文件中的内容*/
            if(t.second==59)                                   /*如果到 60 秒*/
            {
                t.minute=t.minute+1;                           /*如果到 60 秒分钟数加 1*/
                if(t.minute==60)                               /*判断是否到 60 分钟*/
                {
                    t.hour=t.hour+1;                           /*到 60 分钟小时数加 1*/
                    t.minute=0;                                /*分数置 0*/
                }
                t.second=0;                                    /*秒数置 0*/
            }
            else
                t.second=t.second+1;                           /*秒数加 1*/
            printf("%d:%d:%d\n",t.hour,t.minute,t.second);     /*输出累积开机时间*/
            fp=fopen("Time","w");                              /*以可写方式打开 Time 文件*/
            fwrite(&t,sizeof(struct time),1,fp);               /*定义结构体 time，存储时间信息*/
            fclose(fp);                                        /*关闭文件指针*/
        }
    }
```

技术要点

实例中以秒为单位读取系统时间，将读取的时间存到指定磁盘文件中，每次开始计时的时候就从该磁盘文件中读取上次记录的时间接着计时，当秒数达到 60，则分钟数加 1，如果分钟数达到 60，则小时数加 1。

实例 194　取出整型数据的高字节数据

（实例位置：配套资源\SL\12\194）

实例说明

设计一个共用体，实现提取出 int 变量中的高字节中的数值，并改变这个值。输入十六进制的数，运行结果如图 12.6 所示。

图 12.6　取出整型数据的高字节数据

实现过程

（1）在 VC++ 6.0 中创建一个 C 文件。

（2）引用头文件，代码如下：

```
#include <stdio.h>
```

（3）定义包含两个成员的共用体类型，一个为字符数组型，用于保存数据的高字节位和低字节为数据；另一个为 int 型，用于存储一个数据。代码如下：

```
union {                                    /*定义共用体*/
    char ch[2];                            /*共用体成员*/
    int num;
}word;                                     /*共用体变量*/
```

（4）程序主要代码如下：

```
void main()
{
    word.num=0x1234;                       /*以十六进制方式为数据成员赋值*/
    printf("十六进制数是：%x\n",word.num);    /*以十六进制输出数据*/
    printf("高字节位数据是：%x\n",word.ch[1]); /*以十六进制输出高字节位数据*/
    word.ch[1]='b';                        /*修改高字节位数据*/
    printf("现在这个数变为：%x\n",word.num);  /*查看结果*/
}
```

技术要点

通常，整型变量在内存中占 2 个字节，取出高字节数据需要访问存储空间。有两种访问方法，即全部访问和分字节访问。本例使用后一种访问存储空间，这样可以设定共用体结构，然后将数据读出。

实例 195　使用共用体存放学生和老师信息

（实例位置：配套资源\SL\12\195）

实例说明

根据输入的职业标识，区分是老师还是学生，然后根据输入的信息，将对应的信息输出。如果是学生则输出班级；如果是老师则输出职位。其中"s"表示学生，"t"表示老师。运行结果如图 12.7 所示。

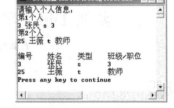

图 12.7　使用共用体存放学生和老师信息

实现过程

（1）在 VC++ 6.0 中创建一个 C 文件。

（2）引用头文件，代码如下：

```
#include <stdio.h>
```

（3）声明包含共用体类型的结构体类型，并声明一个变量。代码如下：

```
struct
{
    int num;
    char name[10];
    char tp;
```

```
        union                                      /*共用体类型*/
        {
            int inclass;
            char position[10];
        }job;                                      /*共用体变量*/
    }person[2];                                    /*结构体变量*/
```

（4）main()函数作为程序的入口函数，代码如下：

```
    void main()
    {
        int i;
        printf("请输入个人信息：\n");
        for(i=0;i<2;i++)
        {
            printf("第%d 个人\n",i+1);
            scanf("%d %s %c",&person[i].num,person[i].name,&person[i].tp);        /*输入信息*/
            if(person[i].tp=='s')                          /*根据类型值判断是老师还是学生*/
                scanf("%d",&person[i].job.inclass);        /*输入工作类型*/
            else if(person[i].tp=='t')
                scanf("%s",person[i].job.position);
            else
                printf("输入有误");
        }
        printf("\n 编号     姓名     类型      班级/职位\n");
        for(i=0;i<2;i++)
        {
            if(person[i].tp=='s')                                   /*根据工作类型输出结果*/
                printf("%d\t%s\t%c\t%d",person[i].num,person[i].name,person[i].tp,person[i].job.inclass);
            else if(person[i].tp=='t')
                printf("%d\t%s\t%c\t%s",person[i].num,person[i].name,person[i].tp,person[i].job.position);
            printf("\n");
        }
    }
```

技术要点

本实例使用了包含共用体的结构体，其中有 4 个成员，即一个整型成员、一个字符数组成员、一个字符成员和一个共用体成员。共用体的两个成员存放老师和学生的级别信息，即班级和职位。通过输入代表工作类型的字符"s"或"t"进行判断，输出相应的个人信息。

实例 196　使用共用体处理任意类型数据

（实例位置：配套资源\SL\12\196）

实例说明

设计一个共用体类型，使其成员包含多种数据类型，根据不同的类型，输出不同的数据。运行结果如图 12.8 所示。

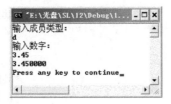

图 12.8　使用共用体处理任意类型数据

实现过程

（1）在 VC++ 6.0 中创建一个 C 文件。

（2）引用头文件，代码如下：

```
#include <stdio.h>
```

（3）定义包含学生信息的结构体类型，代码如下：

```
union {                                          /*定义共用体*/
    int i;                                       /*共用体成员*/
    char c;
    float f;
    double d;
}temp;                                           /*声明共用体类型的变量*/
```

（4）程序主要代码如下：

```
void main()
{
    char TypeFlag;
    printf("输入成员类型：\n");
    scanf("%c",&TypeFlag);                       /*输入类型符*/
    printf("输入数字：\n");
    switch(TypeFlag)                             /*多分支选择语句判断输入*/
    {
    case 'i':scanf("%d",&temp.i);break;
    case 'c':scanf("%c",&temp.c);break;
    case 'f':scanf("%f",&temp.f);break;
    case 'd':scanf("%lf",&temp.d);
    }
    switch(TypeFlag)                             /*多分支选择语句判断输出*/
    {
    case 'i':printf("%d",temp.i);break;
    case 'c':printf("%c",temp.c);break;
    case 'f':printf("%f",temp.f);break;
    case 'd':printf("%lf",temp.d);
    }
    printf("\n");
}
```

技术要点

本实例中的数据类型是首先设定各种基本类型的变量，因为这些基本类型不是一次全部处理的，所以设定各种基本类型变量组成共用体类型。在主函数中，定义字符变量TypeFlag，当输入的 TypeFlag 的值不同时，就会处理不同的 temp 成员中的数据。

实例 197　输出今天星期几

（实例位置：配套资源\SL\12\197）

实例说明

利用枚举类型表示一周的每一天，通过输入数字来输出对应的是星期几。运行结果如图 12.9 所示。

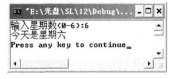

图 12.9　输出今天星期几

实现过程

（1）在 VC++ 6.0 中创建一个 C 文件。

（2）引用头文件，声明枚举类型，代码如下：

```
#include <stdio.h>
enum week{Sunday,Monday,Tuesday,Wednesday,Thursday,Friday,Saturday};        /*定义枚举结构*/
```

（3）main()函数作为程序的入口函数，代码如下：

```
void main()
{
    int day;                                        /*定义整型变量*/
    printf("输入星期数（0-6）: ");
    scanf("%d",&day);                               /*输入 0~6 的值*/
    switch(day)                                     /*根据数值进行判断*/
    {
    case Sunday: printf("今天是星期天"); break;        /*根据枚举类型进行判断*/
    case Monday: printf("今天是星期一"); break;
    case Tuesday: printf("今天是星期二"); break;
    case Wednesday: printf("今天是星期三"); break;
    case Thursday: printf("今天是星期四"); break;
    case Friday: printf("今天是星期五"); break;
    case Saturday: printf("今天是星期六"); break;
    }
    printf("\n");
}
```

技术要点

枚举类型是将具有相同属性的一类数据值一一列举。枚举类型的一般定义格式是：

```
enum 枚举类型名 {标识符 1,标识符 2,…,标识符 n};
```

大括号内的"标识符 1,标识符 2,…,标识符 n"是枚举类型的全部取值，将它们称为枚举常量。声明完枚举类型，声明枚举变量。本实例中声明的枚举类型是：

```
enum week{Sunday,Monday,Tuesday,Wednesday,Thursday,Friday,Saturday};
```

利用数字代码分别表示一周中不同的一天，通过输入数字判断对应的是星期几。

脚下留神：

枚举变量的取值范围是固定的，只可以在枚举常量中进行选择。

实例 198　创建单向链表

（实例位置：配套资源\SL\12\198）

实例说明

本实例实现创建一个简单的链表，并将这个链表中的数据输出到窗体上。运行结果如图 12.10 所示。

图 12.10　创建单向链表

实现过程

（1）在 VC++ 6.0 中创建一个 C 文件。

（2）引用头文件，代码如下：

```c
#include "stdio.h"
#include <malloc.h>
```

（3）声明 struct LNode 类型，代码如下：

```c
struct LNode
{
    int data;
    struct LNode *next;
};
```

（4）自定义函数 create()，实现创建一个链表，将此函数定义为指针类型，使其返回值为指针值，返回值指向一个 struct LNode 类型数据，实际上是返回链表的头指针。代码如下：

```c
struct LNode *create(int n)
{
    int i;
    struct LNode *head,  *p1,  *p2;
    int a;
    head = NULL;
    printf("输入整数：\n");
    for (i = n; i > 0; --i)
```

```
            {
                p1 = (struct LNode*)malloc(sizeof(struct LNode));          /*分配空间*/
                scanf("%d", &a);                                          /*输入数据*/
                p1->data = a;                                             /*数据域赋值*/
                if (head == NULL)                                         /*指定头节点*/
                {
                    head = p1;
                    p2 = p1;
                }
                else
                {
                    p2->next = p1;                                        /*指定后继指针*/
                    p2 = p1;
                }
            }
            p2->next = NULL;
            return head;
        }
```

（5）在 main()函数中调用自定义函数 create()，实现创建一个链表，并将链表中的数据输出。代码如下：

```
        void main()
        {
            int n;
            struct LNode *q;
            printf("输入你想创建的节点个数：");
            scanf("%d", &n);                                             /*输入链表节点个数*/
            q = create(n);
            printf("结果是：\n");
            while (q)
            {
                printf("%d    ", q->data);                               /*输出链表*/
                q = q->next;
            };
            printf("\n");
        }
```

技术要点

链表是动态分配存储空间的链式存储结构，其包括一个"头指针"变量，头指针中存放一个地址，该地址指向一个元素。链表中每一个元素称为"节点"，每个节点都由两部分组成，即存储数据元素的数据域和存储直接后继存储位置的指针域。指针域中存储的即是链表的下一个节点的存储位置，是一个指针。多个节点构成一个链表。链表的结构示意图如图 12.11 所示。

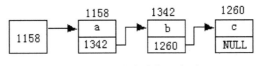

图 12.11　链表结构示意图

其中第 0 个节点称为整个链表的头节点，它一般不存放具体数据，只是存放第一个节点的地址，也称为"头指针"。最后一个节点的指针域设置为空（NULL），作为链表的结束标志，表示它没有后继节点。

指点迷津：

从图 12.11 可以看出，链表中的存储节点并不一定是连续存放的，而是只要获得链表的头结点，就可以通过指针遍历整条链表。

使用结构体变量作为链表中的节点，因为结构体变量成员可以是数值类型、字符类型、数组类型，也可以是指针类型，这样就可以使用指针类型成员来存放下一个节点的地址，使用其他类型成员存放数据信息。例如，一个结构体类型如下：

```
struct LNode
{
    int data;
    struct LNode *next;
};
```

上面的结构体类型中成员 data 用来存放节点中的数据，相当于图 12.11 中的 a、b、c。next 是指针类型的成员，它指向 struct LNode 类型数据，就是本结构体类型的数据。

脚下留神：

上面只是定义了一个结构体类型，并未实际分配存储空间，只有定义了变量才分配存储空间。

在创建链表时要动态地为链表分配空间，C 语言的库函数提供了几种函数实现动态开辟存储单元。这里使用 malloc()函数实现动态地开辟存储单元，下面进行介绍。

malloc()函数的语法格式如下：

```
void *malloc(unsigned int size);
```

其作用是在内存的动态存储区中分配一个长度为 size 的连续空间。函数返回值是一个指向分配域起始地址的指针（类型为 void）。如果分配空间失败（如内存空间不足），则返回空指针（NULL）。

实例 199 创建双向链表

（实例位置：配套资源\SL\12\199）

实例说明

本实例实现创建一个双向链表，并将这个链表中的数据输出到窗体上，输入要查找的学生姓名，将查找的姓名从链表中删除，并显示删除后的链表。运行结果如图 12.12 所示。

图 12.12 创建双向链表

实现过程

（1）在 VC++ 6.0 中创建一个 C 文件。

（2）引用头文件，代码如下：

```
#include <stdio.h>
```

（3）声明 struct node 类型，代码如下：

```
typedef struct node
{
    char name[20];
    struct node *prior, *next;
} stud;                                    /*双链表的结构定义*/
```

（4）自定义函数 creat()，实现创建一个双向链表，将此函数定义为指针类型，使其返回值为指针值，返回值指向一个 struct node 类型数据，实际上是返回链表的头指针。代码如下：

```
stud * creat(int n)
{
    stud *p,  *h,  *s;
    int i;
    h = (stud*)malloc(sizeof(stud));          /*申请节点空间*/
    h->name[0] = '\0';
    h->prior = NULL;
    h->next = NULL;
    p = h;
    for (i = 0; i < n; i++)
    {
        s = (stud*)malloc(sizeof(stud));
        p->next = s;                          /*指定后继节点*/
        printf("输入第%d 个学生的姓名：", i + 1);
        scanf("%s", s->name);
        s->prior = p;                         /*指定前驱节点*/
        s->next = NULL;
        p = s;
```

Note

```
        }
        p->next = NULL;
        return (h);
    }
```

（5）自定义函数 search()，实现查找要删除的节点，如果找到则返回该节点地址。代码如下：

```
stud *search(stud *h, char *x)
{
    stud *p;                          /*指向结构体类型的指针*/
    char *y;
    p = h->next;
    while (p)
    {
        y = p->name;
        if (strcmp(y, x) == 0)        /*如果是要删除的节点，则返回地址*/
            return (p);
        else
            p = p->next;
    }
    printf("没有找到数据!\n");
}
```

（6）自定义函数 del()，实现删除链表中指定的节点。代码如下：

```
void del(stud *p)
{
    p->next->prior = p->prior;        /*p 的下一个节点的前驱指针指向 p 的前驱节点*/
    p->prior->next = p->next;         /*p 的前驱节点的后继指针指向 p 的后继节点*/
    free(p);
}
```

（7）在 main()函数中调用自定义函数 creat()，实现创建一个链表，并将链表中的数据输出。调用自定义函数 search()和 del()实现查找指定节点并从链表中将该节点删除。代码如下：

```
void main()
{
    int number;
    char sname[20];
    stud *head,   *sp;
    puts("请输入链表的大小： ");
    scanf("%d", &number);             /*输入链表节点数*/
    head = creat(number);             /*创建链表*/
    sp = head->next;
    printf("\n 现在这个双链表是: \n");
    while (sp)                        /*输出链表中数据*/
    {
        printf("%s ", &*(sp->name));
        sp = sp->next;
```

Note

```
    }
    printf("\n 请输入你想查找的姓名：\n");
    scanf("%s", sname);
    sp = search(head, sname);                    /*查找指定节点*/
    printf("你想查找的姓名是：%s\n",  * &sp->name);
    del(sp);                                      /*删除节点*/
    sp = head->next;
    printf("\n 现在这个双链表是"\n");
    while (sp)
    {
        printf("%s ", &*(sp->name));              /*输出当前链表中数据*/
        sp = sp->next;
    }
    printf("\n");
    puts("\n 按任意键退出...");
}
```

技术要点

单向链表节点的存储结构只有一个指向直接后继的指针域，所以从单链表的某个节点出发只能顺指针查找其他节点。使用双向链表可以避免单向链表这种单向性的缺点。

顾名思义，双向链表的节点有两个指针域，一个指向其直接后继；另一个指向其直接前驱。代码如下：

```
    typedef struct DulNode
    {
        char name[20];
        struct node *prior;       /*直接前驱指针*/
        struct node *next;        /*直接后继指针*/
    }DNode;
```

其结构如图 12.13 所示。

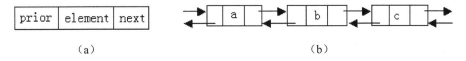

图 12.13　双向链表示意图

如图 12.13（a）所示，双向链表包括 3 个域，两个指针域一个数据域。如图 12.13（b）所示，可以看出双向链表节点间的关系。

实例 200　创建循环链表

（实例位置：配套资源\SL\12\200）

实例说明

本实例实现创建一个循环链表，这里只创建一个简单的循环链表来演示循环链表的创建和输出方法。运行结果如图 12.14 所示。

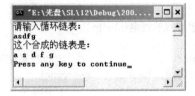

图 12.14　创建循环链表

实现过程

（1）在 VC++ 6.0 中创建一个 C 文件。

（2）引用头文件，代码如下：

```
#include <stdio.h>
```

（3）声明 struct student 类型，代码如下：

```
typedef struct student
{
    int num;
    struct student *next;
} LNode,   *LinkList;
```

（4）自定义函数 create()，实现创建一个循环链表，其返回值为指针值，并指向一个 struct node 类型数据，实际上是返回链表的头指针。代码如下：

```
LinkList create(void)
{
    LinkList head;
    LNode *p1,   *p2;
    char a;
    head = NULL;
    a = getchar();
    while (a != '\n')
    {
        p1 = (LNode*)malloc(sizeof(LNode));          /*分配空间*/
        p1->num = a;                                 /*数据域赋值*/
        if (head == NULL)
            head = p1;
        else
            p2->next = p1;
        p2 = p1;
        a = getchar();
    }
    p2->next = head;                                 /*尾节点指向头节点*/
    return head;
}
```

（5）程序主要代码如下：

```
void main()
{
```

Note

```
        LinkList L1, head;
        printf("请输入循环链表：\n");
        L1 = create();                          /*创建循环链表*/
        head = L1;
        printf("这个合成的链表是：\n");
        printf("%c ", L1->num);
        L1 = L1->next;                          /*指向下一个节点*/
        while (L1 != head)
        {
            /*判断条件为循环到头节点结束*/
            printf("%c ", L1->num);
            L1 = L1->next;
        }
        printf("\n");
    }
```

技术要点

循环链表是另一种形式的链式存储结构。只是链表中最后一个节点的指针域指向头节点，使链表形成一个环，从表中任一节点出发均可找到表中其他节点，如图 12.15 所示为单链表的循环链表结构示意图。也可以有双链表的循环链表。

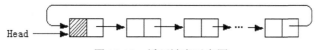

图 12.15 循环链表示意图

循环链表与普通链表的操作基本一致，只是在算法中循环遍历链表节点时判断条件不再是 p->next 是否为空，而是是否等于链表的头指针。

实例 201 使用头插入法建立单链表

（实例位置：配套资源\SL\12\201）

实例说明

本实例实现使用头插入法创建一个单链表，并将单链表输出在窗体上。运行结果如图 12.16 所示。

图 12.16 头插入法建立单链表

实现过程

（1）在 VC++ 6.0 中创建一个 C 文件。

（2）引用头文件，代码如下：

```
#include <stdio.h>
```

（3）声明 struct student 类型，代码如下：

```
typedef struct student
{
    char num;
    struct student *next;
} LNode,  *LinkList;
```

（4）自定义函数 create()，实现创建一个链表，返回创建的链表的头节点地址。代码
如下：

```
LinkList create(void)
{
    LinkList head;
    LNode *p1;
    char a;
    head = NULL;
    printf("请输入链表元素：\n");
    a = getchar();
    while (a != '\n')
    {
        p1 = (LinkList)malloc(sizeof(LNode));          /*分配空间*/
        p1->num = a;                                    /*数据域赋值*/
        p1->next = head;
        head = p1;
        a = getchar();
    }
    return head;                                        /*返回头节点*/
}
```

（5）main()函数作为程序的入口函数，代码如下：

```
void main()
{
    LinkList L1;
    L1 = create();
    printf("这个链表是：\n");
    while (L1)
    {
        printf("%c ", L1->num);
        L1 = L1->next;
    }
    printf("\n");
}
```

技术要点

头插入法创建单链表的算法思想是：先创建一个空表，生成一个新节点，将新节点插

入到当前链表的表头节点之后，直到插入完成。

头插入法创建的链表的逻辑顺序与在屏幕上输入数据的顺序相反，所以头插入法也可以说是逆序建表法。

实例 202 双链表逆序输出

（实例位置：配套资源\SL\12\202）

实例说明

本实例实现创建一个指定节点数的双向链表，并将双链表中的节点数据逆序输出。运行结果如图 12.17 所示。

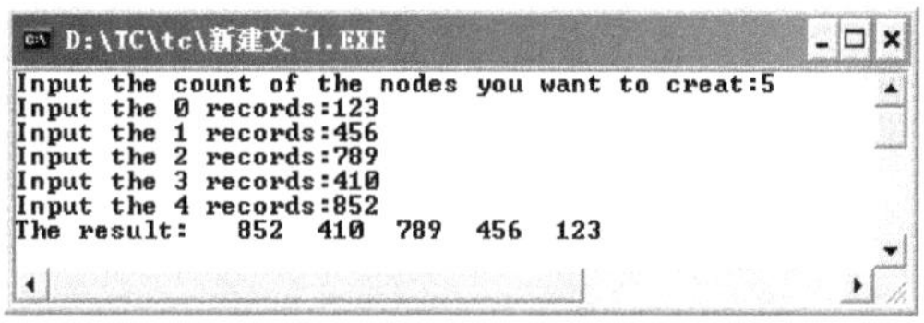

图 12.17 双链表逆序输出

实现过程

（1）在 TC 中创建一个 C 文件。

（2）引用头文件，定义宏，代码如下：

```c
#include <stdio.h>
#define N 10
```

（3）声明双链表结构，代码如下：

```c
typedef struct node
{
    char name[20];
    struct node *prior, *next;
} stud;                          /*双链表的结构定义*/
```

（4）自定义函数 creat()，实现创建一个双链表，其返回值为指针值，并指向一个 struct node 类型数据，实际上是返回链表的头指针。代码如下：

```c
stud *creat(int n)
{
    stud *p,  *h,  *s;           /*声明双链表结构类型的指针*/
    int i;
    h = (stud*)malloc(sizeof(stud));  /*创建头节点*/
    /*初始化头节点*/
    h->name[0] = '\0';
    h->prior = NULL;
    h->next = NULL;
    p = h;                       /*p 指向头节点*/
```

```c
for (i = 0; i < n; i++)
{
    s = (stud*)malloc(sizeof(stud));        /*申请节点空间*/
    p->next = s;
    printf("Input the %d records:",i);
    scanf("%s", s->name);                   /*输入数据*/
    s->prior = p;                           /*指定前驱节点*/
    s->next = NULL;                         /*指定后继节点*/
    p = s;
}
p->next = NULL;
return (h);                                 /*返回头节点*/
}
```

（5）自定义函数 gettp()，实现获取一个指向双链表尾节点的指针。代码如下：

```c
stud *gettp(stud *head)
{
    stud *p,    *r;
    while (p->next != NULL)
    {
        p = p->next;
    }
    return p;                               /*返回尾节点指针*/
}
```

（6）在主函数中调用自定义函数 creat()和 gettp()，实现创建并找到双向链表的尾节点。使用双链表节点中的指向直接前驱的指针遍历双链表，并将节点的数据依次输出到窗体上。代码如下：

```c
void main()
{
    int n, i;
    int x;
    stud *q;
    printf("Input the count of the nodes you want to creat:");
    scanf("%d", &n);                        /*输入要创建链表的节点数*/
    q = creat(n);                           /*创建双链表*/
    q = gettp(q);                           /*找到双链表的尾节点*/
    printf("The result: ");
    while (q)
    {
        printf("   %s", &*(q->name));        /*逆序输出*/
        q = q->prior;                       /*从尾节点开始向前遍历链表节点*/
    }
    getch();
}
```

技术要点

双链表节点数据逆序输出的实现算法很简单，因为双向链表有两条指针链，一条可以看成是从头节点出发直到尾节点的指针链；另一条可以看成是从尾节点出发直到指向头节点的指针链。双链表节点数据的逆序输出就是根据双链表的这个特性实现的，从尾节点到头节点使用指针依次遍历该链表的节点，即可实现逆序查找双链表节点，并将节点数据域的数据信息输出。

实例 203　约瑟夫环

（**实例位置：配套资源\SL\12\203**）

实例说明

本实例使用循环链表实现约瑟夫环。给定一组编号分别是 4、7、5、9、3、2、6、1、8。报数初始值由用户输入，这里输入 4，如图 12.18 所示，按照约瑟夫环原理打印输出队列。

图 12.18　约瑟夫环

实现过程

（1）在 VC++ 6.0 中创建一个 C 文件。

（2）引用头文件，声明结构体，声明自定义函数等。代码如下：

```c
#include "stdio.h"
#define N 9
#define OVERFLOW 0
#define OK 1
int KeyW[N]={4,7,5,9,3,2,6,1,8};
```

（3）声明 struct LNode 类型，代码如下：

```c
typedef struct LNode{
    int keyword;
    struct LNode *next;
}LNode,*LinkList;
```

（4）自定义函数 Joseph()，使用循环链表实现约瑟夫环算法，根据给定数获得一个数列。代码如下：

```c
void Joseph(LinkList p,int m,int x)
{
    LinkList q;                              /*声明变量*/
    int i;
    if(x==0)return;
    q=p;
    m%=x;
    if(m==0)m=x;
    for(i=1;i<=m;i++){                       /*找到下一个节点*/
        p=q;
        q=p->next;
    }
```

```
        p->next=q->next;
        i=q->keyword;
        printf("%d ",q->keyword);
        free(q);
        Joseph(p,i,x-1);                                    /*递归调用*/
    }
```

（5）创建 main()函数作为程序的入口函数，调用自定义函数 Joseph()实现约瑟夫环算法，并将得到的数列输出。代码如下：

```
    int main()
    {
        int i,m;
        LinkList Lhead,p,q;
        Lhead=(LinkList)malloc(sizeof(LNode));              /*申请节点空间*/
        if(!Lhead) return OVERFLOW;
        Lhead->keyword=KeyW[0];                             /*数据域赋值*/
        Lhead->next=NULL;
        p=Lhead;
        for(i=1;i<9;i++){                                   /*创建循环链表*/
            if(!(q=(LinkList)malloc(sizeof(LNode))))return OVERFLOW;
            q->keyword=KeyW[i];
            p->next=q;
            p=q;
        }
        p->next=Lhead;
        printf("请输入第一次计数值m：\n");
        scanf("%d",&m);
        printf("输出的队列是：\n");
        Joseph(p,m,N);
        getch();
        return OK;
    }
```

技术要点

约瑟夫环算法是：n 个人围成一圈，每个人都有一个互不相同的密码，该密码是一个整数值，选择一个人作为起点，然后顺时针从 1 到 k（k 为起点人手中的密码值）数数。数到 k 的人退出圈子，然后从下一个人开始继续从 1 到 j（刚退出圈子的人的密码）数数，数到 j 的人退出圈子。重复上面的过程。直到剩下最后一个人。

实例 204 创建顺序表并插入元素

（实例位置：配套资源\SL\12\204）

实例说明

本实例实现创建一个顺序表，在顺序表中插入元素，并输出到窗体上。运行结果如图 12.19 所示。

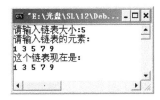

图 12.19　创建顺序表并插入元素

实现过程

（1）在 VC++ 6.0 中创建一个 C 文件。

（2）引用头文件，进行宏定义，代码如下：

```
#include <stdio.h>
#define Listsize 100
```

（3）声明 struct sqlist 类型，代码如下：

```
struct sqlist
{
    int data[Listsize];
    int length;
};
```

（4）自定义函数 InsertList()，用来在顺序表中插入元素。代码如下：

```
void InsertList(struct sqlist *l, int t, int i)
{
    int j;
    if (i < 0 || i > l->length)
    {
        printf("位置错误");
        exit(1);
    }
    if (l->length >= Listsize)                  /*如果超出顺序表范围，则溢出*/
    {
        printf("溢出");
        exit(1);
    }
    for (j = l->length - 1; j >= i; j--)        /*插入元素*/
        l->data[j + 1] = l->data[j];
    l->data[i] = t;
    l->length++;
}
```

（5）程序主要代码如下：

```
void main()
{
    struct sqlist *sq;
    int i, n, t;
    sq = (struct sqlist*)malloc(sizeof(struct sqlist));   /*分配空间*/
```

```
    sq->length = 0;
    printf("请输入链表大小： ");
    scanf("%d", &n);
    printf("请输入链表的元素：\n");
    for (i = 0; i < n; i++)
    {
        scanf("%d", &t);
        InsertList(sq, t, i);                          /*插入元素*/
    } printf("这个链表现在是：\n");
    for (i = 0; i < sq->length; i++)
    {
        printf("%d ", sq->data[i]);
    }
    getch();
}
```

技术要点

顺序表是用一组地址连续的存储单元依次存储线性表的数据元素。线性表是最常用且最简单的一种数据结构，一个线性表是 n 个数据元素的有限序列。

假设顺序表中的每个元素需要占用 L 个存储单元，并以所占的第一个单元的存储地址作为数据元素的存储位置，则顺序表中第 i+1 个数据元素的存储位置 Loci+1 和第 i 个数据元素的存储位置 Loci 之间的关系如下：

Loci+1=Loci+L

顺序表中的第 i 个数据元素的存储位置为：

Loci+1=Loc1+(i-1)*L

上面的式子中，Loc1 是顺序表中的第一个元素的存储位置，通常称为顺序表的起始位置或是基地址。

实例 205　合并两个链表

（实例位置：配套资源\SL\12\205）

实例说明

本实例实现将两个链表合并，合并后的链表为原来两个链表的连接，即将第二个链表直接连接到第一个链表的尾部，合成为一个链表。运行结果如图 12.20 所示。

实现过程

（1）在 VC++ 6.0 中创建一个 C 文件。

（2）引用头文件，代码如下：

图 12.20　合并两个链表

```
#include <stdio.h>
```

（3）声明 struct student 类型，代码如下：

```
typedef struct student
{
    int num;
    struct student *next;
} LNode,  *LinkList;
```

（4）自定义函数 create()，实现创建一个链表，其返回值为指针值，并指向一个 struct node 类型数据，实际上是返回链表的头指针。代码如下：

```
LinkList create(void)
{
    LinkList head;
    LNode *p1,  *p2;
    char a;
    head = NULL;
    a = getchar();
    while (a != '\n')
    {
        p1 = (LNode*)malloc(sizeof(LNode));            /*分配空间*/
        p1->num = a;                                   /*数据域赋值*/
        if (head == NULL)
            head = p1;
        else
            p2->next = p1;
        p2 = p1;
        a = getchar();
    }
    p2->next = NULL;
    return head;
}
```

（5）自定义函数 coalition()，实现将创建的两个链表合并。代码如下：

```
LinkList coalition(LinkList L1, LinkList L2)
{
    LNode *temp;
    if (L1 == NULL)
        return L2;
    else
    {
        if (L2 != NULL)
        {
            for (temp = L1; temp->next != NULL; temp = temp->next);
            temp->next = L2;                           /*遍历 L1 中节点直到尾节点*/
        }
    }
    return L1;
}
```

（6）创建 main() 函数作为程序的入口函数，调用自定义函数 create() 实现创建两个链表，调用自定义函数 coalition() 实现将两个链表合并，并将合并后的链表输出。代码如下：

```
void main()
{
    LinkList L1, L2, L3;
    printf("请输入两个链表：\n");
    printf("第一个链表是：\n");
    L1 = create();                              /*创建一个链表*/
    printf("第二个链表是：\n");
    L2 = create();                              /*创建第二个链表*/
    coalition(L1, L2);                          /*连接两个链表*/
    printf("合并后的链表是：\n");
    while (L1)                                  /*输出合并后的链表*/
    {
        printf("%c", L1->num);
        L1 = L1->next;
    }
    getch();
}
```

技术要点

本实例是将两个链表合并，即将两个链表连接起来。主要思想是先找到第一个链表的尾节点，使其指针域指向下一个链表的头节点。

实例 206　单链表节点逆置

（实例位置：配套资源\SL\12\206）

实例说明

本实例实现创建一个单链表，并将链表中的节点逆置，将逆置后的链表输出在窗体上。运行结果如图 12.21 所示。

图 12.21　单链表就地逆置

实现过程

（1）在 VC++ 6.0 中创建一个 C 文件。

（2）引用头文件，代码如下：

```
#include <stdio.h>
```

（3）声明 struct student 类型，代码如下：

```
struct student
{
    int num;
    struct student *next;
};
```

（4）自定义函数 create()，实现创建一个循环链表，其返回值为指针值，并指向一个 struct node 类型数据，实际上是返回链表的头指针。代码如下：

```
struct student *create(int n)
{
    int i;
    struct student *head,  *p1,  *p2;
    int a;
    head = NULL;
    printf("链表元素：\n");
    for (i = n; i > 0; --i)
    {
        p1 = (struct student*)malloc(sizeof(struct student));      /*分配空间*/

        scanf("%d", &a);
        p1->num = a;                                               /*数据域赋值*/
        if (head == NULL)
        {
            head = p1;
            p2 = p1;
        }
        else
        {
            p2->next = p1;                                         /*指定后继指针*/
            p2 = p1;
        }
    }
    p2->next = NULL;
    return head;                                                   /*返回头节点指针*/
}
```

（5）自定义函数 reverse()，实现将单链表逆置。代码如下：

```
struct student *reverse(struct student *head)
{
    struct student *p,  *r;
    if (head->next && head->next->next)
    {
        p = head;                                                 /*获取头节点地址*/
        r = p->next;
        p->next = NULL;
        while (r)
        {
            p = r;
            r = r->next;
            p->next = head;
            head = p;
        } return head;
    }
    return head;                                                  /*返回头节点*/
}
```

（6）创建 main()函数，作为程序的入口函数，调用自定义函数 create()实现创建单链表，调用自定义函数 reverse()实现将单链表逆置。代码如下：

```
void main()
{
    int n, i;
    int x;
    struct student *q;
    printf("输入你想创建的节点个数：");
    scanf("%d", &n);
    q = create(n);                    /*创建单链表*/
    q = reverse(q);                   /*单链表逆置*/
    printf("逆置后的单链表是：\n");
    while (q)                         /*输出逆置后的单链表*/
    {
        printf("%d ", q->num);
        q = q->next;
    } getch();
}
```

技术要点

本实例实现单链表的逆置，主要算法思想是：将单链表的节点按照从前往后的顺序依次取出，并依次插入到头节点的位置。

实例 207 应用栈实现进制转换

（实例位置：配套资源\SL\12\207）

实例说明

本实例实现应用栈实现进制的转换，可以将十进制数转换为其他进制数。运行结果如图 12.22 所示。

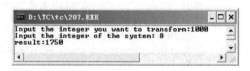

图 12.22 应用栈实现进制转换

实现过程

（1）在 TC 中创建一个 C 文件。

（2）引用头文件，代码如下：

```
#include <stdio.h>
```

（3）定义结构体类型及变量，代码如下：

```
typedef struct{
    DataType *base;
    DataType *top;
    int stacksize;
}SeqStack;
```

（4）自定义函数 Initial()，实现构造栈、进栈、出栈、取栈顶元素等操作。代码如下：

```
void Initial(SeqStack *s)
{/*构造一个空栈*/
    s->base=(DataType *)malloc(STACK_SIZE * sizeof(DataType));
    if(!s->base) exit (-1);
    s->top=s->base;
    s->stacksize=STACK_SIZE;
}
/*判栈空*/
int IsEmpty(SeqStack *S)
{
    return S->top==S->base;
}
/*判栈满*/
int IsFull(SeqStack *S)
{
    return S->top-S->base==STACK_SIZE-1;
}
/*进栈*/
void Push(SeqStack *S,DataType x)
{
    if (IsFull(S))
    {
        printf("栈上溢"); /*上溢，退出运行*/
        exit(1);
    }
    *S->top++ =x;/*栈顶指针加 1 后将 x 入栈*/
}
/*出栈*/
DataType Pop(SeqStack *S)
{
    if(IsEmpty(S))
    {
        printf("栈为空"); /*下溢，退出运行*/
        exit(1);
    }
    return *--S->top;/*栈顶元素返回后将栈顶指针减 1*/
}
/*取栈顶元素*/
DataType Top(SeqStack *S)
{
    if(IsEmpty(S))
    {
        printf("栈为空"); /*下溢，退出运行*/
        exit(1);
    }
    return *(S->top-1);
}
```

（5）自定义函数 conversion()，实现十进制整数的进制转换功能。代码如下：

```
void conversion(int N,int B)
{/*假设 N 是非负的十进制整数，输出等值的 B 进制数*/
    int i;
    SeqStack *S;

    Initial(S);
    while(N){    /*从右向左产生 B 进制的各位数字，并将其入栈*/
        Push(S,N%B); /*将 bi 入栈 0<=i<=j*/
        N=N/B;
    }

    while(!IsEmpty(S)){    /*栈非空时退栈输出*/
        i=Pop(S);
        printf("%d",i);
    }
}
```

（6）创建 main() 函数作为程序的入口函数，调用自定义函数 conversion() 实现对给定的十进制整数进行进制转换。代码如下：

```
void main()
{
    int n,d;
    printf("Input the integer you want to transform:");
    scanf("%d",&n);
    printf("Input the integer of the system: ");
    scanf("%d",&d);
    printf("result:");
    conversion(n,d);
    getch();
}
```

技术要点

本实例使用栈实现进制的转换。由于栈具有后进先出的固有特性，使栈成为了程序设计中有用的工具。这里实现的是十进制数 n 和其他进制数 d 的转换，其解决方法很多，本实例的算法思想是：将十进制数与要转换的进制数值做整除运算，取余，将整除运算得到的商再与要转换的进制数值做整除运算，再取余，重复上面操作，直到除尽，最后将得到的余数逆序排列，即是要得到的结果。

例如，要将十进制数 1000 转换为八进制数，其运算过程如表 12.1 所示。

表 12.1　将十进制数 1000 转换为八进制数的运算过程

N	N div 8	N mod 8
1000	125	0
125	15	5
15	1	7
1	0	1

其中，div 为整除运算，mod 为求余运算。

因为进制转换结果是上述取余运算的逆序序列，这正符合了栈的后进先出的特性。先将每次运算所得的余数一味地入栈，然后一味地出栈，得到的出栈序列即是所要的结果。

实例 208 用栈实现行编辑程序

（实例位置：配套资源\SL\12\208）

实例说明

要求编写一个简单的行编辑程序，其主要功能是将用户输入的信息存入用户的数据区。当用户发现输入错误时，可补进一个"#"号，表示前一个字符无效；当发现错误较多时，可补进一个"@"，表示前面写过的字符均无效，回车表示该行输入完毕。运行结果如图 12.23 所示。

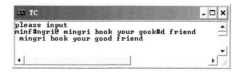

图 12.23 用栈实现行编辑程序

实现过程

（1）在 TC 中创建一个 C 文件。

（2）引用头文件，进行宏定义及数据类型的指定，代码如下：

```
#include <stdio.h>
#define STACK_SIZE 100              /*假定预分配的栈空间最多为 100 个元素*/
typedef char DataType;             /*设定 DataType 代表的数据类型为字符型*/
```

（3）定义结构体类型及变量，代码如下：

```
typedef struct                     /*定义结构体*/
{
  DataType *base;                  /*定义栈底指针*/
  DataType *top;                   /*定义栈顶指针*/
  int stacksize;                   /*定义栈的大小*/
} SeqStack;                        /*SeqStack 为该结构体类型*/
```

（4）自定义函数 Initial()，实现构造栈、进栈、出栈、取栈顶元素、清空栈等操作。代码如下：

```
void Initial(SeqStack *S)          /*初始化栈*/
{
    S->base = (DataType*)malloc(STACK_SIZE *sizeof(DataType));
    if (!S->base)
        exit( - 1);
    S->top = S->base;              /*栈为空时栈顶栈底指针指向同一处*/
    S->stacksize = STACK_SIZE;
```

```
    }

int IsEmpty(SeqStack *S)                            /*判栈空*/
{
    return S->top == S->base;
}

int IsFull(SeqStack *S)                             /*判栈满*/
{
    return S->top - S->base == STACK_SIZE - 1;
}

void Push(SeqStack *S, DataType x)                  /*进栈*/
{
    if (IsFull(S))
    {
        printf("overflow");                         /*上溢，退出运行*/
        exit(1);
    }
    else
        *S->top++ = x;                              /*栈顶指针加 1 后将 x 入栈*/
}

void Pop(SeqStack *S)                               /*出栈*/
{
    if (IsEmpty(S))
    {
        printf("NULL");                             /*下溢，退出运行*/
        exit(1);
    }
    else
        --S->top;                                   /*栈顶元素返回后将栈顶指针减 1*/
}

DataType Top(SeqStack *S)                           /*取栈顶元素*/
{
    if (IsEmpty(S))
    {
        printf("empty");                            /*下溢，退出运行*/
        exit(1);
    }
    return *(S->top - 1);
}

void ClearStack(SeqStack *S)                        /*清空栈*/
{
    S->top = S->base;
}
```

（5）自定义函数 LineEdit()，实现行编辑功能。代码如下：

```
void LineEdit(SeqStack *S)                          /*自定义行编辑程序*/
{
    int i = 0, a[100], n;                           /*定义变量数据类型为基本整型*/
    char ch;                                        /*定义 ch 为字符型*/
    ch = getchar();                                 /*将输入字符赋给 ch*/
    while (ch != '\n')                              /*当未输入回车时执行循环体语句*/
    {
        i++;                                        /*记录进栈元素个数*/
        switch (ch)                                 /*判断输入字符*/
        {
        case '#':                                   /*当输入字符为#*/
            Pop(S);                                 /*出栈*/
            i -= 2;                                 /*元素个数减 2*/
            break;
        case '@':                                   /*当输入字符为@*/
            ClearStack(S);                          /*清空栈*/
            i = 0;                                  /*进栈元素个数清零*/
            break;
        default:
            Push(S, ch);                            /*当不是#和@时，其余元素进行进栈操作*/
        }
        ch = getchar();                             /*接收输入字符赋给 ch*/
    }
    for (n = 1; n <= i; n++)                        /*将栈中元素存入数组中*/
    {
        a[n] = Top(S);
        Pop(S);
    }
    for (n = i; n >= 1; n--)                        /*将数组中的元素输出*/
        printf("%c", a[n]);
}
```

（6）创建 main()函数作为程序的入口函数，调用 LineEdit()函数实现简单的行编辑程序。代码如下：

```
void main()                                         /*主函数*/
{
    SeqStack *ST;
    printf("please input\n");
    Initial(ST);
    LineEdit(ST);                                   /*调用行编辑函数*/
}
```

技术要点

根据本实例的要求，可将这个输入缓冲区以一个栈的形式来实现，当从终端接收一个字符时先做判断，看它是不是退格符（"#"）或清行符（"@"）。若是退格符，则进行一次出栈；若是退行符，则进行一次清空栈的操作。当然这些操作的前提是先初始化一个栈，并自定义栈的相关操作函数，如出栈函数、进栈函数、清空栈的函数等。

实例 209 用栈设置密码

（实例位置：配套资源\SL\12\209）

实例说明

使用栈设置一个密码，当输入错误密码时，系统提示密码错误，输入错误 3 次退出。输入正确的密码后，显示密码正确。程序密码为"13579"，运行效果如图 12.24 所示。

图 12.24 设置密码程序

实现过程

（1）在 TC 中创建一个 C 文件。

（2）引用头文件，代码如下：

```
#include <stdio.h>
#include<string.h>
#include<conio.h>
#include<stdlib.h>
```

（3）预定义全局变量，代码如下：

```
#define STACK_SIZE 100 /*假定预分配的栈空间最多为 100 个元素*/
char PASSWORD[10]= "13579";
typedef char DataType;/*假定栈元素的数据类型为字符*/
```

（4）定义结构体类型及变量，代码如下：

```
typedef struct{
    DataType *base;
    DataType *top;
    int stacksize;
    int length;
}SeqStack;
```

（5）自定义函数 Initial()，实现构造栈、进栈、出栈、取栈顶元素等操作。代码如下：

```
void Initial(SeqStack *s)
{
    s->base=(DataType *)malloc(STACK_SIZE * sizeof(DataType));
```

```c
        if(!s->base) exit (-1);
        s->top=s->base;
        s->stacksize=STACK_SIZE;
        s->length=0;
}
/*判栈空*/
int IsEmpty(SeqStack *S)
{
        return S->top==S->base;
}
/*判栈满*/
int IsFull(SeqStack *S)
{
        return S->top-S->base==STACK_SIZE-1;
}
/*进栈*/
void Push(SeqStack *S,DataType x)
{
        if (IsFull(S))
        {
            printf("栈上溢");                    /*上溢，退出运行*/
            exit(1);
        }
        *(S->top++) =x;                          /*栈顶指针加 1 后将 x 入栈*/
        ++S->length;
        /* printf("%c",*S->top);*/
}
/*出栈*/
DataType Pop(SeqStack *S)
{
        if(IsEmpty(S))
        {
            printf("栈为空");                    /*下溢，退出运行*/
            exit(1);
        }
        --(S->length);

        return *--S->top;                        /*栈顶元素返回后将栈顶指针减 1*/
}
/*取栈顶元素*/
DataType GetTop(SeqStack *S,DataType *e)
{
        if(IsEmpty(S))
        {
            printf("栈为空");                    /*下溢，退出运行*/
            exit(1);
        }
        *e= *(S->top-1);
        S->top--;
```

```
}
void change(SeqStack *s,char *a)
{
    int n=s->length-1;
    while(!IsEmpty(s))
    {
        GetTop(s,&a[n--]);}
}
void clearstack(SeqStack *s)
{
    s->top=s->base;
    s->length=0;
}
```

（6）自定义函数 PwdSet()，实现使用栈判断用户输入的密码是否正确。代码如下：

```
void PwdSet(SeqStack *s)
{
    int i=0,k,j=0;
    DataType ch,*a;
    k=strlen(PASSWORD);
    printf("input password ");
    for(;;)
    {
        if(i>=3)
        {
            i++;
            break;
        }
        else if(i>0 && i<3)
        {

            for(j=1;j<=s->length;j++)printf(" ");
            clearstack(s);
        }
        for(;;)
        {
            ch=getch();
            if(ch!=13)
            {
                if(ch==8){
                    Pop(s);
                    gotoxy(4+j,2);
                    printf(" ");
                    gotoxy(4+j,2);
                }
                else{printf("*");Push(s,ch);}
                j=s->length;
```

```
                }
                else
                {printf("\n");
                break;}
            }
        i++;
        if(k!=j)continue;
        else
        {
            a=(DataType *)malloc(s->length * sizeof(DataType));
            change(s,a);

            for(j=1;j<=s->length;)
            {
                if(*(a+j-1)==PASSWORD[j-1]) j++;
                else
                {
                    j=s->length+2;
                    printf("\n passwrod wrong!\n");
                    break;
                }
            }
            if(j==s->length+2)continue;
            else break;
        }
    }
    if(i==4)printf("\n Have no chance,It will quit!");
    else printf("\n password right!\n");
    free(a);
}
```

（7）创建 main()函数作为程序的入口函数，调用自定义函数 PwdSet()使用栈判断用户输入的密码是否正确。代码如下：

```
void main()
{
    SeqStack *s;
    clrscr();
    Initial(s);
    PwdSet(s);
    getch();
}
```

技术要点

本实例使用栈来设置密码，应用到了栈的定义、初始化、进栈、出栈等功能。这里将这些功能设置成了单个的自定义函数，并在相应的位置进行调用。本实例首先定义一个密码字符串，将键盘上输入的密码压到栈中，将栈中数据与密码字符串进行比较，看密码是否正确。输入错误 3 次则退出。

实例 210　括号匹配检测

（实例位置：配套资源\SL\12\210）

实例说明

本实例要求编写检测括号是否匹配的程序，其主要功能是对输入的一组字符串进行检测，当输入的字符串中括号（包括"{}"、"[]"、"()"）匹配时输出 matching，否则输出 no matching。运行结果如图 12.25 所示。

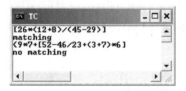

图 12.25　括号匹配检测

实现过程

（1）在 TC 中创建一个 C 文件。

（2）引用头文件，进行宏定义及数据类型的指定。代码如下：

```
#include <stdio.h>
#define STACK_SIZE 100              /*假定预分配的栈空间最多为 100 个元素*/
typedef char DataType;             /*设定 DataType 代表的数据类型为字符型*/
```

（3）定义结构体类型及变量。代码如下：

```
typedef struct                     /*定义结构体*/
{
    DataType *base;                /*定义栈底指针*/
    DataType *top;                 /*定义栈顶指针*/
    int stacksize;                 /*定义栈的大小*/
} SeqStack;                        /*SeqStack 为该结构体类型*/
```

（4）自定义函数 Initial()，实现构造栈、进栈、出栈、取栈顶元素等操作。代码如下：

```
void Initial(SeqStack *S)          /*初始化栈*/
{
    S->base = (DataType*)malloc(STACK_SIZE *sizeof(DataType));
    if (!S->base)
        exit( - 1);
    S->top = S->base;              /*栈为空时栈顶、栈底指针指向同一处*/
    S->stacksize = STACK_SIZE;
}
```

```
int IsEmpty(SeqStack *S)                                    /*判栈空*/
{
    return S->top == S->base;
}

int IsFull(SeqStack *S)                                     /*判栈满*/
{
    return S->top - S->base == STACK_SIZE - 1;
}

void Push(SeqStack *S, DataType x)                          /*进栈*/
{
    if (IsFull(S))
    {
        printf("overflow");                                /*上溢，退出运行*/
        exit(1);
    }
    else
        *S->top++ = x;                                     /*栈顶指针加 1 后将 x 入栈*/
}

void Pop(SeqStack *S)                                       /*出栈*/
{
    if (IsEmpty(S))
    {
        printf("NULL");                                    /*下溢，退出运行*/
        exit(1);
    }
    else
        --S->top;                                          /*栈顶元素返回后将栈顶指针减 1*/
}

DataType Top(SeqStack *S)                                   /*取栈顶元素*/
{
    if (IsEmpty(S))
    {
        printf("empty");                                   /*下溢，退出运行*/
        exit(1);
    }
    return *(S->top - 1);
}
```

（5）自定义函数 match()，实现行编辑功能。代码如下：

```
int match(SeqStack *S, char *str)
{
    char x;
    int i, flag = 1;
    for (i = 0; str[i] != '\0'; i++)
```

Note

```
    {
        switch (str[i])
        {
        case '(':
            Push(S, '(');
            break;
        case '[':
            Push(S, '[');
            break;
        case '{':
            Push(S, '{');
            break;
        case ')':
            x = Top(S);
            Pop(S);
            if (x != '(')
                flag = 0;
            break;
        case ']':
            x = Top(S);
            Pop(S);
            if (x != '[')
                flag = 0;
            break;
        case '}':
            x = Top(S);
            Pop(S);
            if (x != '{')
                flag = 0;
            break;
        }
        if (!flag)
            break;
    }
    if (IsEmpty(S) == 1 && flag)
        return 1;
    else
        return 0;
}
```

（6）程序主要代码如下：

```
void main()
{
    SeqStack *st;
    char str[100];
    Initial(st);
    gets(str);
    if (match(st, str))
```

```
            printf("matching\n");
        else
            printf("no matching\n");
    }
```

技术要点

[26*(12+8)/(45-29)]，观察该字符串会发现，如果从右向左扫描，那么每个右括号（包括 "}"、"]" 及 ")"）将与最近的那个未配对的左括号相配对。从这个分析中可以想到一种方法，就是对输入的每个字符进行判断，如果输入的是左括号中的任意一种就进行进栈操作，如果输入的是右括号中的任意一种，则进行取栈顶元素操作，看取出的元素是否是与这个右括号相匹配的元素，如果是则令其标志作用的变量置 1，否则置 0，若标志变量有一次为 0 就不需要进行下面的操作说明该字符串不匹配。当对整个字符串中的字符均进行了判断后看标志位是否为 1 且该栈是否为空，若标志位为 1 且该栈为空则说明该字符串括号匹配，否则不匹配。

实例 211　用栈及递归计算多项式

（实例位置：配套资源\SL\12\211）

实例说明

已知如下多项式，试编写计算 $f_n(x)$ 值的递归算法。运行结果如图 12.26 所示。

$$f_n(x)=\begin{cases}1 & \text{当n=0时} \\ 2x & \text{当n=0时} \\ 2xf_{n-1}(x)-2(n-1)f_{n-2}(x) & \text{当n=0时}\end{cases}$$

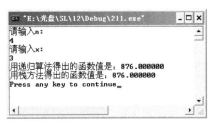

图 12.26　用栈及递归计算多项式

实现过程

（1）在 VC++ 6.0 中创建一个 C 文件。

（2）引用头文件，代码如下：

```
#include <stdio.h>
```

（3）自定义函数 f1()，用来实现递归求解多项式的值。代码如下：

```
double f1(int n, int x)                              /*自定义函数 f1()，递归的方法*/
{
```

```
        if (n == 0)
            return 1;                                   /*n 为 0 时返回值为 1*/
        else if (n == 1)
            return 2 *x;                                /*n 为 1 时返回值为 2 与 x 的乘积*/
        else
            return 2 *x * f1(n - 1, x) - 2 *(n - 1) *f1(n - 2, x);   /*当 n 大于 2 时递归求值*/
    }
```

（4）自定义函数 f2()，用来实现用栈的方法求解多项式的值。代码如下：

```
    double f2(int n, int x)                             /*自定义函数 f2()，栈的方法*/
    {
        struct STACK
        {
            int num;                                    /*num 用来存放 n 值*/
            double data;                                /*data 存放不同 n 所对应的不同结果*/
        } stack[100];
        int i, top = 0;                                 /*变量数据类型为基本整型*/
        double sum1 = 1, sum2;                          /*多项式的结果为双精度型*/
        sum2 = 2 * x;                                   /*当 n 为 1 时结果是 2*/
        for (i = n; i >= 2; i--)
        {
            top++;                                      /*栈顶指针上移*/
            stack[top].num = i;                         /*i 进栈*/
        }
        while (top > 0)
        {
            stack[top].data = 2 * x * sum2 - 2 *(stack[top].num - 1) *sum1;      /*求出栈顶元素对应的
函数值*/
            sum1 = sum2;                                /*将 sum2 赋给 sum1*/
            sum2 = stack[top].data;                     /*将刚计算出的函数值赋给 sum2*/
            top--;                                      /*栈顶指针下移*/
        }
        return sum2;                                    /*最终返回 sum2 的值*/
    }
```

（5）程序主要代码如下：

```
    void main()
    {
        int x, n;                                       /*定义 x、n 为基本整型*/
        double sum1, sum2;                              /*sum1、sum2 为双精度型*/
        printf("请输入 n: \n");
        scanf("%d", &n);                                /*输入 n 的值*/
        printf("请输入 x: \n");
        scanf("%d", &x);                                /*输入 x 的值*/
        sum1 = f1(n, x);                                /*调用 f1()函数，计算出递归求多项式的值*/
        sum2 = f2(n, x);                                /*调用 f2()函数，计算出求多项式的值*/
        printf("用递归算法得出的函数值是：%f\n", sum1);   /*将递归方法计算出的函数值输出*/
```

```
    printf("用栈方法得出的函数值是：%f\n", sum2);    /*将使用栈方法计算出的函数值输出*/
}
```

技术要点

本实例要求用栈及递归的方法来求解多项式的值，首先介绍递归方法如何来求。

用递归的方法来求解本实例的关键是要找出能让递归结束的条件，否则程序将进入死循环，从题中给的多项式来看，$f_0(x)=1$ 及 $f_1(x)=2x$ 便是递归结束的条件。那么当 n>0 时所对应的函数便是递归计算的公式。

下面介绍如何用栈来求该多项式的值，这里利用了栈后进先出的特性将 n 由大到小入栈，再由小到大出栈，每次出栈时求出该数所对应的多项式的值为求下一个出栈的数所对应的多项式的值做基础。

实例 212 链队列

（实例位置：配套资源\SL\12\212）

实例说明

采用链式存储法编程实现元素入队、出队以及将队列中的元素显示出来，要求整个过程以菜单选择的形式实现。运行结果如图 12.27 所示。

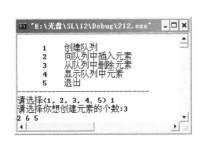

（a）创建队列

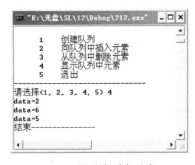

（b）显示队列中元素

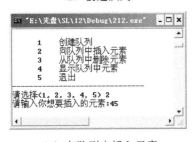

（c）向队列中插入元素

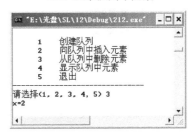

（d）从队列中删除元素

图 12.27　链队列

实现过程

（1）在 VC++ 6.0 中创建一个 C 文件。

（2）引用头文件，进行宏定义，代码如下：

```
#include<stdio.h>
#include<stdlib.h>
#define ElemType int
```

（3）定义结构体 node 及 quefr，分别存储入队元素内容及队首队尾指针。代码如下：

```
typedef struct node                    /*定义节点*/
{
    ElemType data;                     /*存放元素内容*/
    struct node *next;                 /*指向下个节点*/
}quenode;

struct quefr                           /*定义节点存放队首队尾指针*/
{
    quenode *front,*rear;
};
```

（4）自定义函数 creat()，作用是初始化链队列。代码如下：

```
void creat(struct quefr *q)            /*自定义函数初始化链队列*/
{
    quenode *h;
    h=(quenode *)malloc(sizeof(quenode));
    h->next=NULL;
    q->front=h;                        /*队首指针队尾指针均指向头节点*/
    q->rear=h;
}
```

（5）自定义函数 enqueu()，作用是元素入队列。代码如下：

```
void enqueu(struct quefr *q,int x)     /*自定义函数，元素 x 入队*/
{
    quenode *s;
    s=(quenode *)malloc(sizeof(quenode));
    s->data=x;                         /*将 x 放到节点的数据域中*/
    s->next=NULL;                      /*next 域为空*/
    q->rear->next=s;
    q->rear=s;                         /*队尾指向 s 节点*/
}
```

（6）自定义函数 dequeue()，作用是元素出队列。代码如下：

```
ElemType dequeue(struct quefr *q)      /*自定义函数实现元素出队*/
{
        quenode *p;
            ElemType x;
    p=(quenode *)malloc(sizeof(quenode));
    if(q->front==q->rear)
    {
        printf("queue is NULL \n");
```

```
            x=0;
        }
        else
        {
            p=q->front->next;
            q->front->next=p->next;             /*指向出队元素所在节点的后一个节点*/
            if(p->next==NULL)
                q->rear=q->front;
            x=p->data;
            free(p);                            /*释放 p 节点*/
        }
        return(x);
    }
```

（7）自定义函数 display()，作用是显示队列中的元素。代码如下：

```
    void display(struct quefr dq)               /*自定义函数显示队列中元素*/
    {
        quenode *p;
        p=(quenode *)malloc(sizeof(quenode));
        p=dq.front->next;                       /*指向第一个数据元素节点 */
        while(p!=NULL)
        {
            printf("data=%d\n",p->data);
            p=p->next;                          /*指向下个节点*/
        }
        printf("结束--------------\n");
    }
```

（8）程序主要代码如下：

```
    void main()
    {
        struct quefr *que;
        int n,i,x,sel;
        void display();                                     /*显示队列中元素*/
        void creat();                                       /*创建队列*/
        void enqueue();                                     /*元素入队列*/
        ElemType dequeue();                                 /*元素出队列*/
        do
        {
            printf("\n");

            printf("      1      创建队列     \n");
            printf("      2      向队列中插入元素   \n");
            printf("      3      从队列中删除元素   \n");
            printf("      4      显示队列中元素   \n");
            printf("      5      退出   \n");
            printf("-----------------------------\n");
            printf("请选择(1, 2, 3, 4,5) ");
            scanf("%d",&sel);                               /*输入相关功能所对应的标号*/
```

```
        switch(sel)
        {
        case 1:
            que=(struct quefr *)malloc(sizeof(struct quefr));    /*分配内存空间*/
            creat(que);                                          /*初始化队列*/
            printf("请选择你想创建元素的个数：");
            scanf("%d",&n);                                      /*输入队列元素个数*/
            for(i=1;i<=n;i++)
            {
                scanf("%d",&x);                                  /*输入元素*/
                enqueue(que,x);
            }
            break;
        case 2:
            printf("请输入你想要插入的元素：");
            scanf("%d",&x);                                      /*输入元素*/
            enqueue(que,x);                                      /*元素入队*/
            break;
        case 3:
            printf("x=%d\n",dequeue(que)),                       /*元素出队*/
            break;
        case 4:
            display(*que);                                       /*显示队列中元素*/
            break;
        case 5:
            exit(0);
        }
    }while (sel<=4);
}
```

技术要点

队列的链式存储结构是通过节点构成的单链表实现的，此时只允许在单链表的表首进行删除，在单链表的表尾进行插入，因此需要使用两个指针，即队首指针 front 和队尾指针 rear。用 front 指向队首节点的存储位置，用 rear 指向队尾节点的存储位置。

实例 213　循环缓冲区问题

（实例位置：配套资源\SL\12\213）

实例说明

有两个进程同时存在于一个程序中，其中第一个进程在屏幕上连续显示字母 "A"，同时程序不断检测键盘是否有输入，如果有的话，就读入用户输入的字符并保存到输入缓冲区中。在用户输入时，输入的字符并不立即显示在屏幕上，当用户输入一个 "，" 时，表示第一个进程结束，第二个进程从缓冲区中读取那些已输入的字符并显示在屏幕上。第二个进程结束后，程序又进入第一个进程，重新显示字符 "A"，同时用户又可以继续输入字符，直

到用户输入一个 ";", 才结束第一个进程, 同时也结束整个程序。运行结果如图 12.28 所示。

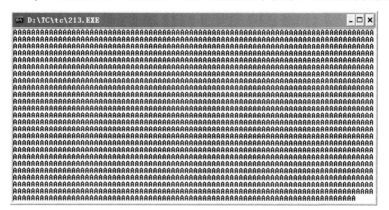

图 12.28 循环缓冲区问题

实现过程

（1）在 TC 中创建一个 C 文件。

（2）引用头文件, 进行宏定义及全局变量声明, 代码如下:

```c
#include <stdio.h>
#include <conio.h>
#include <dos.h>
#include <stdlib.h>
#define Maxsize 30
#define TRUE 1
#define FALSE 0
char queue[Maxsize];
int front, rear;
```

（3）自定义函数 init(), 实现队首队尾指针初始化。代码如下:

```c
void init()                                    /*队首队尾指针初始化*/
{
    front = rear =   - 1;
}
```

（4）自定义函数 enqueue(), 实现元素入队列。代码如下:

```c
int enqueue(char x)                            /*元素入队列*/
{
    if (front ==   - 1 && (rear + 1) == Maxsize)
    /*只有元素入队没有元素出队, 判断是否满足队满条件*/
    {
        printf("overflow!\n");
        return 0;
    }
    else if ((rear + 1) % Maxsize == front)        /*判断是否队满*/
    {
        printf("overflow!\n");
```

```
            return 0;
        }
        else
        {
            rear = (rear + 1) % Maxsize;              /*rear 指向下一位置*/
            queue[rear] = x;                          /*元素入队*/
            return 1;
        }
    }
```

（5）自定义函数 dequeue()，实现元素出队列。代码如下：

```
    void dequeue()                                    /*元素出队列*/
    {
        if (front == rear)                            /*判断队列是否为空*/
            printf("NULL\n");
        else
            front = (front + 1) % Maxsize;            /*队首指针指向下一个位置*/
    }
```

（6）自定义函数 gethead()，实现取队首元素。代码如下：

```
    char gethead()                                    /*取队首元素*/
    {
        if (front == rear)                            /*判断队列是否为空*/
            printf("NULL\n");
        else
            return (queue[(front + 1) % Maxsize]);    /*取出队首元素*/
    }
```

（7）程序主要代码如下：

```
    void main()
    {
        char ch1, ch2;
        init();                                       /*队列初始化*/
        for (;;)
        {
            for (;;)
            {
                printf("A");
                if (kbhit())
                {
                    ch1 = bdos(7, 0, 0);              /*通过 dos 命令读入一个字符*/
                    if (!enqueue(ch1))
                    {
                        printf("IS FULL\n");
                        break;
                    }
                }
                if (ch1 == ';' || ch1 == ',')         /*判断输入字符是否是分号或逗号*/
                    break;
```

```
    }
    while (front != rear)                          /*判断队列是否为空*/
    {
        ch2 = gethead();                           /*取队首元素*/
        dequeue();                                 /*元素出队列*/
        putchar(ch2);                              /*输出该元素*/
    }
    if (ch1 == ';')                                /*判断输入的是否是分号*/
        break;                                     /*跳出循环*/
    else
        ch1 = ";
    }
}
```

技术要点

本实例的实现主要采用了循环队列，下面着重介绍循环队列。

循环的产生主要是为了解决顺序队列"假溢出"的现象，所以所谓循环队列就是把顺序队列构造成一个首尾相连的循环表。当队列的 Maxsize-1 的位置被占用后，只要队列前面还有可用空间，就还可以添加新的元素。

循环队列判断队空的条件：

q->rear=q->front

循环队列判断队满的条件（采用少用一个数据元素空间的方法）：

(q->rear+1)modMaxsize==q->front

实例 214 简单的文本编辑器

（实例位置：配套资源\SL\12\214）

实例说明

要求实现 3 个功能，第一，要求对指定行输入字符串；第二，删除指定行的字符串；第三，显示输入的字符串的内容。运行结果如图 12.29 所示。

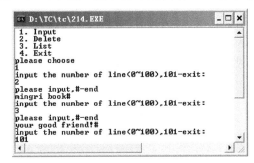

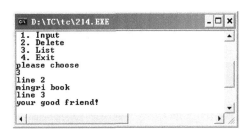

（a）向指定行输入字符串界面　　　　　　（b）显示输入的字符串内容

图 12.29　简单的文本编辑器

实现过程

（1）在 TC 中创建一个 C 文件。

（2）引用头文件，进行宏定义并对自定义函数进行声明。代码如下：

```
#include <stdio.h>
#include <stdlib.h>
#define MAX 100
void Init();
void input();
void Delline();
void List();
int Menu();
```

（3）定义结构体用来存储每行字符串的相关信息并声明结构体类型数组 Head。代码如下：

```
typedef struct node                                    /*定义存放字符串的节点*/
{
    char data[50];
    struct node *next;
} strnode;
typedef struct head                                    /*定义每行的头节点*/
{
    int number;                                        /*行号*/
    int length;                                        /*字符串的长度*/
    strnode *next;
} headnode;
headnode Head[MAX];                                    /*定义有 100 行*/
```

（4）自定义函数 Init()，实现每行头节点的初始化。代码如下：

```
void Init()                                            /*定义初始化函数*/
{
    int i;
    for (i = 0; i < MAX; i++)
    {
        Head[i].length = 0;
    }
}
```

（5）自定义函数 Menu()，实现选择菜单，并将选择的菜单所对应的序号返回。代码如下：

```
int Menu()                                             /*定义菜单*/
{
    int i;
    i = 0;
    printf("1. Input\n");
    printf("2. Delete\n");
```

```
        printf("3. List\n");
        printf("4. Exit\n");
        while (i <= 0 || i > 4)
        {
            printf("please choose\n");
            scanf("%d", &i);
        }
        return i;
    }
```

（6）自定义函数 input()，实现向指定行中输入字符串。代码如下：

```
    void input()                                      /*自定义输入字符串函数*/
    {
        strnode *p,   *find();
        int i, j, LineNum;
        char ch;
        while (1)
        {
            j =   - 1;
            printf("input the number of line(0~100),101-exit:\n");
            scanf("%d", &LineNum);                    /*输入要输入的字符串所在的行号*/
            if (LineNum < 0 || LineNum >= MAX)
                return ;
            printf("please input,#-end\n");
            i = LineNum;
            Head[i].number = LineNum;
            Head[i].next = (strnode*)malloc(sizeof(strnode));/*分配内存空间*/
            p = Head[i].next;
            ch = getchar();
            while (ch != '#')
            {
                j++;                                  /*计数*/
                if (j >= 50)
                /*如果字符串长度超过 50 需要再分配一个节点空间*/
                {
                    p->next = (strnode*)malloc(sizeof(strnode));
                    p = p->next;                      /*p 指向新分配的节点*/
                }
                p->data[j % 50] = ch;                 /*将输入的字符串放入 data 中*/
                ch = getchar();
            }
            Head[i].length = j + 1;                   /*长度*/
        }
    }
```

（7）自定义函数 Delline()，实现对指定行的删除。代码如下：

```
    void Delline()                                    /*自定义删除行函数*/
    {
        strnode *p,   *q;
```

```
        int i, LineNum;
        while (1)
        {

            printf("input the number of line which do you want to delete(0~100),101-exit:\n");
            scanf("%d", &LineNum);                  /*输入要删除的行号*/
            if (LineNum < 0 || LineNum >= MAX)       /*如果超出行的范围则返回菜单界面*/
                return ;
            i = LineNum;
            p = Head[i].next;
            if (Head[i].length > 0)
                while (p != NULL)
                {
                    q = p->next;
                    free(p);                         /*将 p 的空间释放*/
                    p = q;
                }
                Head[i].length = 0;
                Head[i].number = 0;
        }
    }
```

（8）自定义函数 List()，实现将输入的内容显示在屏幕上。代码如下：

```
    void List()
    {
        strnode *p;
        int i, j, m, n;
        for (i = 0; i < MAX; i++)
        {
            if (Head[i].length > 0)
            {
                printf("line%d", Head[i].number);
                n = Head[i].length;
                m = 1;
                p = Head[i].next;
                for (j = 0; j < n; j++)
                    if (j >= 50 *m)                  /*以 50 为准，超过一个则指向下一个节点*/
                    {
                        p = p->next;
                        m++;                         /*节点个数*/
                    }
                    else
                        printf("%c", p->data[j % 50]); /*将节点中内容输出*/
                printf("\n");
            }
        }
        printf("\n");
    }
```

（9）程序主要代码如下：

```
void main()
{
    int sel;
    Init();                              /*初始化*/
    while (1)
    {
        sel = Menu();
        switch (sel)                     /*输入对应数字进行选择*/
        {
        case 1:
            input();
            break;
        case 2:
            Delline();
            break;
        case 3:
            List();
            break;
        case 4:
            exit(0);
        }
    }
}
```

技术要点

串是由零个或多个字符组成的有限序列，对串的存储可以有两种方式：一种是静态存储；另一种是动态存储。其中动态存储结构有两种方式：一种是链式存储结构；另一种是堆结构存储方式。这里着重说一下链式存储结构。

串的链式存储结构是包含数据域和指针域的节点结构。因为每个节点仅存放一个字符，这样比较浪费空间，为了节省空间，可使每个节点存放若干个字符，这种结构叫做块链结构。本实例就是采用这种块链结构来实现的。

第13章

位运算操作符

本章读者可以学到如下实例：

实例 215　使二进制数特定位翻转

（**实例位置：配套资源\SL\13\215**）

实例说明

在屏幕上输入一个数，实现使其低四位翻转，即 0 变为 1，1 变为 0，并输出得到的结果。运行结果如图 13.1 所示。

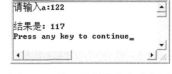

图 13.1　使二进制数特定位翻转

实现过程

（1）在 VC++ 6.0 中创建一个 C 文件。

（2）引用头文件，代码如下：

```
#include<stdio.h>
```

（3）定义主函数，实现将输入的数的低四位进行翻转。代码如下：

```
void main()
{
    unsigned result;                    /*定义无符号数*/
    int a, b;
    printf("请输入 a: ");
    scanf("%d",&a);                     /*输入一个数*/
    b=15;                               /*15 的二进制形式为 00001111，所以这里使用 15*/
    result = a^b;                       /*求 a 与 b 异或的结果*/
    printf("\n 结果是: %d\n", result);  /*输出结果*/
}
```

技术要点

本实例使用异或运算实现对指定位进行翻转。所谓翻转，就是将原来位是 1 的转换为 0，原来位是 0 的转换为 1。要使哪几位翻转，就将与其进行异或运算的数的该位置设为 1 即可。1 与 1 异或值为 0，1 与 0 异或值为 1。本实例要求使数据的低四位进行翻转，这样输入的数据就可以和任意低四位为 1 的数进行异或运算，保持高四位不变，低四位翻转。

实例 216　将输入的数左移两位并输出

（**实例位置：配套资源\SL\13\216**）

实例说明

在屏幕中输入一个数，使用移位运算得到其左移两位后的结果，并输出。运行结果如

图 13.2 所示。

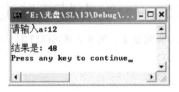

图 13.2 将输入的数左移两位并输出

实现过程

（1）在 VC++ 6.0 中创建一个 C 文件。

（2）引用头文件，代码如下：

```
#include <stdio.h>
```

（3）程序主要代码如下：

```
void main()
{
    int a;
    printf("请输入 a: ");
    scanf("%d",&a);                     /*输入一个数*/
    a=a<<2;                             /*左移两位*/
    printf("\n 结果是：%d\n", a);        /*得到结果*/
}
```

技术要点

左移运算的功能是把 "<<" 左边的运算数的各二进制位全部左移若干位，由 "<<" 右边的数指定移动的位数，高位丢弃，低位补 0。左移一位相当于该数乘以 2，左移两位相当于该数乘以 4。

脚下留神：

左移一位相当于该数乘以 2 的这种情况只限于该数左移时溢出舍弃的位不包含 1 的情况。若是将十进制数 64 左移两位，则移位后的结果将为 0（01000000->00000000），因为 64 在左移两位时将 1 移出了（注意这里的 64 是假设以一个字节即 8 位存储的）。

实例 217 编写循环移位函数

（实例位置：配套资源\SL\13\217）

实例说明

编写一个移位函数，使移位函数既能循环左移又能循环右移。参数 n 大于 0 时表示左移，参数 n 小于 0 时表示右移。例如 n=-4，表示要右移四位。运行结果如图 13.3 所示。

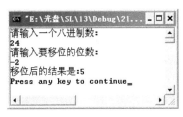

图 13.3　编写循环移位函数

实现过程

（1）在 VC++ 6.0 中创建一个 C 文件。

（2）引用头文件，代码如下：

```
#include <stdio.h>
```

（3）创建 move()函数，实现循环移位。代码如下：

```
move(unsigned value, int n)                      /*自定义移位函数*/
{
    unsigned z;
    if(n>0)
    {
        z = (value >> (32-n)) | (value << n);     /*循环左移的实现过程*/
    }
    else
    {
        n=-n;
        z = (value << (32-n)) | (value >> n);     /*循环右移的实现过程*/
    }
    return z;
}
```

（4）程序主要代码如下：

```
void main()
{
    unsigned a;
    int n;
    printf("请输入一个八进制数：\n");
    scanf("%o", &a);                             /*输入一个八进制数*/
    printf("请输入要移位的位数：\n");
    scanf("%d", &n);                             /*输入要移位的位数*/
    printf("移位后的结果是：%o\n", move(a, n));    /*将移位后的结果输出*/
}
```

技术要点

本实例的重点是循环移位的过程，循环移位是将移出的低位放到该数的高位或者将移出的高位放到该数的低位。循环移位分为循环左移和循环右移，下面分别介绍其循环的过程。

Note

（1）循环左移的过程

如图 13.4 所示，将 x 的左端 n 位先放到 z 中的低 n 位中，由语句"z=x>>(32-n);"实现。

将 x 左移 n 位，其右面低 n 位补 0，由语句"y=x<<n;"实现。

将 y 与 z 进行按位或运算，由语句"y=y|z;"实现。

（2）循环右移的过程

如图 13.5 所示，将 x 的右端 n 位先放到 z 中的高 n 位中，由语句"z=x<<(32-n);"实现。

将 x 右移 n 位，其左面高 n 位补 0，由语句"y=x>>n;"实现。

将 y 与 z 进行按位或运算，由语句"y=y|z;"实现。

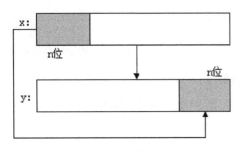

图 13.4　循环左移

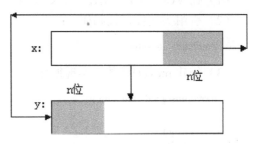

图 13.5　循环右移

实例 218　取出给定 16 位二进制数的奇数位

（实例位置：配套资源\SL\13\218）

实例说明

取出给定的 16 位二进制数的奇数位，构成新的数据并输出。运行结果如图 13.6 所示。

实现过程

（1）在 VC++ 6.0 中创建一个 C 文件。

（2）引用头文件，代码如下：

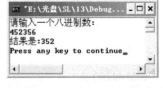

图 13.6　取出给定 16 位二进制数的奇数位

```
#include <stdio.h>
```

（3）程序主要代码如下：

```
void main()
{
    unsigned short a,s=0,q;
    int i,j,n=7,m;
    printf("请输入一个八进制数：\n");
    scanf("%o", &a);                    /*输入一个八进制数*/
    m=1<<15;                            /*m 的最高位为 1，其他位为 0*/
    a<<=1;                              /*左移一位，使第 15 位成为最高位*/
    for(i=1;i<=8;i++)                   /*得到 8 位数*/
```

```
    {
        q=1;
        if(m & a)                           /*如果本位上值为 1 则进行计算*/
        {
            for(j=1;j<=n;j++)
                q*=2;                       /*得到权值*/
            s+=q;                           /*累加*/
        }
        a<<=2;                              /*向左移位*/
        n--;
    }
    printf("结果是：%o\n", s);               /*将结果输出*/
}
```

技术要点

本实例的解题关键在于如何将给定的 16 位二进制数的奇数位取出。首先定义一个可以借助的中间变量 m，为其赋值，使其成为最高位是 1、其余 15 位为 0 的 16 位二进制数，将给定的数 a 的值左移一位，让其原来值的第 15 位成为最高位，将 a 和 m 进行与运算，进行判断，若运算结果是 1，则将此位取出转换为对应的十进制数；若运算结果是 0，则将 a 的值左移两位，使其原来值的第 13 位成为最高位，再进行判断，直到将 8 位奇数位全部取出。

实例 219　取一个整数的后四位

（实例位置：配套资源\SL\13\219）

实例说明

在屏幕上输入一个八进制数，实现输出其后四位对应的数。运行结果如图 13.7 所示。

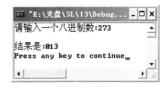

图 13.7　取一个整数的后四位

实现过程

（1）在 VC++ 6.0 中创建一个 C 文件。

（2）引用头文件，代码如下：

```
#include<stdio.h>
```

（3）程序主要代码如下：

```
void main()
{
    unsigned a,rs;                          /*声明无符号变量*/
    printf("请输入一个八进制数：");
    scanf("%o",&a);                         /*输入一个八进制数*/
    rs=~(~0<<4);                            /*构造一个后四位为 1 的数*/
    printf("\n 结果是：0%o\n", a&rs);        /*进行与运算，得到后四位的数据*/
}
```

Note

技术要点

本实例要求取一个整数的后四位构成一个新的数，其解题思路是：将一个后四位为 1 的数和要输入的整数进行与运算，这样可以得到输入的那个数的后四位，因为任何一个数和 1 进行与运算得到该数本身，故根据这个特性可以取数据的某些位。

指点迷津：

本实例中的 rs 实际上是十进制数 15，这里 0 取反后为 1，然后左移 4 位，将后四位变为 0，然后进行取反，使其后四位变为 1，即 15。

实例 220　求一个数的补码

（实例位置：配套资源\SL\13\220）

实例说明

在屏幕上输入一个八进制数，求出其补码，并输出结果。运行结果如图 13.8 所示。

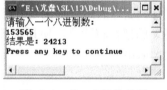

图 13.8　求一个数的补码

实现过程

（1）在 VC++ 6.0 中创建一个 C 文件。

（2）引用头文件，代码如下：

```
#include <stdio.h>
```

（3）程序主要代码如下：

```
void main()
{
    unsigned short   a,z;
    printf("请输入一个八进制数：\n");
    scanf("%o", &a);                /*输入一个八进制数*/
    z=a & 0100000;                  /*0100000 的二进制形式为最高位为 1，其余为 0*/
    if(z==0100000)                  /*如果 a 小于 0*/
        z=~a+1;                     /*取反加 1*/
    else
        z=a;
    printf("结果是：%o\n", z);       /*将结果输出*/
}
```

技术要点

一个正数的补码等于该数原码，一个负数的补码等于该数的反码加 1。在了解了求一个数的补码的计算方法后，本实例的关键是如何判断一个数是正数还是负数。当最高位为 1 时，则该数是负数；当最高位为 0 时，则该数是正数。因此，数据 a 和八进制数据 0100000 进行与运算，保留最高位得到数据的正负。

实例 221　普通的位运算

（实例位置：配套资源\SL\13\221）

实例说明

当 a=2、b=4、c=6、d=8 时编程求 a&c、b|d、a^d、~a 的值。运行结果如图 13.9 所示。

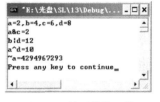

图 13.9　普通的位运算

实现过程

（1）在 VC++ 6.0 中创建一个 C 文件。

（2）引用头文件，代码如下：

```
#include <stdio.h>
```

（3）使用位运算符进行计算，将计算结果赋给 result 并输出。

（4）程序主要代码如下：

```
void main()
{
    unsigned result;
    int a, b, c, d;
    a = 2;
    b = 4;
    c = 6;
    d = 8;
    printf("a=%d,b=%d,c=%d,d=%d", a, b, c, d);      /*输出变量 a、b、c、d 4 个数的值*/
    result = a &c;                                  /*a&c 的结果赋给 result*/
    printf("\na&c=%u\n", result);                   /*将结果输出*/
    result = b | d;                                 /*b|d 的结果赋给 result*/
    printf("b|d=%u\n", result);                     /*将结果输出*/
    result = a ^ d;                                 /*a^d 的结果赋给 result*/
    printf("a^d=%u\n", result);                     /*将结果输出*/
    result = ~a;                                    /*~a 的结果赋给 result*/
    printf("~a=%u\n", result);                      /*将结果输出*/
}
```

技术要点

本实例中涉及几个位运算符，下面具体介绍。

（1）按位与运算符（&）

当两个相应的二进位都为 1，则该位与运算的结果为 1，否则为 0。

（2）按位或运算符（|）

两个相应的二进位中只要有一个为 1，该位或运算结果值为 1，当都为 0 时，该位或运算的结果值才为 0。

（3）异或运算符（^）

当参加运算的两个二进位同号，则结果为0，否则为1。

（4）取反运算符（~）

"~"是一个单目运算符，作用是对一个二进制数按位取反，即0取反是1，1取反是0。

实例 222　整数与 0 异或

（实例位置：配套资源\SL\13\222）

实例说明

从键盘输入一个整数，用 0 和这个数进行异或运算，并输出结果。运行结果如图 13.10 所示。

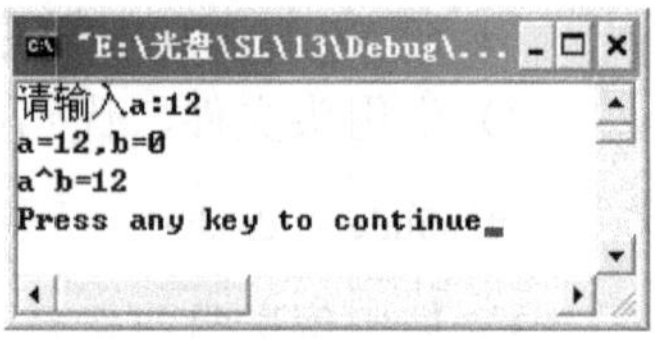

```
"E:\光盘\SL\13\Debug\...
请输入a:12
a=12,b=0
a^b=12
Press any key to continue
```

图 13.10　整数与 0 异或

实现过程

（1）在 VC++ 6.0 中创建一个 C 文件。

（2）引用头文件，代码如下：

```
#include <stdio.h>
```

（3）程序主要代码如下：

```
void main()
{
    unsigned result;                          /*定义无符号数*/
    int a, b;
    printf("请输入 a:  ");
    scanf("%d",&a);
    b=0;                                      /*与 0 异或*/
    printf("a=%d,b=%d", a, b);
    result = a^b;                             /*求整数与 0 异或的结果*/
    printf("\na^b=%u\n", result);
}
```

技术要点

通过本实例可以看出，异或运算有一个特性，即一个整数与 0 异或，会保留原值。因为 1 与 0 异或得 1，0 与 0 异或得 0，所以会保留原值。

多学两招：

异或运算还有两个特性：一是能使特定的位翻转；另一个是在不使用临时变量的情况下实现两个变量值的互换。

存储管理

本章读者可以学到如下实例：

实例 223　使用 malloc()函数分配内存

（实例位置：配套资源\SL\14\223）

实例说明

编写程序，要求创建一个结构体类型的指针，其中包含两个成员，一个是整型，另一个是结构体指针。使用 malloc()函数分配一个结构体的内存空间，然后给这两个成员赋值，并显示出来。运行结果如图 14.1 所示。

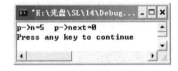

图 14.1　使用 malloc()函数分配内存

实现过程

（1）在 VC++ 6.0 中创建一个 C 文件。

（2）引用头文件，代码如下：

```c
#include <stdio.h>
#include <malloc.h>
```

（3）程序主要代码如下：

```c
void main()
{
    struct st
    {
        int n;
        struct st *next;                          /*成员结构体类型指针*/
    }*p;
    p=(struct st*)malloc(sizeof(struct st));      /*分配一个结构体所需要的空间*/
    p->n=5;                                       /*给成员赋值*/
    p->next=NULL;                                 /*给成员赋值*/
    printf("p->n=%d\tp->next=%x\n",p->n,p->next); /*输出成员的值*/
}
```

技术要点

malloc()函数的语法格式如下：

```c
void *malloc( unsigned int size );
```

该函数的作用是在内存的动态存储区域中动态分配一个长度为指定长度的连续存储空间。函数的返回值是一个指针，它指向所分配存储空间的起始地址。如果返回值是 0，那么表示没有成功地申请到内存空间。函数类型为 void*，表示返回的指针不指向任何具体的类型。本实例利用 malloc()函数分配一个结构体内存空间。语法格式如下：

```c
struct st *p;
p=(struct st*)malloc(sizeof(struct st));
```

指针 p 指向系统分配空间的首地址，利用指针变量访问空间的数据。

实例 224　调用 calloc()函数动态分配内存

（实例位置：配套资源\SL\14\224）

实例说明

调用 calloc()函数动态分配内存存放若干个数据。该函数返回值为分配域的起始地址；如果分配不成功，则返回值为 0。运行结果如图 14.2 所示。

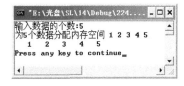

图 14.2　调用 calloc()函数动态分配内存

实现过程

（1）在 VC++ 6.0 中创建一个 C 文件。

（2）引用头文件，代码如下：

```
#include <stdio.h>
#include <malloc.h>
```

（3）程序主要代码如下：

```
void main()
{
    int n,*p,*q;                        /*定义整型变量*/
    printf("输入数据的个数：");          /*输出提示信息，提示用户输入数据的个数*/
    scanf("%d",&n);                     /*接收数据*/
    p=(int *)calloc(n,2);               /*分配内存空间*/
    printf("为%d 个数据分配内存空间",n); /*提示用户已经分配了内存空间*/
    for(q=p;q<p+n;q++)                  /*循环*/
    {
        scanf("%d",q);                  /*接收数据，并赋值*/
        printf("%4d",*q);               /*输出数据*/
    }
    printf("\n");                       /*输出回行*/
}
```

技术要点

calloc()函数的语法格式如下：

```
void * calloc(unsigned n, unsigned size);
```

该函数的作用是在内存中动态分配 n 个长度为 size 的连续内存空间数组。calloc()函数会返回一个指针，该指针指向动态分配的连续内存空间地址。当分配空间错误时，返回 0。

本实例利用 calloc()函数分配 5 个整型变量的内存空间，然后输入数据，再将这 5 个数据输出。

实例 225　为具有 3 个数组元素的数组分配内存

（实例位置：配套资源\SL\14\225）

实例说明

为一个具有 3 个元素的数组动态分配内存，为元素赋值并将其输出。运行结果如图 14.3 所示。

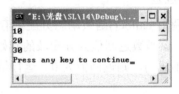

图 14.3　为具有 3 个数组元素的数组分配内存

实现过程

（1）在 VC++ 6.0 中创建一个 C 文件。

（2）引用头文件，代码如下：

```c
#include<stdio.h>
#include<stdlib.h>
```

（3）使用 malloc()函数为具有 3 个数组元素的数组分配内存空间，然后为其赋值，并将值输出。

（4）程序主要代码如下：

```c
int main()
{
    int* p;
    int i;
    p=(int*)malloc(sizeof(int[3]));                    /*分配内存空间*/
    for(i=0;i<3;i++)
    {
        *(p+i)=10*(1+i);                               /*给数组赋值*/
        printf("%d\n",*(p+i));                         /*输出数组的值*/
    }
    return 0;
}
```

技术要点

本例主要是使用 malloc()函数为具有 3 个数组元素的整型数组动态的分配存储空间，利用 for 循环为数组赋值，并使用 printf()函数将数组的值输出。

实例 226　为二维数组动态分配内存

（实例位置：配套资源\SL\14\226）

实例说明

设计一个程序，为二维数组动态分配内存并释放内存空间。数组元素的赋值结果如

图 14.4 所示。

实现过程

（1）在 VC++ 6.0 中创建一个 C 文件。

（2）引用头文件，代码如下：

图 14.4　为二维数组动态分配内存

```
#include<stdio.h>
#include<stdlib.h>
```

（3）使用 malloc()函数为二维数组动态分配存储空间，然后赋值，接着将值输出。

（4）程序主要代码如下：

```
int main()
{
    int **pArray2;                                /*二维数组指针*/
    int iIndex1,iIndex2;                          /*循环控制变量*/
    pArray2=(int**)malloc(sizeof(int*[3]));       /*指向指针的指针*/
    for(iIndex1=0;iIndex1<3;iIndex1++)
    {
        *(pArray2+iIndex1)=(int*)malloc(sizeof(int[3]));
        for(iIndex2=0;iIndex2<3;iIndex2++)
        {
            *(*(pArray2+iIndex1)+iIndex2)=iIndex1+iIndex2;
        }
    }
    /*输出二维数组中的数据内容*/
    for(iIndex1=0;iIndex1<3;iIndex1++)
    {
        for(iIndex2=0;iIndex2<3;iIndex2++)
        {
            printf("%d\t",*(*(pArray2+iIndex1)+iIndex2));
        }
        printf("\n");
    }
    return 0;
}
```

技术要点

在 C 语言中，一维数组是通过 malloc()函数动态分配空间来实现的，动态的二维数组也能够通过 malloc()函数动态分配空间来实现。实际上，C 语言中没有二维数组，至少对二维数组没有直接的支持，取而代之的是"数组的数组"，二维数组能够看成是由指向数组的指针构成的数组。

对于一个二维数组 p[i][j]，编译器通过公式*(*(p i) j)求出数组元素的值，其中，p i 表示计算行指针；*(p i)表示具体的行，是个指针，指向该行首元素地址；*(p i) j 表示得到具体元素的地址；*(*(p i) j)表示得到元素的值。基于这个原理，通过分配一个指针数组，再对指针数组的每一个元素分配空间实现动态的分配二维数组。

实例 227　商品信息的动态存放

（实例位置：配套资源\SL\14\227）

实例说明

动态分配一块内存区域，并存放一个商品信息。运行结果如图 14.5 所示。

图 14.5　商品信息的动态存放

实现过程

（1）在 VC++ 6.0 中创建一个 C 文件。

（2）引用头文件，代码如下：

```
#include<stdio.h>
#include<stdlib.h>
```

（3）使用 malloc()函数为具有 4 个数组元素的数组分配内存空间，然后为其赋值，并将值输出。

（4）程序主要代码如下：

```
void main()
{
    struct com                                              /*定义商品信息的结构体*/
    {
        int num;                                           /*编号*/
        char *name;                                        /*商品名称*/
        int count;                                         /*数量*/
        double price;                                      /*单价*/
    }*commodity;
    commodity=(struct com*)malloc(sizeof(struct com));     /*分配内存空间*/
    commodity->num=1001;                                   /*赋值商品编号*/
    commodity->name="苹果";                                /*赋值商品名称*/
    commodity->count=100;                                  /*赋值商品数量*/
    commodity->price=2.1;                                  /*赋值单价*/
    printf("编号=%d\n 名称=%s\n 数量=%d\n 价格=%f\n",
        commodity->num,commodity->name,commodity->count,commodity->price);
}
```

技术要点

首先需要定义一个商品信息的结构体类型，同时声明一个结构体类型的指针，调用 malloc()函数分配空间，地址存放到指针变量中，利用指针变量访问该地址空间中的每个成员数据，并为成员赋值，使用 printf()函数输出各成员值。

第15章

预处理和函数类型

本章读者可以学到如下实例：

实例228　用不带参数的宏定义求平行四边形面积

(实例位置：配套资源\SL\15\228)

实例说明

　　利用不带参数的宏定义求平行四边形的面积，平行四边形的面积=底边×高。将平行四边形的底边和高设置为宏的形式（一般宏名都是大写字母，以便与其他的操作符区别）。运行结果如图15.1所示。

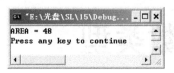

图15.1　用不带参数的宏定义求平行四边形面积

实现过程

　　（1）在 VC++ 6.0 中创建一个 C 文件。

　　（2）引用头文件，进行宏定义，代码如下：

```
#include <stdio.h>
```

　　（3）进行不带参数的宏定义，代码如下：

```
#define A   8                              /*定义宏，设置底边的长度*/
#define H   6                              /*定义宏，设置高的长度*/
```

　　（4）程序主要代码如下：

```
void main()
{
    int AREA;                              /*定义整型变量，存储平行四边形的面积*/
    AREA=A * H;                            /*计算平行四边形的面积*/
    printf("AREA = %d\n",AREA);            /*输出面积值*/
}
```

技术要点

　　不带参数的宏定义一般形式如下：

```
#define   宏名   字符串
```

　　其中"#"表示这是一条预处理命令，宏名是一个标识符，必须符合 C 语言标识符的规定。字符串可以是常数、表达式、格式字符串等。

脚下留神：
　　宏名要简单且意义明确，一般习惯用大写字母表示，以便与变量名相区别。

实例 229 使用宏定义实现数组值的互换

（实例位置：配套资源\SL\15\229）

实例说明

试定义一个带参的宏 swap(a,b)，以实现两个整数之间的交换，并利用它将一维数组 a 和 b 的值进行交换。运行结果如图 15.2 所示。

图 15.2 使用宏定义实现数组值的互换

实现过程

（1）在 VC++ 6.0 中创建一个 C 文件。

（2）引用头文件，代码如下：

```
#include <stdio.h>
```

（3）进行带参数的宏 swap(a,b) 的定义，代码如下：

```
#define swap(a,b) {int c;c=a;a=b;b=c;}          /*定义一个带参的宏 swap*/
```

（4）程序主要代码如下：

```
void main()
{
    int i, j, a[10], b[10];                     /*定义数组及变量为基本整型*/
    printf("请输入一个数组 a：\n");
    for (i = 0; i < 10; i++)
        scanf("%d", &a[i]);                     /*输入一组数据存到数组 a 中*/
    printf("请输入一个数组 b：\n");
    for (j = 0; j < 10; j++)
        scanf("%d", &b[j]);                     /*输入一组数据存到数组 b 中*/
    printf("数组 a 是：\n");
    for (i = 0; i < 10; i++)
        printf("%d,", a[i]);                    /*输出数组 a 中的内容*/
    printf("\n 数组 b 是：\n");
    for (j = 0; j < 10; j++)
        printf("%d,", b[j]);                    /*输出数组 b 中的内容*/
    for (i = 0; i < 10; i++)
        swap(a[i], b[i]);                       /*实现数组 a 与数组 b 对应值互换*/
```

```
        printf("\n 现在数组 a 是：\n");
        for (i = 0; i < 10; i++)
            printf("%d,", a[i]);                        /*输出互换后数组 a 中的内容*/
        printf("\n 现在数组 b 是：\n");
        for (j = 0; j < 10; j++)
            printf("%d,", b[j]);                        /*输出互换后数组 b 中的内容*/
        printf("\n");
    }
```

Note

技术要点

本实例的关键技术点是掌握带参数的宏定义的一般形式及使用时的注意事项，具体如下。

一般形式为：

> #define 宏名(参数表)字符串

有以下几点说明：

☑ 对带参数的宏的展开只是将语句中的宏名后面括号内的实参字符串代替#define 命令行中的形参。

☑ 在宏定义时，在宏名与带参数的括号之间不可以加空格，否则将空格以后的字符 都作为替代字符串的一部分。

☑ 在带参宏定义中，形式参数不分配内存单元，因此不必作类型定义。

实例 230　编写头文件包含圆面积的计算公式

（实例位置：配套资源\SL\15\230）

实例说明

编写程序，将计算圆面积的宏定义存储在一个头文件中，输入半径便可得到圆的面积。运行结果如图 15.3 所示。

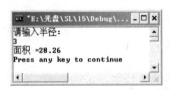

图 15.3　编写头文件包含圆面积的计算公式

实现过程

（1）在 VC++ 6.0 中创建一个 H 文件，命名为 Area.H，代码如下：

> #define PI 3.14
> #define Area(r) PI*(r)*(r)

（2）创建一个 C 文件，引用头文件，代码如下：

> #include <stdio.h>

（3）将定义的头文件 Area.H 引用到 C 文件中，代码如下：

```
#include "Area.H"
```

（4）程序主要代码如下：

```
void main()
{
    float r;                              /*定义浮点型变量，存储圆的半径*/
    printf("请输入半径：\n");             /*提示用户输入圆的半径*/
    scanf("%f",&r);                       /*接收用户的输入*/
    printf("面积 =%.2f\n",Area(r));       /*输出圆的面积*/
}
```

技术要点

使用不同的文件需要利用#include 指令，它有以下两种格式：

```
#include   <文件名>
#include   "文件名"
```

一种用尖括号<>括起；另一种用双引号括起。

需要注意的是，这两种格式的区别是：用尖括号时，系统到存放 C 库函数头文件所在的目录中寻找要包含的文件，这种称为标准方式；用双引号时，系统先在用户当前目录中寻找要包含的文件，若找不到，再到存放 C 库函数头文件所在的目录中寻找要包含的文件。

通常，如果为调用库函数用#include 命令来包含相关的头文件，则用尖括号，可以节省查找的时间。如果要包含的是用户自己编写的文件，一般用双引号，用户自己编写的文件通常是在当前目录中。如果文件不在当前目录中，双引号可给出文件路径。

脚下留神：

在本实例中，自定义头文件 Area.H 因为存储在程序当前路径下，因此在引用时使用#include "Area.H"的格式，而非#include <Area.H>的格式。

实例 231 利用宏定义求偶数和

（**实例位置：配套资源\SL\15\231**）

实例说明

编写程序实现利用宏定义求 1～100 的偶数和，定义一个宏判断一个数是否为偶数。运行结果如图 15.4 所示。

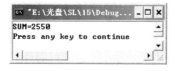

图 15.4 利用宏定义求偶数和

Note

实现过程

（1）在 VC++ 6.0 中创建一个 C 文件。

（2）引用头文件，代码如下：

```
#include<stdio.h>
```

（3）定义带参数的宏，代码如下：

```
#define TRUE 1
#define FALSE 0
#define EVEN(x) (((x)%2==0)?TRUE:FALSE)
```

（4）程序主要代码如下：

```
void main()
{
    int sum,i;                      /*定义整型变量，分别为存储累计和和循环计数变量*/
    sum=0;                          /*给累加和初始化*/
    for(i=1;i<=100;i++)             /*1～100 做循环*/
    {
        if(EVEN(i))                 /*如果是偶数*/
            sum+=i;                 /*累加*/
    }
    printf("SUM=%d\n",sum);         /*输出累加和*/
}
```

技术要点

本实例在累加求和过程中需要不断地判断数据是否为偶数，因此要创建带参数的宏，把判断偶数的过程定义为常量，由于 C 语言中不提供逻辑常量，因此自定义宏 TRUE 和 FALSE，表示 1 和 0。因此，判断偶数的宏又可以演变为下面的形式：

```
#define EVEN(x) (((x)%2==0)?TRUE:FALSE)
```

实例 232 利用文件包含设计输出模式

（实例位置：配套资源\SL\15\232）

实例说明

在程序设计时需要很多输出格式，如整型、实型及字符型等，在编写程序时会经常使用这些输出格式，如果经常书写这些格式会很繁琐，要求设计一个头文件，将经常使用的输出模式都写进头文件中，方便编写代码。运行结果如图 15.5 所示。

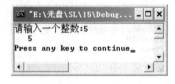

图 15.5　利用文件包含设计输出模式

实现过程

（1）在 VC++ 6.0 中创建一个头文件，命名为 format.h，代码如下：

```
#define INTEGER(d) printf("%4d\n",d)
```

（2）创建一个 C 文件，引用头文件，代码如下：

```
#include <stdio.h>                        /*引用输入输出头文件*/
#include "format.h"                       /*引用自定义头文件*/
```

（3）程序主要代码如下：

```
void main()
{
    int d;                                /*定义整型变量*/
    printf("请输入一个整数：");            /*提示用户输入整型数据*/
    scanf("%d",&d);                       /*接收用户输入*/
    INTEGER(d);                           /*调用头文件输出整型数据*/
}
```

技术要点

本程序中仅举一个简单的例子，将整型数据的输出写入到头文件中，并将这个头文件命名为 format.h。声明整型数据并输出的形式如下：

```
#define INTEGER(d) printf("%4d\n",d)
```

指点迷津：

由于 format.h 头文件在当前目录下，因此使用双引号。

实例 233　使用条件编译隐藏密码

（实例位置：配套资源\SL\15\233）

实例说明

一般输入密码时都会用*号来替代，用以增强安全性。要求设置一个宏，规定宏体为 1，在正常情况下密码显示为*号的形式，在某些特殊的时候，显示为字符串。运行结果如图 15.6 所示。

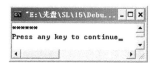

图 15.6　使用条件编译隐藏密码

实现过程

（1）在 VC++ 6.0 中创建一个 C 文件。

（2）引用头文件，代码如下：

```
#include <stdio.h>
```

（3）定义宏，代码如下：

```
#define PWD 1
```

（4）程序主要代码如下：

```
void main()
{
    char *s="mrsoft";                    /*定义字符变量，将其设置为密码*/
#if PWD                                   /*如果是密码*/
    printf("******\n");                   /*输出*号的形式*/
#else                                     /*否则*/
    printf("%s\n",s);                     /*输出字符串*/
#endif
}
```

技术要点

条件编译使用#if…#else…#endif 语句，其进行条件编译的指令格式为：

```
#if 常数表达式
    语句段 1
#else
    语句段 2
#endif
```

如果常数表达式为真，则编译语句段 1，否则编译语句段 2。

本实例中，对于一个字符串要求有两种输出形式，一种是原样输出；另一种是用相同数目的*号输出，可以通过选择语句来实现，但是使用条件编译指令可以在编译阶段就决定要怎样操作。

文件读写

本章读者可以学到如下实例：

实例 234 关闭所有打开的文件

（实例位置：配套资源\SL\16\234）

实现说明

在程序中打开 3 个磁盘上已有的文件，读取文件内容并显示在屏幕上，要求调用 fcloseall()函数一次关闭打开的 3 个文件。运行结果如图 16.1 所示。

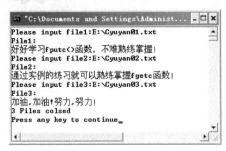

图 16.1 关闭打开的所有文件

实现过程

（1）创建一个 C 文件。

（2）引用头文件，代码如下：

```
#include <stdio.h>
```

（3）使用 while 循环读取每个文件中的内容，调用 fcloseall()函数关闭所有打开的文件，并输出关闭的文件数。

（4）程序主要代码如下：

```
main()
{
    FILE *fp1,  *fp2,  *fp3;                    /*定义文件类型指针 fp1、fp2、fp3*/
    char file1[20], file2[20], file3[20], ch;
    int file_number;                           /*关闭的文件数目*/
    printf("Please input file1:");
    scanf("%s", file1);                        /*输入文件 1 的路径及名称*/
    printf("File1:\n");
    if ((fp1 = fopen(file1, "rb")) != NULL)
    {
        ch = fgetc(fp1);                       /*读取文件 1 的内容*/
        while (ch != EOF)
        {
            putchar(ch);
            ch = fgetc(fp1);
        }
    }
    else
    {
```

```
            printf("Can not open!\n");                 /*若文件未打开，输出提示信息*/
            exit(1);
        }
        printf("\nPlease input file2:");
        scanf("%s", file2);                             /*输入文件 2 的路径及名称*/
        printf("File2:\n");
        if ((fp2 = fopen(file2, "rb")) != NULL)
        {
            ch = fgetc(fp2);                            /*读取文件 2 的内容*/
            while (ch != EOF)
            {
                putchar(ch);
                ch = fgetc(fp2);
            }
        }
        else
        {
            printf("Can not open!\n");
            exit(1);
        }
        printf("\nPlease input file3:");
        scanf("%s", file3);                             /*输入文件 3 的路径及名称*/
        printf("File3:\n");
        if ((fp3 = fopen(file3, "rb")) != NULL)
        {
            ch = fgetc(fp3);                            /*读取文件 3 的内容*/
            while (ch != EOF)
            {
                putchar(ch);
                ch = fgetc(fp3);
            }
        }
        else
        {
            printf("Can not open!\n");
            exit(1);
        }
/*调用 fcloseall()函数关闭打开的文件，将返回值赋给 file_number*/
        file_number = fcloseall();                      /*fcloseall()函数的返回值为成功关闭的文件数*/
        printf("\n%d Files colsed\n", file_number);
        return 0;
}
```

技术要点

本实例中用到了 fcloseall()函数，其语法格式如下：

```
int fcloseall(void)
```

该函数的作用是一次关闭所有打开的文件。如果函数执行成功，它将返回成功关闭文件的数目，如果出错，则返回 EOF 常量。该函数原型在 stdio.h 中。

实例 235　同时显示两个文件的内容

（实例位置：配套资源\SL\16\235）

实现说明

编程实现将两个不同文件中的内容在屏幕的指定位置显示出来。第 5 行第 3 列显示"file1:"，从第 6 行第 1 列开始显示第 1 个文件的内容，第 13 行第 3 列显示"file2:"，第 14 行第 1 列开始显示第 2 个文件的内容。运行结果如图 16.2 所示。

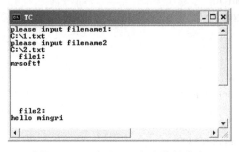

图 16.2　同时显示两个文件的内容

实现过程

（1）创建一个 C 文件。

（2）引用头文件，代码如下：

```
#include <stdio.h>
#include <conio.h>
```

（3）使用 gotoxy()函数指定文件 1 开始输出的位置是第 5 行第 3 列，文件 2 开始输出的位置是第 13 行第 3 列。

（4）main()函数作为程序的入口函数，代码如下：

```
main()
{
    FILE *fp1,*fp2;                       /*定义两个指向 FILE 类型结构体的指针变量*/
    char filename1[50], filename2[50], a; /*定义数组和变量为字符型*/
    printf("please input filename1:\n");
    scanf("%s", filename1);               /*输入第一个文件所在路径及名称*/
    printf("please input filename2\n");
    scanf("%s", filename2);               /*输入第二个文件所在路径及名称*/
    fp1 = fopen(filename1, "r");          /*以只读方式打开输入的第一个文件*/
    fp2 = fopen(filename2, "r");          /*以只读方式打开输入的第二个文件*/
    gotoxy(5, 3);                         /*将光标定位到第 5 行第 3 列显示"file1:" */
    printf("file1:\n");
    a = fgetc(fp1);
    while (!feof(fp1))
    {
```

```
            printf("%c", a);                        /*输出第一个文件中的内容*/
            a = fgetc(fp1);
        }
        gotoxy(13, 3);                               /*将光标定位到第 13 行第 3 列显示"file2:"*/
        printf("file2:\n");
        a = fgetc(fp2);
        while (!feof(fp2))
        {
            printf("%c", a);                         /*输出第二个文件中的内容*/
            a = fgetc(fp2);
        }
        fclose(fp1);                                 /*关闭第一个文件*/
        fclose(fp2);                                 /*关闭第二个文件*/
        return ;
    }
```

技术要点

本实例中没有太多难点，唯一值得注意的是，使用了 gotoxy()函数指定文件要输出的位置，其语法格式如下：

```
    void gotoxy(int x,int y)
```

该函数的作用是将屏幕上的光标移动到由(x,y)指定的位置上，如果其中有一个坐标是无效的，则光标不移动。

实例 236　创建文件

（实例位置：配套资源\SL\16\236）

实现说明

编程实现文件的创建。具体要求如下：从键盘中输入要创建的文件所在的路径及名称，无论创建成功与否均输出提示信息。运行结果如图 16.3 所示。

图 16.3　创建文件

实现过程

（1）启动 Visual C++ 6.0，创建一个 C 文件。

（2）引用头文件，代码如下：

```
    #include <stdio.h>
    #include <io.h>
```

（3）程序的主要代码如下：

```
    void main()
    {
        int h;
        char filename[20];                           /*定义字符数组存储文件名*/
```

```
LOOP:
printf("Please input filename:");
scanf("%s",&filename);                          /*输入文件名及路径*/
if(h=creat(filename,0)==-1)
{
        printf("\n Error! Cannot vreat!\n");    /*错误提示*/
        goto LOOP;                              /*跳到 LOOP 处*/
}
else
{
        printf("\nThis file has created!\n");   /*成功提示*/
        close(h);
}
return 0;
}
```

技术要点

在实现本实例时，首先定义一个字符数组，用来存储所要创建文件的文件名，然后利用格式输入函数 scanf()输入文件名及路径，再利用 creat()函数创建文件，根据 creat()函数的返回值判断文件是否创建成功。若未成功，则输出创建失败的提示，并跳到输入提示处重新输入；若成功，则输出成功的提示。程序结束。

本实例主要用到了 creat()函数，其语法格式如下：

```
int creat(const char *path, int amode)
```

该函数在头文件 io.h 中，参数 path 是所需文件名称的字符串。参数 amode 用来指定访问模式并标明该文件为二进制文件还是文本文件。一般情况下，生成标准存档文件时 amode 的值为 0。amode 的取值及含义如表 16.1 所示。

表 16.1　amode 的取值及含义

位　号	值	含　义
0	1	只读文件
1	2	隐含文件
2	4	系统文件
3	8	卷标号名
4	16	子目录名
5	32	数据档案
6	64	未定义
7	128	未定义

creat()函数的作用是生成一个新文件。如果函数执行成功，返回一个句柄给文件；如果出错，函数返回-1。但是，仅根据返回值还不能检测出错原因。可通过检测全局变量 errno 的值得到基本出错的原因。例如 errno 的值为 ENOENT 时，表示没有找到创建文件的文件夹。

close()函数的作用是根据文件句柄关闭一个打开的文件，关闭 open()或 ceat()函数打开的文件。fclose()函数的作用是关闭由 fopen()函数打开的文件夹。

实例 237　格式化读写文件

（实例位置：配套资源\SL\16\237）

实现说明

编程实现将输入的小写字母写入磁盘文件，再将磁盘文件的内容读出，并以大写字母的形式显示在屏幕上。运行结果如图 16.4 所示。

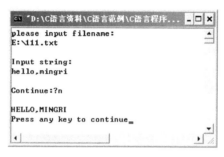

图 16.4　格式化读写文件

实现过程

（1）打开 Visual C++ 6.0 开发环境，新建一个 C 源文件，并输入要创建 C 源文件的名称。

（2）引用头文件，代码如下：

```
#include <stdio.h>
```

（3）用 while 循环实现字符串的读入，通过设置的标志位判断是否结束字符串的读入。当 flag 为 1 时，继续读字符串；当 flag 为 0 时，停止读字符串。

（4）将读入的小写字母转换为大写字母，只需将小写字母的 ASCII 码值减 32 即可。

（5）main() 函数作为程序的入口函数，代码如下：

```
main()
{
    int i, flag = 1;                                /*定义变量为基本整型*/
    char str[80], filename[50];                     /*定义数组为字符型*/
    FILE *fp;                          /*定义一个指向 FILE 类型结构体的指针变量*/
    printf("please input filename:\n");
    scanf("%s", filename);                          /*输入文件所在路径及名称*/
    if ((fp = fopen(filename, "w")) == NULL)         /*以只写方式打开指定文件*/
    {
        printf("cannot open!");
        exit(0);
    }
    while (flag == 1)
    {
        printf("\nInput string:\n");
```

Note

```c
        scanf("%s", str);                                        /*输入字符串*/
        /*将 str 字符串内容以%s 形式写到 fp 所指文件中*/
        fprintf(fp, "%s", str);
        printf("\nContinue:?");
        if ((getchar() == 'N') || (getchar() == 'n'))            /*输入 n 结束输入*/
        {
            flag = 0;                                            /*标志位置 0*/
        }
    }
    fclose(fp);                                                  /*关闭文件*/
    fp = fopen(filename, "r");                                   /*以只读方式打开指定文件*/
    while (fscanf(fp, "%s", str) != EOF)            /*从 fp 所指文件中以%s 形式读入字符串*/
    {
        for (i = 0; str[i] != '\0'; i++)
        {
            if ((str[i] >= 'a') && (str[i] <= 'z'))
            {
                str[i] -= 32;                                    /*将小写字母转换为大写字母*/
            }
        }
        printf("\n%s\n", str);                                   /*输出转换后的字符串*/
    }
    fclose(fp);                                                  /*关闭文件*/
    return 0;
}
```

技术要点

本实例中用到了 fprintf()和 fscanf()函数。

1. fprintf()函数

```
ch=fprintf(文件指针,格式字符串,输出列表);
```

例如：

```
fprintf(fp,"%d",i);
```

该函数的作用是将整型变量 i 的值按%d 的格式输出到 fp 指向的文件中。

2. fscanf()函数

```
fscanf(文件指针,格式字符串,输入列表)
```

例如：

```
fscanf(fp,"%d",&i);
```

其作用是读入 fp 所指向的文件中的 i 的值。

脚下留神：

fprintf()和 fscanf()函数的读写对象不是终端，而是磁盘文件。

实例 238　创建临时文件

（实例位置：配套资源\SL\16\238）

实现说明

编程实现临时文件的创建。要求将"Hello world Hello mingri"输出到临时文件之后，再读取临时文件上的内容，并将其显示在屏幕上。运行结果如图 16.5 所示。

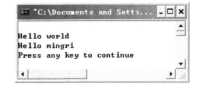

图 16.5　创建临时文件

实现过程

（1）打开 Visual C++ 6.0 开发环境，新建一个 C 源文件，并输入要创建 C 源文件的名称。

（2）引用头文件，代码如下：

```
#include <stdio.h>
```

（3）调用 tmpfile()函数实现临时文件的创建，代码如下：

```
main()
{
    FILE *temp;                              /*定义一个指向 FILE 类型结构体的指针变量*/
    char c;                                  /*定义变量 c 为字符型*/
    if ((temp = tmpfile()) != NULL)
        fputs("\nHello world\nHello mingri", temp);   /*向临时文件中写入要求内容*/
    rewind(temp);                            /*文件指针返回文件首*/
    while ((c = fgetc(temp)) != EOF)         /*读取临时文件中的内容*/
        printf("%c", c);                     /*将读取的内容输出在屏幕上*/
    printf("\n");
    fclose(temp);                            /*关闭临时文件*/
}
```

技术要点

本实例使用了 tmpfile()和 rewind()函数。

1. tmpfile()函数

```
FILE *tmpfile()
```

该函数的作用是创建一个临时文件。如果函数执行成功，它以读写模式打开文件，返回一个文件指针。如果出错，则返回 NULL。

2. rewind()函数

```
void rewind(FILE *fp)
```

该函数的作用是将文件指针重新设置到该文件的起点。

实例 239　成块读写操作

（实例位置：配套资源\SL\16\239）

实现说明

编程实现学生成绩信息的输入与输出。通过键盘输入学生成绩信息，保存到指定磁盘文件中，输入全部信息后，将磁盘文件中保存的信息输出到屏幕。运行结果如图 16.6 所示。

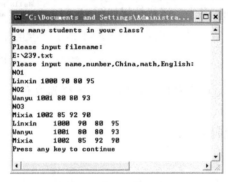

图 16.6　成块读写操作

实现过程

（1）打开 Visual C++ 6.0 开发环境，新建一个 C 源文件，并输入要创建 C 源文件的名称。

（2）引用头文件，代码如下：

```
#include <stdio.h>
```

（3）定义结构体类型数组，代码如下：

```
struct student_score                    /*定义结构体存储学生成绩信息*/
{
    char name[10];
    int num;
    int China;
    int Math;
    int English;
} score[100];
```

（4）自定义函数 save()，作用是将输入的一组数据输出到指定的磁盘文件中。代码如下：

```
void save(char *name, int n)            /*自定义函数 save()*/
{
    FILE *fp;                           /*定义一个指向 FILE 类型结构体的指针变量*/
    int i;
    if ((fp = fopen(name, "wb")) == NULL)  /*以只写方式打开指定文件*/
```

```
        {
            printf("cannot open file\n");
            exit(0);
        }
        for (i = 0; i < n; i++)
            if (fwrite(&score[i], sizeof(struct student_score), 1, fp) != 1)/*将一组数据输出到 fp 所指的
文件*/
                printf("file write error\n");                /*如果写入文件不成功，则输出错误*/
        fclose(fp);                                           /*关闭文件*/
    }
```

（5）自定义函数 show()，作用是将从指定的文件中读入的一组数据输出显示到屏幕上。代码如下：

```
    void show(char *name, int n)                         /*自定义函数 show()*/
    {
        int i;
        FILE *fp;                                        /*定义一个指向 FILE 类型结构体的指针变量*/
        if ((fp = fopen(name, "rb")) == NULL)            /*以只读方式打开指定文件*/
        {
            printf("cannot open file\n");
            exit(0);
        } for (i = 0; i < n; i++)
        {
            fread(&score[i], sizeof(struct student_score), 1, fp);      /*从 fp 指向的文件读入数据存到数
组 score 中*/
            printf("%-10s%4d%4d%4d%4d\n", score[i].name, score[i].num,
                score[i].China, score[i].Math, score[i].English);
        }
        fclose(fp);                                      /*关闭文件*/
    }
```

（6）main()函数作为程序的入口函数，代码如下：

```
    main()
    {
        int i, n;                                        /*变量类型为基本整型*/
        char filename[50];                               /*数组为字符型*/
        printf("How many students in your class?\n");
        scanf("%d", &n);                                 /*输入学生数*/
        printf("Please input filename:\n");
        scanf("%s", filename);                           /*输入文件所在路径及名称*/
        printf("Please input name,number,China,math,English:\n");
        for (i = 0; i < n; i++)                          /*输入学生成绩信息*/
        {
            printf("NO%d\n", i + 1);
            scanf("%s%d%d%d%d", score[i].name, &score[i].num, &score[i].China,
                &score[i].Math, &score[i].English);
            save(filename, n);                           /*调用 save()函数将输入的数组保存到文件*/
        } show(filename, n);                             /*调用 show()函数显示学生信息*/
    }
```

技术要点

本实例中用到了 fwrite()和 fread()函数。

1. fwrite()函数

fwrite(buffer,size,count,fp)

该函数的作用是将 buffer 地址开始的信息，输出 count 次，每次写 size 字节到 fp 所指的文件中。

其中，参数 buffer 是一个指针，是要输出数据的地址（起始地址）；size 为要读写的字节数；count 为要读写多少个 size 字节的数据项；fp 为文件型指针。

2. fread()函数

fread(buffer,size,count,fp)

该函数的作用是从 fp 所指的文件中读入 count 次，每次读 size 字节，读入的信息存在 buffer 地址中。

参数说明同 fwrite()函数，唯一的不同是，buffer 为读入数据的存放地址。

实例 240　随机读写文件

（实例位置：配套资源\SL\16\240）

实现说明

输入若干学生信息，保存到指定磁盘文件中，要求将奇数条学生信息从磁盘中读入并显示在屏幕上。运行结果如图 16.7 所示。

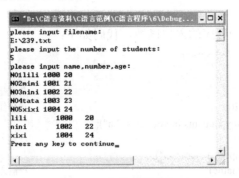

图 16.7　随机读写文件

实现过程

（1）打开 Visual C++ 6.0 开发环境，新建一个 C 源文件，并输入要创建 C 源文件的名称。

（2）引用头文件，代码如下：

```
#include <stdio.h>
```

（3）定义结构体类型数组，代码如下：

```
struct student_type                                    /*定义结构体存储学生信息*/
{
    char name[10];
    int num;
    int age;
}stud[10];
```

（4）自定义函数 save()，作用是将输入的一组数据输出到指定的磁盘文件中。代码如下：

```
void save(char *name, int n)                           /*自定义函数 save()*/
{
    FILE *fp;
    int i;
    if ((fp = fopen(name, "wb")) == NULL)              /*以只写方式打开指定文件*/
    {
        printf("cannot open file\n");
        exit(0);
    }
    for (i = 0; i < n; i++)
        if (fwrite(&stud[i], sizeof(struct student_type), 1, fp) != 1)    /*将一组数据输出到 fp 所指
的文件*/
            printf("file write error\n");              /*如果写入文件不成功，则输出错误*/
    fclose(fp);                                        /*关闭文件*/
}
```

（5）main()函数作为程序的入口函数，代码如下：

```
main()
{
    int i, n;                                          /*变量类型为基本整型*/
    FILE *fp;                                          /*定义一个指向 FILE 类型结构体的指针变量*/
    char filename[50];                                 /*数组为字符型*/
    printf("please input filename:\n");
    scanf("%s", filename);                             /*输入文件所在路径及名称*/
    printf("please input the number of students:\n");
    scanf("%d", &n);                                   /*输入学生数*/
    printf("please input name,number,age:\n");
    for (i = 0; i < n; i++)                            /*输入学生信息*/
    {
        printf("NO%d", i + 1);
        scanf("%s%d%d", stud[i].name, &stud[i].num, &stud[i].age);
        save(filename, n);                             /*调用 save()函数*/
    } if ((fp = fopen(filename, "rb")) == NULL)        /*以只读方式打开指定文件*/
    {
        printf("can not open file\n");
        exit(0);
    }
    for (i = 0; i < n; i += 2)
```

Note

```
        {
                fseek(fp, i *sizeof(struct student_type), 0);  /*随着 i 的变化从文件开始处随机读文件*/
                fread(&stud[i], sizeof(struct student_type), 1, fp);      /*从 fp 所指向的文件读入数据存到
数组 stud 中*/
                printf("%-10s%5d%5d\n", stud[i].name, stud[i].num, stud[i].age);
        }
        fclose(fp);                                            /*关闭文件*/
}
```

技术要点

本实例中用到了 fseek()函数，其语法格式如下：

> fseek(文件类型指针,位移量,起始点);

该函数的作用是用来移动文件内部位置指针。参数"起始点"表示从何处开始计算位移量，规定的起始点有文件首、文件当前位置和文件尾 3 种。其表示方法如表 16.2 所示。

表 16.2   fseek()函数的参数表

起 始 点	表 示 符 号	数 字 表 示
文件首	SEEK-SET	0
当前位置	SEEK-CUR	1
文件尾	SEEK-END	2

例如：

> fseek(fp,-20L,1);

表示将位置指针从当前位置向后退 20 个字节。

实例 241   以行为单位读写文件

（实例位置：配套资源\SL\16\241）

实现说明

从键盘中输入字符串"同一个世界，同一个梦想！"，要求将字符串内容输出到磁盘文件，再从磁盘文件中读取字符串到数组 s，最终将其输出在屏幕上。运行结果如图 16.8 所示。

图 16.8   以行为单位读写文件

实现过程

（1）打开 Visual C++ 6.0 开发环境，新建一个 C 源文件，并输入要创建 C 源文件的

名称。

（2）引用头文件，代码如下：

```
#include <stdio.h>
```

（3）使用 gets()函数将获得的字符串存到数组 str 中，使用 fputs()函数将字符串存到 fp 所指向的文件中，使用 fgets()函数从 fp 所指向的文件中读入字符串存到数组 s 中。最终使用 printf()函数将字符数组 s 中的字符串输出。程序主要代码如下：

```c
main()
{
    FILE *fp;                          /*定义一个指向 FILE 类型结构体的指针变量*/
    char str[100], s[100], filename[50];           /*定义数组为字符型*/
    printf("please input string:\n");
    gets(str);                          /*获得字符串*/
    printf("please input filename:\n");
    scanf("%s", filename);                  /*输入文件所在路径及名称*/
    if ((fp = fopen(filename, "wb")) != NULL)       /*以只写方式打开指定文件*/
    {
        fputs(str, fp);                /*把字符数组 str 中的字符串输出到 fp 指向的文件*/
        fclose(fp);
    }
    else
    {
        printf("cannot open!");
        exit(0);
    }
    if ((fp = fopen(filename, "rb")) != NULL)       /*以只读方式打开指定二进制文件*/
    {
        while (fgets(s, sizeof(s), fp))     /*从 fp 所指的文件中读入字符串存入数组 s 中*/
            printf("%s", s);                 /*将字符串输出*/
        fclose(fp);                          /*关闭文件*/
    }
}
```

技术要点

本实例中用到了 fputs()和 fgets()函数。

1. fputs()函数

```
fputs(字符串,文件指针)
```

该函数的作用是向指定文件写入一个字符串，其中字符串可以是字符串常量，也可以是字符数组名、指针或变量。

2. fgets()函数

```
fgets(字符数组名,n,文件指针);
```

该函数的作用是从指定的文件中读一个字符串到字符数组中。n 表示所得到的字符串中字符的个数（包含 "\0"）。

实例 242　查找文件

（实例位置：配套资源\SL\16\242）

实现说明

编程实现文件的查找。要求输入文件名，若该文件存在，则输出其路径，否则提示没有找到。运行结果如图 16.9 所示。

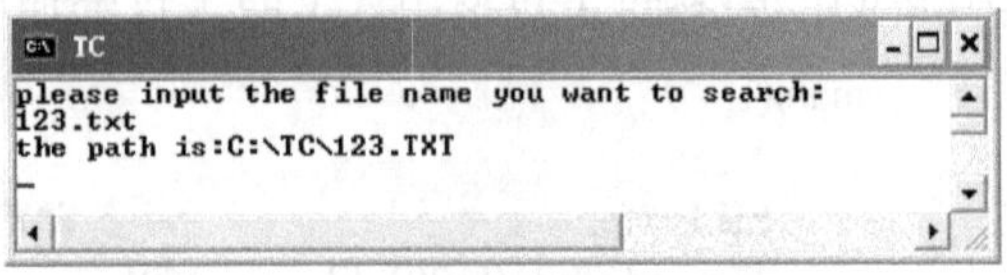

图 16.9　查找文件

实现过程

（1）在 TC 中创建一个 C 文件。

（2）引用头文件，代码如下：

```
#include <stdio.h>
```

（3）调用 searchpath() 函数查找文件，代码如下：

```
main()
{
    char *ptr, filename[50];                    /*定义变量及数组为字符型*/
    printf("please input the file name you want to search:\n");
    scanf("%s", filename);                      /*输入要查找的文件名*/
    if ((ptr = searchpath(filename)) != NULL)
        printf("the path is:%s\n", ptr);        /*将文件所在的路径输出*/
    else
        printf("cannot find");                  /*若文件未找到，输出双引号内提示信息*/
}
```

技术要点

本实例使用了 searchpath() 函数，其语法格式如下：

```
char *searchpath(char *fname)
```

该函数的作用是找出由 fname 所指向的文件名。如果找到文件，返回指向全路径名的指针。如果没有找到，返回一个空指针。该函数原型在 dir.h 头文件中。

实例 243　重命名文件

（实例位置：配套资源\SL\16\243）

实现说明

编程实现文件的重命名。具体要求如下：从键盘中输入要重命名的文件路径及名称，文件打开成功后输入新的路径及名称。运行结果如图 16.10 所示。

图 16.10 重命名文件

实现过程

（1）在 TC 中创建一个 C 文件。

（2）引用头文件，代码如下：

```
#include <stdio.h>
```

（3）调用 rename()函数给文件重命名，代码如下：

```
void main()
{
    FILE *fp;                        /*定义一个指向 FILE 类型结构体的指针变量*/
    char filename1[20], filename2[20];      /*定义数组为字符型*/
    printf("Please input the file's name which do you want to change:\n");
    scanf("%s", filename1);                  /*输入要重命名的文件所在的路径及名称*/
    if ((fp = fopen(filename1, "r")) == NULL) /*以只读方式打开指定的文件*/
    {
        printf("Cannot open the file %s \n", filename1);
        exit(0);
    }
    else
    {
        printf("Open successful!");
        fclose(fp);                  /*关闭文件*/
        printf("Please input new name!\n");
        scanf("%s", filename2);              /*输入新的文件路径及名称*/
        if(rename(filename1, filename2)==0) /*调用 rename()函数进行重命名并判断是否成功*/
            printf("Rename the file %s succeed!\n",filename1);
        else
            printf("Cannot rename the file %s !\n",filename1);
    }
}
```

技术要点

本实例使用了 rename()函数，其语法格式如下：

```
int rename(char *oldfname,char*newfname)
```

该函数的作用是把文件名从 oldfname（旧文件名）改为 newfname（新文件名）。oldfname 和 newfname 中的目录可以不同，因此可用 rename 把文件从一个目录移到另一个目录，该函数的原型在 stdio.h 中。函数调用成功时返回 0，出错时返回非零值。

Note

实例 244　删除文件

（实例位置：配套资源\SL\16\244）

实现说明

编程实现文件的删除。具体要求如下：从键盘中输入要删除的文件的路径及名称，无论删除是否成功都在屏幕中给出提示信息。运行结果如图 16.11 所示。

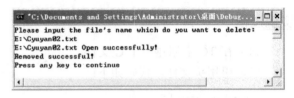

图 16.11　删除文件

实现过程

（1）在 TC 中创建一个 C 文件。

（2）引用头文件，代码如下：

```
#include<stdio.h>
```

（3）调用 remove()函数删除指定文件，代码如下：

```
main()
{
    FILE *fp;                                    /*定义一个指向 FILE 类型结构体的指针变量*/
    char filename[50];                           /*定义数组为字符型*/
    printf("Please input the file's name which do you want to delete:\n");
    scanf("%s", filename);                       /*输入要删除的文件的路径及名称*/
    if ((fp = fopen(filename, "r")) != NULL)     /*以只读方式打开指定文件*/
    {
        printf("%s Open successfully!\n", filename);   /*文件打开成功，输出提示信息*/
        fclose(fp);                              /*关闭文件*/
    }
    else
    {
        printf("%s Cannot open!", filename);     /*文件打开失败，输出提示信息*/
        exit(0);                                 /*退出程序*/
    }
    if(remove(filename)!=0)
        printf("Removed the file%s fail!\n",filename);   /*删除文件并判断是否删除成功*/
    else
        printf("Removed successful!\n");
}
```

技术要点

本实例使用了 remove()函数，其语法格式如下：

```
int remove(char *filename)
```

该函数的作用是删除 filename 所指定的文件。删除成功返回 0，出现错误返回−1，

remove()函数的原型在 stdio.h 中。

实例 245 删除文件中的记录

（实例位置：配套资源\SL\16\245）

实现说明

编程实现对记录中职工工资信息的删除。具体要求如下：输入路径及文件名打开文件，输入员工姓名及工资，输入完毕显示文件中的内容，输入要删除的员工姓名，进行删除操作，最后将删除后的内容显示在屏幕上。运行结果如图 16.12 所示。

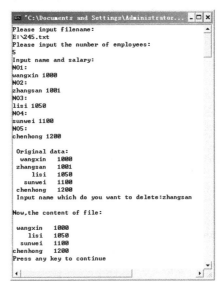

图 16.12 删除文件中的记录

实现过程

（1）创建一个 C 文件。

（2）引用头文件，代码如下：

```
#include <stdio.h>
#include <string.h>
```

（3）定义结构体 emploee，用来存储员工工资信息。代码如下：

```
struct emploee                                          /*定义结构体，存放员工工资信息*/
{
    char name[10];
    int salary;
} emp[20];
```

（4）main()函数作为程序的入口函数，代码如下：

```
main()
{
```

```
    FILE *fp1,   *fp2;
    int i, j, n, flag, salary;
    char name[10], filename[50];                         /*定义数组为字符类型*/
    printf("Please input filename:\n");
    scanf("%s", filename);                               /*输入文件所在路径及名称*/
    printf("Please input the number of emploees:\n");
    scanf("%d", &n);                                     /*输入要录入的人数*/
    printf("Input name and salary:\n");
    for (i = 0; i < n; i++)
    {
        printf("NO%d:\n", i + 1);
        scanf("%s%d", emp[i].name, &emp[i].salary);      /*输入员工姓名及工资*/
    }
    if ((fp1 = fopen(filename, "ab")) == NULL)           /*以追加方式打开指定的二进制文件*/
    {
        printf("Can not open the file.");
        exit(0);
    }
    for (i = 0; i < n; i++)
        if (fwrite(&emp[i], sizeof(struct emploee), 1, fp1) != 1)/*将输入的员工信息输出到磁盘文件*/
            printf("error\n");
    fclose(fp1);
    if ((fp2 = fopen(filename, "rb")) == NULL)
    {
        printf("Can not open the file.");
        exit(0);
    } printf("\n Original data:");
    for (i = 0; fread(&emp[i], sizeof(struct emploee), 1, fp2) != 0; i++)/*读取磁盘文件信息到 emp
数组中*/
        printf("\n %8s%7d", emp[i].name, emp[i].salary);
    n = i;
    fclose(fp2);
    printf("\n Input name which do you want to delete:");
    scanf("%s", name);                                   /*输入要删除的员工姓名*/
    for (flag = 1, i = 0; flag && i < n; i++)
    {
        if (strcmp(name, emp[i].name) == 0)              /*查找与输入姓名相匹配的位置*/
        {
            for (j = i; j < n - 1; j++)
            {
                strcpy(emp[j].name, emp[j + 1].name); /*查找到要删除信息的位置后将后面信
息前移*/
                emp[j].salary = emp[j + 1].salary;
            } flag = 0;                                  /*标志位置 0*/
        }
    }
    if (!flag)
        n = n - 1;                                       /*记录个数减 1*/
    else
        printf("\nNot found");
    printf("\nNow,the content of file:\n");
```

```
        fp2 = fopen(filename, "wb");                    /*以只写方式打开指定文件*/
        for (i = 0; i < n; i++)
            fwrite(&emp[i], sizeof(struct emploee), 1, fp2);    /*将数组中的员工工资信息输出到磁盘
文件*/
        fclose(fp2);
        fp2 = fopen(filename, "rb");                    /*以只读方式打开指定的二进制文件*/
        for (i = 0; fread(&emp[i], sizeof(struct emploee), 1, fp2) != 0; i++)
            printf("\n%8s%7d", emp[i].name, emp[i].salary);  /*输出员工工资信息*/
        fclose(fp2);
        printf("\n")(fp2);
    }
```

技术要点

本题思路如下：

（1）打开一个二进制文件，此时应以追加方式打开，若是以只写方式打开，会使文件中的原有内容丢失。向该文件中输入员工工资信息，输入完毕将文件中内容全部输出。

（2）输入要删除员工的姓名，使用 strcmp() 函数查找相匹配的姓名，确定要删除记录的位置，将该位置后的记录分别前移一位，也就是将要删除的记录用后面的记录覆盖。

（3）将删除后剩余的记录使用 fwrite() 函数再次输出到磁盘文件中，使用 fread() 函数读取文件内容到 emp 数组中，并显示在屏幕上。

实例 246 文件内容复制

（实例位置：配套资源\SL\16\246）

实现说明

编程实现将现有文本文档的内容复制到新建的文本文档中。运行结果如图 16.13 所示。

（a）已存在的 123.txt 文本文档中的内容　　　　　　（b）程序运行界面

（c）运行后新建的 245.txt 文本文档的内容

图 16.13　文件内容复制

实现过程

（1）打开 Visual C++ 6.0 开发环境，新建一个 C 源文件，并输入要创建 C 源文件的

名称。

（2）引用头文件，代码如下：

```
#include <stdio.h>
```

（3）使用 while 循环从被复制的文件中逐个读取字符到另一个文件中。

（4）main()函数作为程序的入口函数，代码如下：

```
main()
{
    FILE *in,*out;                          /*定义两个指向 FILE 类型结构体的指针变量*/
    char ch, infile[50], outfile[50];       /*定义数组及变量为基本整型*/
    printf("Enter the infile name:\n");
    scanf("%s", infile);                    /*输入将要被复制的文件所在路径及名称*/
    printf("Enter the outfile name:\n");
    scanf("%s", outfile);                   /*输入新建的将用于复制的文件所在路径及名称*/
    if ((in = fopen(infile, "r")) == NULL)  /*以只读方式打开指定文件*/
    {
        printf("cannot open infile\n");
        exit(0);
    }
    if ((out = fopen(outfile, "w")) == NULL)
    {
        printf("cannot open outfile\n");
        exit(0);
    }
    ch = fgetc(in);
    while (ch != EOF)
    {
        fputc(ch, out);                     /*将 in 指向的文件内容复制到 out 所指向的文件中*/
        ch = fgetc(in);
    }
    fclose(in);
    fclose(out);
}
```

技术要点

本实例中实现复制的过程并不是很复杂，在写程序时要注意，就是在实现复制的过程中无论是复制的文件还是被复制的文件都应该是打开的状态，复制完成后再将两个文件分别关闭。

实例 247　错误处理

（实例位置：配套资源\SL\16\247）

实现说明

编程实现将文件中的制表符换成恰当数目的空格，要求每次读写操作后都调用 ferror()

函数检查错误。运行结果如图 16.14 所示。

（a）程序运行界面

（b）制表符未转成空格前的文档内容

（c）制表符转换成空格后的文档内容

图 16.14 错误处理

实现过程

（1）打开 Visual C++ 6.0 开发环境，新建一个 C 源文件，并输入要创建 C 源文件的
名称。

（2）引用头文件，代码如下：

```
#include <stdio.h>
#include <stdlib.h>
```

（3）自定义函数 error()，作用是输出出错的性质。代码如下：

```
void error(int e)                              /*自定义 error()函数判断出错的性质*/
{
    if(e == 0)
        rintf("input error\n");
    else
        printf("output error\n");
    exit(1);                                   /*跳出程序 */
}
```

（4）main()函数作为程序的入口函数，代码如下：

```
main()
{
    FILE *in,  *out;                           /*文件类型指针 in 和 out*/
    int tab, i;
    char ch, filename1[30], filename2[30];
    printf("please input the filename1:");
    scanf("%s", filename1);                    /*输入文件路径及名称*/
    printf("please input the filename2:");
    scanf("%s", filename2);                    /*输入文件路径及名称*/
    if ((in = fopen(filename1, "rb")) == NULL)
    {
        printf("can not open the file %s.\n", filename1);
        exit(1);
```

Note

```
    }
    if ((out = fopen(filename2, "wb")) == NULL)
    {
        printf("can not open the file %s.\n", filename2);
        exit(1);
    }
    tab = 0;
    ch = fgetc(in);                              /*从指定的文件中读取字符*/
    while (!feof(in))

                                                 /*检测是否有读入错误*/

    {
        if (ferror(in))
            error(0);
        if (ch == '\t')                          /*如果发现制表符，则输出相同数目的空格符*/
        {
            for (i = tab; i < 8; i++)
            {
                putc(' ', out);
                if (ferror(out))
                    error(1);
            }
            tab = 0;
        }
        else
        {
            putc(ch, out);
            if (ferror(out))                     /*检查是否有输出错误*/
                error(1);
            tab++;
            if (tab == 8)
                tab = 0;
            if (ch == '\n' || ch == '\r')
                tab = 0;
        }
        ch = fgetc(in);
    }
    fclose(in);
    fclose(out);
}
```

技术要点

本实例中用到了 ferror()函数，其语法格式如下：

```
int ferror(FILE *stream)
```

该函数的作用是检测给定流里的文件错误。返回值为 0 时，表示没有出现错误；而非零值时有错。

与 stream 相关联的出错标记给出后，一直要保持到该文件被关闭，或调用了 rewind()或者 clearerr()函数为止。使用 perror()函数可以确定该错误的确切性质。ferror()函数的原型在 stdio.h 中。

实例 248　合并两个文件信息

（实例位置：配套资源\SL\16\248）

实现说明

有两个文本文档，第一个文本文档的内容是："书中自有黄金屋，书中自有颜如玉。"，第二个文本文档的内容是："不登高山，不知天之高也；不临深谷，不知地之厚也。"，编程实现合并两个文件信息，即将文档 2 的内容合并到文档 1 内容的后面。运行结果如图 16.15 所示。

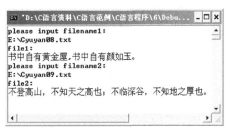

（a）合并前文档中的内容　　　　　　　　（b）程序运行界面

（c）合并后文档中的内容

图 16.15　合并两个文件

实现过程

（1）打开 Visual C++ 6.0 开发环境，新建一个 C 源文件，并输入要创建 C 源文件的名称。

（2）引用头文件，代码如下：

```
#include <stdio.h>
```

（3）程序中 3 次使用了 while 循环，前两次使用 while 循环是为了将两文件中原有内容显示在屏幕上，第三次使用 while 循环是将文档 2 中的内容逐个写入文档 1 中，从而实现合并。

（4）程序主要代码如下：

```
main()
{
    char ch, filename1[50], filename2[50];        /*数组和变量的数据类型为字符型*/
    FILE *fp1,  *fp2;                             /*定义两个指向 FILE 类型结构体的指针变量*/
```

```
    printf("please input filename1:\n");
    scanf("%s", filename1);                                    /*输入文件所在路径及名称*/
    if ((fp1 = fopen(filename1, "a+")) == NULL)                /*以读写方式打开指定文件*/
    {
        printf("cannot open\n");
        exit(0);
    }
    printf("file1:\n");
    ch = fgetc(fp1);
    while (ch != EOF)
    {
        putchar(ch);                                           /*将文档 1 中的内容输出*/
        ch = fgetc(fp1);
    }
    printf("\nplease input filename2:\n");
    scanf("%s", filename2);                                    /*输入文件所在路径及名称*/
    if ((fp2 = fopen(filename2, "r")) == NULL)                 /*以只读方式打开指定文件*/
    {
        printf("cannot open\n");
        exit(0);
    }
    printf("file2:\n");
    ch = fgetc(fp2);
    while (ch != EOF)
    {
        putchar(ch);                                           /*将文档 2 中的内容输出*/
        ch = fgetc(fp2);
    }
    fseek(fp2, 0L, 0);                                         /*将文档 2 中的位置指针移到文档开始处*/
    ch = fgetc(fp2);
    while (!feof(fp2))
    {
        fputc(ch, fp1);                                        /*将文档 2 中的内容输出到文档 1 中*/
        ch = fgetc(fp2);                                       /*继续读取文档 2 中的内容*/
    }
    fclose(fp1);                                               /*关闭文档 1*/
    fclose(fp2);                                               /*关闭文档 2*/
}
```

技术要点

本实例中实现文件合并有一个技术要点需要强调一下，程序中有这样一句代码：

```
    fseek(fp2, 0L, 0);
```

为什么要加上这句代码呢？这是因为在前面的程序中实现了将文档 2 中的内容逐个读取并显示到屏幕上，当将文档 2 中的全部内容读取后，位置指针 fp2 也就指到了文件末尾处，当在接下来的内容中想实现将文档 2 中的内容逐个合并到文档 1 中时，就必须将文档 2 中的位置指针 fp2 重新移到文档开始处。

实例 249 统计文件内容

（实例位置：配套资源\SL\16\249）

实现说明

编程实现对指定文件中的内容进行统计。具体要求如下：输入要进行统计的文件的路径及名称，统计出该文件中字符、空格、数字及其他字符的个数，并将统计结果存到指定的磁盘文件中。运行结果如图 16.16 所示。

（a）程序运行界面

（b）统计后信息存在记事本中

图 16.16 统计文件内容

实现过程

（1）打开 Visual C++ 6.0 开发环境，新建一个 C 源文件，并输入要创建 C 源文件的名称。

（2）引用头文件，代码如下：

```
#include <stdio.h>
```

（3）程序中使用 while 循环遍历要统计的文件中的每个字符，用条件判断语句对读入的字符进行判断，并在相应的用于统计的变量数上加 1。

（4）main()函数作为程序的入口函数，代码如下：

```
main()
{
    FILE *fp1,  *fp2;                    /*定义两个指向 FILE 类型结构体的指针变量*/
    char filename1[50], filename2[50], ch;   /*定义数组及变量为字符型*/
    long character, space, other, digit;   /*定义变量为长整型*/
    character = space = digit = other = 0;   /*长整型变量的初值均为 0*/
    printf("Enter file name \n");
    scanf("%s", filename1);              /*输入要进行统计的文件的路径及名称*/
    if ((fp1 = fopen(filename1, "r")) == NULL)  /*以只读方式打开指定文件*/
    {
        printf("cannot open file\n");
        exit(1);
    }
    printf("Enter file name for write data:\n");
    scanf("%s", filename2);              /*输入文件名即将统计结果放到那个文件中*/
    if ((fp2 = fopen(filename2, "w")) == NULL)     /*以只写方式存放统计结果的文件*/
    {
```

```
                printf("cannot open file\n");
                exit(1);
            }
        while ((ch = fgetc(fp1)) != EOF)              /*直到文件内容结束处停止 while 循环*/
            if (ch >= 'A' && ch <= 'Z' || ch >= 'a' && ch <= 'z')
                character++;                          /*当遇到字母时字符个数加 1*/
        else if (ch == ' ')
            space++;                                  /*当遇到空格时空格数加 1*/
        else if (ch >= '0' && ch <= '9')
            digit++;                                  /*当遇到数字时数字数加 1*/
        else
            other++;                                  /*当是其他字符时其他字符数加 1*/
        close(fp1);                                   /*关闭 fp1 指向的文件*/
        fprintf(fp2, "character:%ld space:%ld digit:%ld other:%ld\n", character, space, digit, other);
                                                      /*将统计结果写入 fp 指向的磁盘文件中*/
        fclose(fp2);                                  /*关闭 fp2 指向的文件*/
    }
```

技术要点

像统计输入字符串中字符的个数这种程序大家可能已经不再陌生，很多练习题中都会出现这种程序，本实例也是在这种题型的基础上延伸出来的且更有实用性。本实例中并没有太多难点，输入要进行统计的文件的路径及名称，统计的过程同以前做过的字符统计程序中的过程基本相同，主要是靠条件判断实现的，最后将统计结果存到指定的磁盘文件中即可。

实例 250　读取磁盘文件

（实例位置：配套资源\SL\16\250）

实现说明

要求在程序执行前在任意路径下新建一个文本文档，文档内容为"不登高山，不知天之高也；不临深谷，不知地之厚也。"，编程实现从键盘中输入文件路径及名称，在屏幕中显示出该文件内容。运行结果如图 16.17 所示。

图 16.17　读取磁盘文件

实现过程

（1）打开 Visual C++ 6.0 开发环境，新建一个 C 源文件，并输入要创建 C 源文件的名称。

（2）引用头文件，代码如下：

```
#include <stdio.h>
```

（3）使用 while 循环实现字符的输出。

（4）main()函数作为程序的入口函数，代码如下：

```
main()
{
    FILE *fp;                              /*定义一个指向 FILE 类型结构体的指针变量*/
    char ch, filename[50];                 /*定义变量及数组为字符型*/
    printf("please input file's name;\n");
    gets(filename);                        /*输入文件所在路径及名称*/
    fp = fopen(filename, "r");             /*以只读方式打开指定文件*/
    ch = fgetc(fp);                        /*fgetc()函数接收一个字符赋给 ch*/
    while (ch != EOF)                      /*当读入的字符值等于 EOF 时结束循环*/
    {
        putchar(ch);                       /*将读入的字符输出在屏幕上*/
        ch = fgetc(fp);                    /*fgetc()函数继续接收一个字符赋给 ch*/
    }
    fclose(fp);                            /*关闭文件*/
}
```

技术要点

本实例用到了以下几个与文件操作相关的函数。

（1）文件的打开函数 fopen()

```
FILE *fp
fp=fopen(文件名,使用文件方式)
```

例如：

```
fp=fopen("123.txt","r");
```

它表示要打开名称为 123 的文本文档，使用文件方式为"只读"，fopen()函数带回指向 123.txt 文件的指针并赋给 fp，也就是说 fp 指向 123.txt 文件。

使用文件方式如表 16.3 所示。

表 16.3　使用文件方式

文件使用方式	含　义
"r"（只读）	打开一个文本文件，只允许读数据
"w"（只写）	打开或建立一个文本文件，只允许写数据
"a"（追加）	打开一个文本文件，并在文件末尾写数据
"rb"（只读）	打开一个二进制文件，只允许读数据
"wb"（只写）	打开或建立一个二进制文件，只允许写数据
"ab"（追加）	打开一个二进制文件，并在文件末尾写数据
"r+"（读写）	打开一个文本文件，允许读和写
"w+"（读写）	打开或建立一个文本文件，允许读写
"a+"（读写）	打开一个文本文件，允许读，或在文件末追加数据
"rb+"（读写）	打开一个二进制文件，允许读和写
"wb+"（读写）	打开或建立一个二进制文件，允许读和写
"ab+"（读写）	打开一个二进制文件，允许读，或在文件末追加数据

（2）文件的关闭函数 fclose()

```
fclose(文件指针)
```

该函数的作用是通过文件指针将该文件关闭。

（3）fgetc()函数

```
ch=fgetc(fp);
```

该函数的作用是从指定的文件（fp 指向的文件）读入一个字符赋给 ch。注意该文件必须是以只读或读写方式打开。

实例 251　将数据写入磁盘文件

（实例位置：配套资源\SL\16\251）

实现说明

编程实现将数据写入磁盘文件，即在任意路径下新建一个文本文档，向该文档中写入"好好学习，天天向上，充满信心，成功有望!"，并以"#"号结束字符串的输入。运行结果如图 16.18 所示。

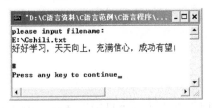

（a）TC 环境下输入指定内容

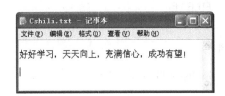

（b）写入磁盘中的内容

图 16.18　读取磁盘文件

实现过程

（1）打开 Visual C++ 6.0 开发环境，新建一个 C 源文件，并输入要创建 C 源文件的名称。

（2）引用头文件，代码如下：

```
#include <stdio.h>
```

（3）用 while 循环来实现字符的读入。

（4）main()函数作为程序的入口函数，代码如下：

```
main()
{
    FILE *fp;                           /*定义一个指向 FILE 类型结构体的指针变量*/
    char ch, filename[50];              /*定义变量及数组为字符型*/
    printf("please input filename:\n");
    scanf("%s", filename);              /*输入文件所在路径及名称*/
    if ((fp = fopen(filename, "w")) == NULL) /*以只写方式打开指定文件*/
```

```
    {
        printf("cannot open file\n");
        exit(0);
    }
    ch = getchar();                              /*getchar()函数接收一个字符赋给 ch*/
    while (ch != '#')                            /*当输入"#"号时结束循环*/
    {
        fputc(ch, fp);                           /*将读入的字符写到磁盘文件上去*/
        ch = getchar();                          /*getchar()函数继续接收一个字符赋给 ch*/
    }
    fclose(fp);                                  /*关闭文件*/
}
```

技术要点

本实例中用到了 fputc()函数，其语法格式如下：

```
    ch=fputc(ch,fp);
```

该函数的作用是把一个字符写到磁盘文件（fp 所指向的是文件）中。其中，ch 是要输出的字符，它可以是一个字符常量，也可以是一个字符变量；fp 是文件指针变量。

实例 252　显示目录内同类型文件

（实例位置：配套资源\SL\16\252）

实现说明

编程实现对指定目录下的文件类型进行统计。具体要求如下：输入统计出的信息的存放位置，然后根据提示输入要搜索的目录位置，即要统计文件类型的目录，最后在提示下输入所要统计的文件类型的扩展名。运行结果如图 16.19 所示。

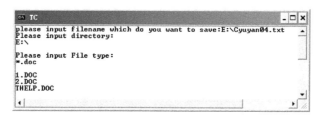

图 16.19　显示目录内同类型文件

实现过程

（1）在 TC 中创建一个 C 文件。

（2）引用头文件，代码如下：

```
#include <stdio.h>
#include <dir.h>
#include <dos.h>
```

（3）程序中先使用 findfirst()函数查找与输入文件类型相匹配的第一个文件名，用 i

来表示 findfirst()函数的返回值。当 i=0 时，说明查找到第一个文件，否则说明该目录下没有与输入的文件类型相匹配的文件，输出提示信息后便退出程序。若存在第一个文件，再使用 findnext()函数继续进行搜索，程序中用 j 来表示 findnext()函数的返回值，当 j 恒等于 0 时则继续进行下次查找，当 j 不等于 0 时，说明查找结束。

（4）main()函数作为程序的入口函数，代码如下：

```c
main()
{
    char str1[50], str2[50], filename[50];      /*定义数组为字符型*/
    int i, j = 0, k;                            /*定义变量为基本整型*/
    FILE *fp;                    /*定义一个指向 FILE 类型结构体的指针变量*/
    struct ffblk fileinf;
    printf("please input filename which do you want to save:");
    gets(filename);                  /*输入磁盘文件路径及名称，该文件用来保存统计出的结果*/
    fp = fopen(filename, "w+");
    printf("Please input directory:\n");        /*提示输入目录*/
    gets(str1);                                 /*输入要进行统计的文件所在目录*/
    k = chdir(str1);                            /*切换当前工作目录，正确返回 0*/
    if (k != 0)                                 /*如果不等于 0，提示信息后退出*/
    {
        printf("Change Path failure!\n");
        getch();
        exit( - 1);
    }
    printf("\nPlease input File type:\n");
    gets(str2);                                 /*输入要进行统计的文件的类型，如*.doc*/
    i = findfirst(str2, &fileinf, FA_ARCH);     /*查找匹配条件的第一个文件，正确返回 0*/
    if (i != 0)                                 /*如果返回值不为 0，提示信息后退出*/
    {
        printf("File Not Find!\n");
        getch();
        exit( - 1);
    }
    else
    {
        printf("\n");
        printf("%s\n", fileinf.ff_name);        /*在屏幕上打印*/
        fputs(fileinf.ff_name, fp);             /*输出到文件*/
        fputs("\n", fp);                        /*输出换行符到文件*/
        while (j == 0)                          /*循环查找，直到 findnext 不等于 0*/
        {
            j = findnext(&fileinf);             /*查找与 findfirst 相匹配的文件*/
            if (j == 0)                         /*如果找到*/
            {
                printf("%s\n", fileinf.ff_name); /*在屏幕上打印*/
                fputs(fileinf.ff_name, fp);      /*输出到文件*/
                fputs("\n", fp);                 /*输出换行符到文件*/
            }
        }
    }
```

```
    }
    fclose(fp);                              /*关闭文件*/
}
```

技术要点

本实例用到了 chdir()、findfirst()和 findnext() 3 个目录函数。

（1）chdir()函数

```
int chdir(char *path)
```

该函数的作用是路径名由 path 所指的目录变成当前工作目录。这里有一点值得注意，这个目录必须是已存在的。如果成功，返回 0，否则返回-1。该函数的原型包含在 dir.h 头文件中。

（2）findfirst()与 findnext()函数

```
int findfirst(char *filename,struct ffblk *ptr,int attrib)
int findnext(struct ffblk *ptr)
```

findfirst()函数的作用是寻找与 filename 所指向的文件名相匹配的第一个文件名。如果找到了相匹配的文件，则将有关文件的信息填入由 ptr 所指向的结构体中。ffblk 结构定义如下：

```
struct ffblk
{
    char ff_reserved[2];
    char ff_attrib;
    int ff_ftime;
    int ff_fdate;
    long ff_fsize;
    char ff_name[13];
};
```

参数 attrib 决定了由 findfirst()函数要找的文件的类型。属性 attrib 可以是表 16.4 所示宏之一。

表 16.4 属性 attrib 可以为宏值的含义

宏	含 义
FA_RDONLY	只读文件
FA_HIDDEN	隐含文件
FA_SYSTEM	系统文件
FA_LABEL	卷标号
FA_DIREC	子目录
FA_ARCH	档案

findnext()函数将继续由 findfirst()函数开始的搜索。findfirst()和 findnext()函数若成功返回 0，失败则返回-1。

实例 253　文件分割

（实例位置：配套资源\SL\16\253）

实现说明

编程实现将一个较大的文件分割成若干个较小的文件，要求分割成的文件不改变原有文件内容。运行结果如图 16.20 所示。

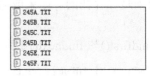

（a）程序运行界面　　　　　　　（b）将文件 245.txt 分割成了 6 个文件

图 16.20　文件分割

实现过程

（1）在 TC 中创建一个 C 文件。

（2）引用头文件并定义全局变量，代码如下：

```c
#include <stdio.h>
#include <string.h>
#include <stdlib.h>
FILE *in,  *out;                          /*定义两个指向 FILE 类型结构体的指针变量*/
char filename[50], ch, cfilename[50];
```

（3）自定义函数 space()，用来实现文件的分割。代码如下：

```c
void space()                              /*分隔文件函数*/
{
    char ext[6][6] =
    {
        "a.txt", "b.txt", "c.txt", "d.txt", "e.txt", "f.txt"
    };                                    /*分割出来的文件扩展名*/
    unsigned long int n = 1, k, byte = 0; /*定义变量类型为无符号的长整型变量*/
    unsigned int j = 0, i = 0;
    printf("Please input filename:\n");
    scanf("%s", filename);                /*输入文件所在路径及名称*/
    strcpy(cfilename, filename);          /*输入文件所在路径及名称并复制到 cfilename 中*/
    if ((in = fopen(filename, "r")) == NULL) /*以只读方式打开输入文件*/
    {
        printf("Cannot open file\n");
        exit(0);
    }
    printf("Please input file size after space(kb):\n");
    scanf("%d", &n);                      /*输入分割后单个文件的大小*/
```

```
        n = n * 1024;
        while (filename[j] != '.')
            j++;
        filename[j] = '\0';                        /*遇'.'时，在该处加字符串结束符*/
        if ((out = fopen(strcat(filename, ext[i]), "w")) == NULL)/*生成分割后文件所在路径及名称*/
        {
            printf("Cannot open file\n");
            exit(0);
        }
        fseek(in, 0, 2);                           /*将位置指针移到文件末尾*/
        k = ftell(in);                             /*k 存放当前位置，也就是整个文件的大小*/
        fseek(in, 0, 0);
        while (k > 0)
        {
            ch = fgetc(in);
            fputc(ch, out);
            byte++;                                /*字节数增加*/
            k--;                                   /*大小减 1*/
            if (byte == n)                         /*当为要求的大小时执行括号内语句*/
            {
                fclose(out);                       /*完成一个分割出的文件*/
                byte = 0;                          /*byte 重新置 0*/
                strcpy(filename, cfilename);       /*filename 恢复初始状态*/
                while (filename[j] != '.')
                    j++;
                filename[j] = '\0';                /*遇'.'时，在该处加字符串结束符*/
                i++;
                if ((out = fopen(strcat(filename, ext[i]), "w")) == NULL)      /*生成分割后文件所在
路径及名称*/
                {
                    printf("Cannot open file\n");
                    exit(0);
                }
            }
        }
        fclose(in);                                /*关闭文件*/
        printf("File succeed space!\n\n\n");
    }
```

（4）main()函数作为程序的入口函数，代码如下：

```
main()                                             /*程序主函数*/
{
    printf("now file space!\n");
    space();
}
```

技术要点

本实例在编写程序时有以下几点需要注意：

（1）文件的扩展名问题。要生成新的文件就要给新的文件命名，命名的过程中就要

Note

注意一方面不能重复命名，另一方面新文件要与原文件的扩展名一致。程序中使用了数组ext来存储带扩展名的文件名用来与输入的文件名连接以保证文件名不同但文件类型一致。

（2）ftell()函数的使用，该函数的作用是得到流式文件中的当前位置，用相对于文件开头的位移量来表示。

（3）ftell()与fseek()函数结合使用，用来统计要进行分割的文件共有多少字节。

实例254　文件加密

（实例位置：配套资源\SL\16\254）

实现说明

编程实现文件加密，具体要求如下：先从键盘中输入要加密操作的文件所在的路径及名称，再输入密码，最后输入加密后的文件要存储的路径及名称。运行结果如图16.21所示。

（a）程序运行界面

（b）加密前文档中的内容

（c）加密后文档中的内容

图16.21　文件加密

实现过程

（1）打开 Visual C++ 6.0 开发环境，新建一个 C 源文件，并输入要创建 C 源文件的名称。

（2）引用头文件并进行函数声明，代码如下：

```c
#include <stdio.h>                                    /*标准输入输出头文件*/
#include <stdlib.h>
#include <string.h>
void encrypt(char *soucefile, char *pwd, char *codefile);    /*对文件进行加密的具体函数*/
```

（3）自定义函数 encrypt()，作用是实现对指定文件进行加密。代码如下：

```c
void encrypt(char *s_file, char *pwd, char *c_file)         /*自定义函数 encrypt()用于加密*/
{
    int i = 0;
    FILE *fp1,  *fp2;                          /*定义 fp1 和 fp2 是指向结构体变量的指针*/
    register char ch;
```

```
        fp1 = fopen(s_file, "rb");
        if (fp1 == NULL)
        {
            printf("cannot open s_file.\n");
            exit(1);                                /*如果不能打开要加密的文件，便退出程序*/
        }
        fp2 = fopen(c_file, "wb");
        if (fp2 == NULL)
        {
            printf("cannot open or create c_file.\n");
            exit(1);                                /*如果不能建立加密后的文件，便退出*/
        }
        ch = fgetc(fp1);
        while (!feof(fp1))                          /*测试文件是否结束*/
        {
            ch = ch ^ *(pwd + i);                   /*采用异或方法进行加密*/
            i++;
            fputc(ch, fp2);                         /*异或后写入 fp2 文件*/
            ch = fgetc(fp1);
            if (i > 9)
                i = 0;
        }
        fclose(fp1);                                /*关闭源文件*/
        fclose(fp2);                                /*关闭目标文件*/
    }
```

（4）main()函数作为程序的入口函数，代码如下：

```
    main(int argc, char *argv[])                    /*定义 main()函数的命令行参数*/
    {
        char sourcefile[50];                        /*用户输入的要加密的文件名*/
        char codefile[50];
        char pwd[10];                               /*用来保存密码*/
        if (argc != 4)                              /*容错处理*/
        {
            printf("please input encode file name:\n");
            gets(sourcefile);                       /*得到要加密的文件名*/
            printf("please input Password:\n");
            gets(pwd);                              /*得到密码*/
            printf("please input saved file name:\n");
            gets(codefile);                         /*得到加密后所要的文件名*/
            encrypt(sourcefile, pwd, codefile);
        }
        else
        {
            strcpy(sourcefile, argv[1]);
            strcpy(pwd, argv[2]);
            strcpy(codefile, argv[3]);
            encrypt(sourcefile, pwd, codefile);
        }
    }
```

技术要点

加密的算法思想是：对文本文档中的内容进行加密，实质上就是读取该文档中的内容，对读出的每个字符与输入的密码进行异或，再将异或后的内容重新写入指定的磁盘文件中即可。

实例 255　自毁程序

（实例位置：配套资源\SL\16\255）

实现说明

为了防止机密程序被盗用，对程序进行加密是必要的。程序通过对用户输入的密码进行判断，确认程序的使用权限。当输入的密码正确时，可以继续对该程序进行操作；否则提示密码错误并将该程序销毁。通过运行本实例编译后的可执行文件，输入的程序密码正确时运行结果如图 16.22 所示；当密码错误时运行结果如图 16.23 所示。

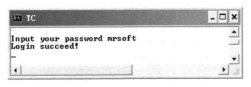

图 16.22　密码正确

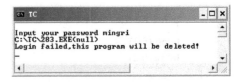

图 16.23　密码错误

实现过程

（1）在 TC 中创建一个 C 文件。

（2）引用头文件<dos.h>、<stdio.h>、<stat.h>。

（3）预置程序密码，将密码设置为 mrsoft。代码如下：

```
char pass[]="mrsoft";                                    //设置密码
```

（4）从流中取一字符串，使用户能够输入密码。代码如下：

```
gets(passw);                                             //取字符串
```

（5）打开程序文件，并将其读写性设置为"写"，代码如下：

```
fp=fopen(argv[0],"w");                                   //打开文件
```

（6）将程序文件的读写权限设置为"允许写"，代码如下：

```
flag=chmod( argv[0],S_IWRITE);                           //将文件设置为可写
```

（7）关闭程序文件并将该文件删除，代码如下：

```
fclose(fp);                                              //关闭文件
unlink(argv[0]);                                         //删除程序
```

（8）程序主要代码如下：

```
int main(int argc,char* argv[])
{
        FILE *fp;                                         //声明文件指针
        int flag;                                         //声明整型变量
        char *passw;                                      //声明字符指针
        char pass[]="mrsoft";                             //指定预置密码字符串
        printf( "\nInput your password " );
        gets(passw);                                      //取字符串
        if(strncmp(pass,passw))                           //当输入的密码与预置密码不同时
        {
            fp=fopen(argv[0],"w");                        //以"写"方式打开文件
            flag=chmod( argv[0],S_IWRITE);                //将文件设置为"可写"
            if((flag)&&(fp!= NULL))                       // "可写"权限设置失败并且文件指针不为空
            {
            fclose(fp);                                   //关闭文件
            unlink(argv[0]);                              //删除文件
            return 0;                                     //退出过程
            }
            else
            {
                printf("\nLogin failed,this program will be deleted!\n"); //密码错误
                return 0;
            }
        }
        printf("Login succeed!\n");                       //密码正确
        getch();
        return 0;
}
```

技术要点

1. 设置文件读写权限

设置文件的读写权限通过使用 chmod()函数来实现，其原型在 stat.h 中，其语法格式如下：

```
int chmod(const char *filename,int permiss);
```

该函数用于设定文件 filename 的属性。permiss 可以为以下值：S_IWRITE 允许写；S_IREAD 允许读；S_IREAD|S_IWRITE 允许读、写。

2. 删除文件

删除文件通过使用 unlink()函数来实现，其原型在 io.h 中，其语法格式如下：

```
int unlink (const char *fname);
```

该函数的作用是删除一个指定文件。

其中，参数 fname 是要删除的文件名称。

返回值：0 操作成功；-1 操作失败。

实例 256　明码序列号保护

（实例位置：配套资源\SL\16\256）

实现说明

采用明码序列号保护是通过使用序列号对应用程序进行保护的最初级的方法。通过使用序列号对程序进行注册，获取使用程序某些功能的权限。采用明码序列号保护的方式是通过对用户输入的序列号与程序自动生成的合法序列号或内置序列号进行比较，采用这种方式并不是很安全，容易被截获到合法的序列号。运行本实例编译后的可执行文件，输入序列号后按Enter 键，运行结果如图 16.24 所示。

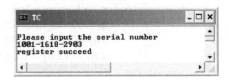

图 16.24　明码序列号保护

实现过程

（1）在 TC 中创建一个 C 文件。

（2）引用头文件，代码如下：

```
#include "stdio.h"
#include "string.h"
```

（3）本实例将用户输入的序列号与程序内置的序列号 1001-1618-2903 进行比对，验证序列号的合法性。代码如下：

```
void main()
{
    char *ysn;                          //声明字符指针
    char *sn;                           //声明字符指针
    sn = "1001-1618-2903";              //指定合法序列号
    scanf("%s", ysn);                   //从控制台输入字符串
    if (!strcmp(ysn, sn))               //进行序列号比较
        printf("register succeed");     //提示注册成功
    else                                //否则
        printf("register lose");        //注册失败
    exit();
}
```

技术要点

明码序列号验证主要通过对字符串比较实现的，判断用户输入的序列号与程序自动生成的或内置的序列号是否相同。字符串的比较通过使用 strcmp()函数来实现，其原型在<string.h>中，其语法格式如下：

```
int strcmp(char *str1, char *str2);
```

该函数的作用是比较字符串 s1 与 s2 的大小，并返回 s1-s2 的值。

说明：

当 str1<str2 时，返回值小于 0。

当 str1=str2 时，返回值等于 0。

当 str1>str2 时，返回值大于 0。

实例 257　非明码序列号保护

（实例位置：配套资源\SL\16\257）

实现说明

采用非明码序列号保护的方式验证序列号比采用明码序列号保护的方式安全。因为，非明码序列号保护是通过将输入的序列号进行算法验证实现的，而明码序列号保护是通过将输入的序列号与计算生成的合法序列号进行字符串比较实现的。采用明码序列号保护的程序在注册时会生成合法的序列号，该序列号可以通过内存设断的方式获取。而采用非明码序列号保护的方式无法通过内存设断的方式获取。运行本实例编译后的可执行文件，输入序列号后按 Enter 键，运行结果如图 16.25 所示。

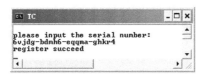

图 16.25　非明码序列号保护

实现过程

（1）在 TC 中创建一个 C 文件。

（2）引用头文件，代码如下：

```
#include "stdio.h"
#include "string.h"
#include "ctype.h"
```

（3）自定义函数 getsn1()，用于验证序列号第一段的合法性。代码如下：

```
int getsn1(char *str)
{
    int i;
    int sum;
    sum = 0;
    for (i = 0; i < 5; i++)                      //0～4 循环
        sum = sum + toascii(str[i]);             //累加字符 ASCII 码
    return sum;                                  //返回第一段的返回值
}
```

（4）自定义函数 getsn2()，用于验证序列号第二段的合法性。代码如下：

```
int getsn2(char *str)
{
```

```
    int i;
    int sum;
    sum = 0;
    for (i = 6; i < 11; i++)                                          //6～10 循环
        sum = sum + toascii(str[i]);                                 //累加字符 ASCII 码
    return sum;                                                      //返回第二段返回值
}
```

（5）自定义函数 getsn3()，用于验证序列号第三段的合法性，代码如下：

```
int getsn3(char *str)
{
    int i;
    int sum;
    sum = 0;
    for (i = 12; i < 17; i++)                                        //12～16 循环
        sum = sum + toascii(str[i]);                                 //累加字符 ASCII 码
    return sum;                                                      //返回第三段返回值
}
```

（6）自定义函数 getsn4()，用于验证序列号第四段的合法性。代码如下：

```
int getsn4(char *str)
{
    int i;
    int sum;
    sum = 0;
    for (i = 18; i < 23; i++)                                        //18～22 循环
        sum = sum + toascii(str[i]);                                 //累加字符 ASCII 码
    return sum;                                                      //返回第四段返回值
}
```

（7）在主函数 main()中，获取用户输入的序列号，并调用 getsn1()、getsn2()、getsn3() 和 getsn4()这 4 个函数进行序列号的合法性验证。代码如下：

```
void main()
{
    char *str;                                                       //声明字符指针
    printf("\nplease input the serial number:\n");                   //提示请输入序列号
    scanf("%s", str);                                                //带格式输入
    if (strlen(str) == 23 && str[5] == '-' && str[11] == '-' && str[17] == '-') //当指定位为'-'
    {
        //当每一段序列号都满足条件时
        if(getsn1(str)%6 ==1&&getsn2(str)%8==1&&getsn3(str)%9==2&&getsn4(str)%3==0)
            printf("%s\n", " register succeed");                     //提示注册成功
    }
    else                                                             //否则
        printf("%s\n", " register Lose");                            //提示注册失败
    exit();
}
```

技术要点

1. 获取字符 ASCII 码

本实例在序列号验证过程中需要获取字符的 ASCII 码，ASCII 码是通过使用 toascii() 函数来获取的。其原型在 ctype.h 中，其语法格式如下：

```
int toascii(int c);
```

其中，toascii() 函数会将参数 c 转换成 7 位的 unsigned char 位，第八位则会被清除。此字符即会被转换成 ASCII 码字符。

2. 验证算法

本实例的验证算法是将序列号分为 4 段，每段 5 个字符，每段之间以字符 "-" 分隔。计算每段所有 ASCII 码的和，如果第一段 ASCII 码的和模 6 的值为 1，第二段 ASCII 码的和模 8 的值为 1，第三段 ASCII 码的和模 9 的值为 2，第四段 ASCII 码的和模 3 的值为 0，那么该序列号视为合法，否则非法。

实例 258　恺撒加密

（实例位置：配套资源\SL\16\258）

实现说明

恺撒密码据传是古罗马恺撒大帝用来保护重要军情的加密系统。它是一种置换密码，通过将字母顺序推后起到加密作用。如字母顺序推后 3 位，字母 A 将被推作为字母 D，字母 B 将被推作字母 E。本实例用于介绍使用 C 语言实现恺撒加密的方法。运行本实例编译后的可执行文件，输入字符串 mingrikeji，选择 1，指定字母推后的位数为 3，运行结果如图 16.26。

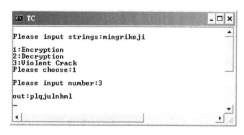

图 16.26　恺撒加密效果

实现过程

（1）在 TC 中创建一个 C 文件。

（2）引用头文件，代码如下：

```
#include <stdio.h>
#include <string.h>
```

（3）自定义函数 encode()，用于将字母顺序推后 n 位，实现加密的功能。代码如下：

```
void encode(char str[], int n)
{
    char c;
    int i;
```

```
        for (i = 0; i < strlen(str); i++)
        {
            c = str[i];
            if (c >= 'a' && c <= 'z')
                if (c + n % 26 <= 'z')
                    str[i] = (char)(c + n % 26);
                else
                    str[i] = (char)('a' + ((n - ('z' - c) - 1) % 26));
            else if (c >= 'A' && c <= 'Z')
                if (c + n % 26 <= 'Z')
                    str[i] = (char)(c + n % 26);
                else
                    str[i] = (char)('A' + ((n - ('Z' - c) - 1) % 26));
            else
                str[i] = c;
        }
        printf("\nout:");
        puts(str);
    }
```

（4）自定义函数 decode()，用于将字母顺序前移 n 位，实现解密的功能。代码如下：

```
    void decode(char str[], int n)
    {
        char c;
        int i;
        for (i = 0; i < strlen(str); i++)
        {
            c = str[i];
            if (c >= 'a' && c <= 'z')
                if (c - n % 26 >= 'a')
                    str[i] = (char)(c - n % 26);
                else
                    str[i] = (char)('z' - (n - (c - 'a') - 1) % 26);
            else if (c >= 'A' && c <= 'Z')
                if (c - n % 26 >= 'A')
                    str[i] = (char)(c - n % 26);
                else
                    str[i] = (char)('Z' - (n - (c - 'A') - 1) % 26);
            else
                str[i] = c;
        }
        printf("\nout:");
        puts(str);
    }
```

（5）主函数 main()用于输入被加密或被解密的字符串以及提供"加密"、"解密"、"暴力破解"的选项和字母顺序移动的位数。代码如下：

```
    void main()
    {
```

```
        void encode(char str[], int n);
        void decode(char str[], int n);
        char *str;
        int k = 0, n = 0, i = 1;
        printf("\nPlease input strings:");
        scanf("%s", str);
        printf("\n1:Encryption");
        printf("\n2:Decryption");
        printf("\n3:Violent Crack");
        printf("\nPlease choose:");
        scanf("%d", &k);
        if (k == 1)
        {
            printf("\nPlease input number:");
            scanf("\n%d", &n);
            encode(str, n);
        }
        else if (k == 2)
        {
            printf("\nPlease input number:");
            scanf("%d", &n);
            decode(str, n);
        }
        else if (k == 3)
        {
            for (i = 1; i <= 25; i++)
            {
                printf("%d ", i);
                decode(str, 1);
            }
        }
    }
```

技术要点

（1）本加密方法是通过将字母顺序推后，起到加密作用。下面介绍字母顺序推后的方法。

① 当字母是小写字母时，字母的置换方法如下：

```
if(c+n%26<='z') str[i]=(char)(c+n%26);
else str[i]=(char)('a'+((n-('z'-c)-1)%26));
```

② 当字母是大写字母时，字母的置换方法如下：

```
if(c+n%26<='Z') str[i]=(char)(c+n%26);
else str[i]=(char)('A'+((n-('Z'-c)-1)%26));
```

（2）解密方法是通过将字母顺序前移，起到解密作用。下面介绍字母顺序前移的方法。

① 当字母是小写字母时，字母的置换方法如下：

```
if(c-n%26>='a') str[i]=(char)(c-n%26);
else str[i]=(char)('z'-(n-(c-'a')-1)%26);
```

② 当字母是大写字母时，字母的置换方法如下：

```
if(c-n%26>='A') str[i]=(char)(c-n%26);
else str[i]=(char)('Z'-(n-(c-'A')-1)%26);
```

实例 259　RSA 加密

（实例位置：配套资源\SL\16\259）

实现说明

RSA 算法是非对称加密的代表。RSA 算法是第一个同时用于加密和数值前面的算法，易于理解和操作。本实例用于介绍 RSA 加密的方法，运行本实例编译后的可执行文件，指定 p 的值为 5，q 的值为 11，e 的值为 3，选择 1，指定 m 的值为 14。运行结果如图 16.27 所示。

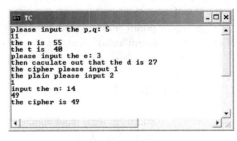

图 16.27　RSA 算法输出结果

实现过程

（1）在 TC 中创建一个 C 文件。

（2）引用头文件，代码如下：

```
#include <stdio.h>
```

（3）自定义函数 candp()，用于进行加密获取密文或进行解密获取明文。代码如下：

```
int candp(int a, int b, int c)
{
    int r = 1;                              //声明整型变量并赋值 1
    b = b + 1;                              //b 自加 1
    while (b != 1)                          //当 b 不等于 1 时保持循环
    {
        r = r * a;                          //r 自乘 a
        r = r % c;                          //r 自模 c
        b--;                                //b 自减
    }
    printf("%d\n", r);                      //输出 r 值
    return r;
}
```

（4）输入 p、q、e 的数值。根据输入的数值计算 p 与 q 的乘积 n，并调用 candp() 函数进行加密或解密操作。代码如下：

```
void main()
{
    int p, q, e, d, m, n;                   //声明整型变量
    char s;                                 //声明字符型变量
```

```
        printf("please input the p,q: ");                          //提示输入 p、q
        scanf("%d%d", &p, &q);                                       //带格式输入 p、q 值
        n = p * q;                                                   //计算 p 与 q 的积
        printf("the n is %3d\n", n);                                 //输出字符串
        t = (p - 1)*(q - 1);                                         //计算(p-1)*(q-1)的乘积
        printf("the t is %3d\n", t);                                 //输出字符串
        printf("please input the e: ");                             //提示输入 e
        scanf("%d", &e);                                             //带格式输入 e
        if (e < 1 || e > t)                                          //当 e 小于 1 或 e 大于 t 时
        {
            printf("e is error,please input again: ");              //提示 e 值错误，请重新输入
            scanf("%d", &e);                                         //带格式输入 e
        }
        d = 1;                                                       //为 d 赋值 1
        while (((e *d) % t) != 1)                                    //表达式结果不等于 1 时
            d++;                                                     //d 自加
        printf("then caculate out that the d is %d\n",d);            //输出字符串
        printf("the cipher please input 1\n");                       //输出字符串
        printf("the plain please input 2\n");                        //输出字符串
        scanf("%d", &r);                                             //带格式输入 r
        switch (r)                                                   //选择
        {
            case 1:                                                  //r 值为 1 时
                printf("input the m: "); /*输入要加密的密文数字*/       //输出字符串
                scanf("%d", &m);                                     //带格式输入 m
                c = candp(m, e, n);                                  //进行加密获取密文
                printf("the cipher is %d\n", c);                     //输出 c 值
                break;
            case 2:
                printf("input the c: ");                             /*输入要解密的密文数字*/
                scanf("%d", &c);                                     //带格式输入 c
                m = candp(c, d, n);                                  //进行解密获取明文
                printf("the cipher is %d\n", m);                     //输出 m 值
                break;
        }
        getch();
    }
```

技术要点

RSA 算法是一种非对称密码算法。所谓非对称，就是指该算法需要一组密钥，其中包括公钥和私钥。RSA 加密或解密步骤如下：

1. 获取公钥与私钥

（1）随意选择两个大的质数 p 和 q，p 不等于 q，计算 n=pq。

（2）计算不大于 n 且与 n 互质的整数个数 f，公式为 f=(p-1)(q-1)。

（3）选择一个整数 e 与(p-1)(q-1)互质，并且 e 小于(p-1)(q-1)。

（4）计算 d，公式为 de mod (p-1)(q-1)=1。

（5）d 和 n 是私钥，p、q、e 是公钥。

2. 加密过程

设 e 为加密密钥，明文为 m，密文为 c，则加密公式如下：

c = (m ^ e) mod n

3. 解密过程

设 e 为加密密钥，明文为 m，密文为 c，d 为解密密钥，则解密公式如下：

m = (c ^ d) mod n

实例 260 获取当前磁盘空间信息

（**实例位置：配套资源\SL\16\260**）

实现说明

磁盘作为文件或程序的存储介质，需要定期对其进行维护或清理。在对磁盘进行维护或清理工作前，需要对磁盘的使用情况有所了解，获取相关信息，并根据这些信息制定相应的维护或清理方案，使磁盘空间得到合理的应用。本实例用于介绍获取当前磁盘空间信息的方法，通过运行本实例编译后的可执行文件，可以对当前磁盘的空间或文件分配表的相关信息进行显示，如图 16.28 所示。

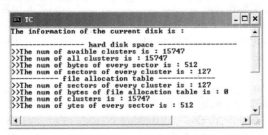

图 16.28　当前磁盘信息显示

实现过程

（1）在 TC 中创建一个 C 文件。

（2）引用头文件，代码如下：

```
#include <dos.h>                                    //引用头文件
#include <stdio.h>
```

（3）使用 getdfree()函数获取当前磁盘驱动器信息，并返回到 diskfree 指向的 dfree 结构中。代码如下：

```
getdfree(0,&diskfree);                              //获取当前磁盘驱动器信息
```

（4）使用 getfat()函数获取当前磁盘的文件分配表，并返回到 fatinfo 指向的 fatinfo 文件中。代码如下：

```
getfat(0,&fatinfo);                                 //获取文件分配表信息
```

（5）程序主要代码如下：

```
    void DetectHDD()                                            //测试当前磁盘驱动器
    {
        struct dfree diskfree;                                  //定义结构体变量
        struct fatinfo fatinfo;
        puts("The information of the current disk is :\n");//送一字符串到流中，用于显示程序功能描述
        getdfree(0,&diskfree);                                  //获取当前磁盘驱动器信息
        getfat(0,&fatinfo);                                     //获取文件分配表信息
        puts("---------------- hard disk space -----------------");   //送一字符串到流中，用于对
即将显示的内容进行说明
        printf(">>The num of avaible clusters is : %d\n",diskfree.df_avail);    //输出可使用的簇数
        printf(">>The num of all clusters is : %d\n",diskfree.df_total);     //输出磁盘驱动器的簇数
        printf(">>The num of bytes of every sector is : %d\n",diskfree.df_bsec);//输出每个扇区的字节数
        printf(">>The num of sectors of every cluster is : %d\n",diskfree.df_sclus);//输出每个簇的扇区数
        puts("----------- file allocation table ------------");       //送一字符串到流中，用于对
即将显示的内容进行说明
        printf(">>The num of sectors of every cluster is : %d\n",fatinfo.fi_sclus);//输出每个簇扇区数
        printf(">>The num of bytes of file allocation table is : %d\n",fatinfo.fi_fatid);//文件分配表字节数
        printf(">>The num of clusters is : %d\n",fatinfo.fi_nclus);        //簇的数目
        printf(">>The num of ytes of every sector is : %d\n",fatinfo.fi_bysec); //每个扇区字节数
    }
    void main()
    {
        DetectHDD();                                   //调用测试当前磁盘驱动器的过程
        getch();                                       //从控制台无回显地取一个字符，用于暂停
    }
```

技术要点

1. 获取磁盘空间信息

获取磁盘空间信息通过使用 getdfree() 函数来实现。该函数的原型在 dos.h 头文件中，其语法格式如下：

```
    void getdfree(int drive, struct dfree *dfreep);
```

该函数的作用是将由 drive 指定的关于磁盘驱动器的信息返回到 dfreep 指向的 dfree 结构中。

dfree 结构如下：

```
    struct dfree
    {
        unsigned df_avail;                      //可使用的簇数
        unsigned df_total;                      //每个磁盘驱动器的簇数
        unsigned df_bsec;                       //每个扇区的字节数
        unsigned df_sclus;                      //每个簇的扇区数（出错时返回 0xFFFF）
    } * dfreep;
```

其中，参数 drive 为磁盘驱动器号（0-当前;1-A;2-B;...），dfreep 为 dfree 结构地址。

2. 获取文件分配表信息

获取文件分配表信息通过使用 getfat()函数来实现。该函数的原型在 dos.h 头文件中，其语法格式如下：

```
void getfat(int drive, struct fatinfo *fatblkp);
```

该函数的作用是返回指定磁盘驱动器 drive 的文件分配表信息，并存入 fatblkp 指向的 fatinfo 结构中。

fatinfo 结构如下：

```
struct fatinfo
{
    char fi_sclus;                                          //每个簇扇区数
    char fi_fatid;                                          //文件分配表字节数
    int fi_nclus;                                           //簇的数目
    int fi_bysec;                                           //每个扇区字节数
} * fatblkp;
```

其中，参数 drive 为磁盘驱动器号（0-当前;1-A;2-B;...），fatblkp 为 fatinfo 结构地址。

实例 261　DES 加密

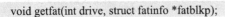
（实例位置：配套资源\SL\16\261）

实现说明

美国数据加密标准 DES 是一种对称加密算法。对称是指采用保密密钥既可用于加密也可用于解密，DES 的算法是公开的，密码由用户自己保护。密钥长度为 64 位，其中有 8 位奇偶校验，有效长度为 56 位，即采用一个 56 位的有效密钥对 64 位的数据块进行加密。本实例用于介绍 DES 加密的方法，运行本实例编译后的可执行文件，输入字符串 swordfish，输入密码 aj。运行结果如图 16.29 所示。

```
C:\WINDOWS\system32\cmd.exe

Please input the text to be encode:
swordfish

Please input the password:
aj

the encode result is:

0x1A  0x60  0x53  0x16  0x7C  0xB1  0xDC  0xAC  0xE6
0x66  0x6E  0xED  0xDA  0x0B  0xCA  0x50
```

图 16.29　DES 加密效果

实现过程

（1）在 TC 中创建一个 C 文件。

（2）引用头文件，代码如下：

```
#include "stdio.h"
#include "string.h"
```

（3）自定义函数 des()用于生成加密密钥，把待加密的明文数据分割成 64 位的块，逐块完成 16 次迭代加密，密文存放在 data 所指向的内存中。第一个形式参数用于存放待加密明文的内存指针；第二个形式参数用于存放用户输入的密钥的内存指针；第三个形式参数为待加密明文的长度。代码如下：

```
INT32 des(ULONG8 *data, ULONG8 *key, INT32 readlen)
{
    INT32 i = 0;                                //声明整型变量
    makefirstkey((ULONG32*)key);               //产生密钥
    for (i = 0; i < readlen; i += 8)           //循环
    {
        handle_data((ULONG32*) &data[i], DESENCRY);   //调用 handle_data()函数
    }
    return SUCCESS;                            //返回 SUCCESS
}
```

（4）自定义函数 Ddes()用于生成解密密钥，把待解密文分割成 64 位的块，逐块完成 16 次迭代解密，解密后的明文存放在 data 所指向的内存中。第一个形式参数用于存放待解密文的内存指针；第二个形式参数用于存放用户输入的密钥的内存指针；第三个形式参数为待解密文的长度。代码如下：

```
INT32 Ddes(ULONG8 *data, ULONG8 *key, INT32 readlen)
{
    INT32 i = 0;                                //声明整型变量
    makefirstkey((ULONG32*)key);               //调用 makefirstkey()函数
    for (i = 0; i < readlen; i += 8)           //循环
    {
        handle_data((ULONG32*) &data[i], DESDECRY);   //调用 handle_data()函数
    }
    return SUCCESS;                            //返回 SUCCESS
}
```

（5）自定义函数 des3()用于生成加密密钥，把待加密的明文分割成 64 位的块，把第 i-1 层加密后的密文作为第 i 层加密的明文输入，根据用户指定的加密层数进行 n 层加密，最终生成的密文存放在 data 所指向的内存中。第一个形式参数用于存放待加密明文的内存指针；第二个形式参数用于存放用户输入的密钥的内存指针；第三个形式参数为用户指定进行加密的层数；第四个形式参数为待加密明文的长度。代码如下：

```
INT32 des3(ULONG8 *data, ULONG8 *key, ULONG32 n, ULONG32 readlen)
{
    ULONG32 i = 0, j = 0;                       //声明整型变量，并设置初始值
    makefirstkey((ULONG32*)key); /*产生密钥*/   //调用 makefirstkey()函数
    for (i = 0; i < n; i++)                     //循环
    {
        for (j = 0; j < readlen; j += 8)       //循环
        {
            handle_data((ULONG32*) &data[j], DESENCRY);  //调用 handle_data()函数
        }
```

```
    }
        return SUCCESS;                                    //返回 SUCCESS
    }
```

（6）自定义函数 Ddes3()用于生成解密密钥，把待解密文分割成 64 位的块，把第 i-1 层解密后的"明文"作为第 i 层解密的密文输入，根据用户指定的解密层数进行 n 层解密，最终生成的明文存放在 data 所指向的内存中。用户仅仅输入一条密钥，所有的解密密钥都是由这条密钥生成。第一个形式参数用于存放待解密文的内存指针；第二个形式参数用于存放用户输入的密钥的内存指针；第三个形式参数为用户指定进行解密的层数；第四个形式参数为待解密文的长度。代码如下：

```
    INT32 Ddes3(ULONG8 *data, ULONG8 *key, ULONG32 n, ULONG32 readlen)
    {
        ULONG32 i = 0, j = 0;                              //声明整型变量，并设置初始值
        makefirstkey((ULONG32*)key);                       //产生密钥
        for (i = 0; i < n; i++)                            //外层循环
        {
            for (j = 0; j < readlen; j += 8)               //内层循环
            {
                handle_data((ULONG32*) &data[j], DESDECRY); //调用 handle_data()函数
            }
        }
        return SUCCESS;                                    //返回 SUCCESS
    }
```

（7）自定义函数 desN()用于生成加密密钥，把待加密的明文分割成 64 位的块，把第 i-1 层加密后的密文作为第 i 层加密的明文输入，根据用户指定的加密层数进行 n 层加密，最终生成的密文存放在 data 所指向的内存中。用户通过输入的密钥条数决定加密的层数，每轮 16 次迭代加密所使用的加密密钥是由用户自定义的对应密钥生成。第一个形式参数用于存放待加密明文的内存指针；第二个形式参数用于存放用户输入的密钥的内存指针；第三个形式参数为用户指定的密钥条数；第四个形式参数为待加密明文的长度。代码如下：

```
    INT32 desN(ULONG8 *data, ULONG8 **key, ULONG32 n_key, ULONG32 readlen)
    {
        ULONG32 i = 0;
        for (i = 0; i < n_key; i++)                        //循环
        {
            des(data, key[i], readlen);                    //调用 des()函数
        }
        return SUCCESS;                                    //返回 SUCCESS
    }
```

（8）自定义函数 DdesN()用于生成解密密钥，把待解密文分割成 64 位的块，把第 i-1 层解密后的"明文"作为第 i 层解密的密文输入，根据用户指定的解密层数进行 n 层解密，最终生成的明文存放在 data 所指向的内存中。用户通过输入的密钥条数决定解密的层数，每轮 16 次迭代加密所使用的解密密钥是由用户自定义的对应密钥生成。第一个形式参数

用于存放待解密文的内存指针；第二个形式参数用于存放用户输入的密钥的内存指针；第三个形式参数为用户指定密钥的条数；第四个形式参数为待解密文的长度。代码如下：

```
INT32 DdesN(ULONG8 *data, ULONG8 **key, ULONG32 n_key, ULONG32 readlen)
{
    INT32 i;                                    //声明整型变量
    for (i = n_key; i > 0; i--)                 //循环
    {
        Ddes(data, key[i - 1], readlen);        //调用 Ddes()函数
    }
    return SUCCESS;                             //返回 SUCCESS
}
```

技术要点

1. 取得密钥

从用户处取得一个 64 位（本文如未特指，均指二进制位）长的密码 key，$key = k_1 k_2 k_3 \cdots k_{63} k_{64}$ 去除 64 位密码中作为奇偶校验位的第 8、16、24、32、40、48、56、64 位，剩下的 56 位作为有效输入密钥。

2. 等分密钥

将在上步中生成的 56 位输入密钥分成均等的 A、B 两部分，每部分为 28 位，参照图 16.30 和表 16.5 把输入密钥的位值填入相应的位置。按照图 16.30 所示 A 的第一位为输入的 64 位密钥的第 57 位，A 的第 2 位为 64 位密钥的第 49 位，…，依此类推，A 的最后一位是 64 位密钥的第 36 位。

$$k = k_1 k_2 k_3 \cdots k_{55} k_{56}$$
$$A = k_{57} k_{49} k_{41} \cdots k_{44} k_{36}$$
$$B = k_{63} k_{55} k_{47} \cdots k_{12} k_{4}$$

57	49	41	33	25	17	9
1	58	50	42	34	26	18
10	2	59	51	43	35	27
19	11	3	60	50	44	36

图 16.30 密钥 A 部分

表 16.5 密钥 B 部分

65	55	47	39	31	23	15
7	62	54	46	38	30	22
14	6	61	53	45	37	29
21	13	5	28	20	12	4

3. 密钥移位

DES 算法的密钥是经过 16 次迭代得到的一组密钥，把在上步中生成的 A、B 视为迭

代的起始密钥，如图 16.31 所示，在第 i 次迭代时密钥循环左移的位数。例如，在第 1 次迭代时密钥循环左移 1 位，第 3 次迭代时密钥循环左移 2 位。

第 9 次迭代时密钥循环左移 1 位，第 14 次迭代时密钥循环左移 2 位。

第一次迭代：

$A(1) = ώ(1) A$

$B(1) = ώ(1) B$

第 i 次迭代：

$A(i) = ώ(i) A(i-1)$

$B(i) = ώ(i) B(i-1)$

i	1	2	3	4	5	6	7	8
ώ	1	1	2	2	2	2	2	2
i	9	10	11	12	13	14	15	16
ώ	1	2	2	2	2	2	2	1

图 16.31　第 i 次迭代时密钥循环左移的位数

4. 选取密钥

在上步中第 i 次迭代生成的两个 28 位长的密钥为 $A^{(i)}, B^{(i)}$。

$A^{(i)} = A^{(i)}_1 A^{(i)}_2 A^{(i)}_3 \cdots A^{(i)}_{27} A^{(i)}_{28}$

$B^{(i)} = B^{(i)}_1 B^{(i)}_2 B^{(i)}_3 \cdots B^{(i)}_{27} B^{(i)}_{28}$

把 $A^{(i)}, B^{(i)}$ 合并

$C^{(i)} = A^{(i)} B^{(i)} = A^{(i)}_1 A^{(i)}_2 A^{(i)}_3 \cdots A^{(i)}_{27} A^{(i)}_{28} B^{(i)}_1 B^{(i)}_2 B^{(i)}_3 \cdots B^{(i)}_{27} B^{(i)}_{28}$

$= C^{(i)}_1 C^{(i)}_2 C^{(i)}_3 \cdots C^{(i)}_{47} C^{(i)}_{48}$

按照图 16.32 所示，k 的第一位为 56 位密钥的第 14 位，k 的第 2 位为 56 位密钥的第 17 位，…，依此类推，k 的最后一位是 56 位密钥的第 32 位。生成与进行第 i 次迭代加密的数据进行按位异或的 48 位使用密钥：

$k^{(i)} = C^{(i)}_{14} C^{(i)}_{17} C^{(i)}_{11} \cdots C^{(i)}_{29} C^{(i)}_{32}$

$= k^{(i)}_1 k^{(i)}_2 k^{(i)}_3 \cdots k^{(i)}_{47} k^{(i)}_{48}$

14	17	11	24	1	5	3	28
15	6	21	10	23	19	12	4
26	8	16	7	27	20	13	2
41	52	31	37	47	55	30	40
51	45	33	48	44	49	39	56
34	53	46	42	50	36	29	32

图 16.32　k 的每一位与密钥位对应图

5. 迭代

DES 算法密钥生成需要进行 16 次迭代，在完成 16 次迭代前，循环执行 3、4 步，最终形成 16 套加密密钥，即 key[0]、key[1]、key[2]、…、key[14]、key[15]。

实例 262 获取系统配置信息

（实例位置：配套资源\SL\16\262）

实现说明

如果用户需要配置系统环境，首先要查看当前的系统配置信息。系统配置信息包括系统日期、设备号、驱动器类型等。本实例通过端口获取系统配置信息。运行本实例编译后的可执行文件，可以对当前系统配置信息进行显示，显示信息如图 16.33 所示。

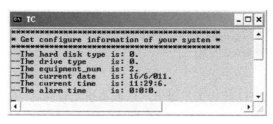

图 16.33　获取系统配置信息

实现过程

（1）在 TC 中创建一个 C 文件。

（2）引用头文件，代码如下：

```
#include <stdio.h>
#include <dos.h>
```

（3）创建 SYSTEMINFO 结构用于获取系统配置信息，代码如下：

```
struct SYSTEMINFO
{
    unsigned char current_second;              //当前系统时间（秒）
    unsigned char alarm_second;                //闹钟时间（秒）
    unsigned char current_minute;              //当前系统时间（分）
    unsigned char alarm_minute;                //闹钟时间（分）
    unsigned char current_hour;                //当前系统时间（小时）
    unsigned char alarm_hour;                  //闹钟时间（小时）
    unsigned char current_day_of_week;         //当前系统时间（星期几）
    unsigned char current_day;                 //当前系统时间（日）
    unsigned char current_month;               //当前系统时间（月）
    unsigned char current_year;                //当前系统时间（年）
    unsigned char status_registers[4];         //寄存器状态
    unsigned char diagnostic_status;           //诊断位
    unsigned char shutdown_code;               //关机代码
    unsigned char drive_types;                 //驱动器类型
    unsigned char reserved_x;                  //保留位
    unsigned char disk_1_type;                 //硬盘类型
    unsigned char reserved;                    //保留位
```

```
        unsigned char equipment;                                        //设备号
        unsigned char lo_mem_base;
        unsigned char hi_mem_base;
        unsigned char hi_exp_base;
        unsigned char lo_exp_base;
        unsigned char fdisk_0_type;                                     //软盘驱动器 0 类型
        unsigned char fdisk_1_type;                                     //软盘驱动器 1 类型
        unsigned char reserved_2[19];                                   //保留位
        unsigned char hi_check_sum;
        unsigned char lo_check_sum;
        unsigned char lo_actual_exp;
        unsigned char hi_actual_exp;
        unsigned char century;                                          //世纪信息
        unsigned char information;
        unsigned char reserved3[12];                                    //保留位
    };
```

（4）为 SYSTEMINFO 结构变量赋值，获取系统配置信息。代码如下：

```
    for(i=0;i<size;i++)
        {
            outportb(0x70,(char)i);                                     //输出整数到硬件端口中
            byte=inportb(0x71);                                         //从硬件端口中输入
            *ptr_sysinfo++=byte;                                        //以字节为单位依次为变量 SYSTEMINFO 赋值
        }
```

（5）程序主要代码如下：

```
    int main()
    {
        struct SYSTEMINFO systeminfo;                                   //声明 SYSTEMINFO 结构变量
        int i, size;                                                    //声明整型变量
        char *ptr_sysinfo, byte;                                        //声明字符指针变量与字符型变量
        clrscr();                                                       //清屏
        puts("*****************************************");
        puts("* Get configure information of your system *");
        puts("*****************************************");
        size = sizeof(systeminfo);                                      //结构占用字节数
        ptr_sysinfo = (char*) &systeminfo;                              //将结构地址转换为字符指针
        for (i = 0; i < size; i++)
        {
            outportb(0x70, (char)i);                                    //输出整数到硬件端口中
            byte = inportb(0x71);                                       //从硬件端口中输入
            *ptr_sysinfo++ = byte;                                      //以字节为单位依次为变量 SYSTEMINFO 赋值
        }
        printf("--The hard disk type is: %d.\n", systeminfo.disk_1_type);        //硬盘类型
        printf("--The drive type     is: %d.\n", systeminfo.drive_types);        //驱动器类型
        printf("--The equipment_num  is: %d.\n", systeminfo.equipment);          //设备号
        printf("--The current date   is: %x/%x/0%x.\n", systeminfo.current_day,
            systeminfo.current_month, systeminfo.current_year);                  //当前日期
```

```
        printf("--The current time    is: %x:%x:%x.\n", systeminfo.current_hour,
            systeminfo.current_minute, systeminfo.current_second);              //当前时间
        printf("--The alarm time      is: %x:%x:%x.\n", systeminfo.alarm_hour,
            systeminfo.alarm_minute, systeminfo.alarm_second);                  //报警时间
        getch();
        return 0;
    }
```

技术要点

系统信息存放在 CMOS 存储器中，本实例程序通过向端口 0x70 发送一字节数据，并从端口 0x71 读取一个字节的数据，实现读取 CMOS 中信息的功能。

1. 字节写入指定的输出端口

将一个字节写入输出端口通过使用 outportb()函数来实现。该函数的原型在 dos.h 头文件中，其语法格式如下：

```
void outportb(int port,char byte);
```

其中，参数 port 为端口地址，byte 为一字节。

2. 从指定的输入端口读取字节

从指定的输入端口读取一个字节通过使用 inportb()函数来实现。该函数的原型在 dos.h 头文件中，其语法格式如下：

```
int inportb(int port);
```

该函数的作用是从指定的输入端口读入一个字节，并返回这个字节。

其中，参数 port 为端口地址。

实例 263   获取寄存器信息

（实例位置：配套资源\SL\16\263）

实现说明

本实例用于介绍获取寄存器信息的方法，运行本实例编译后的可执行文件，运行结果如图 16.34 所示。

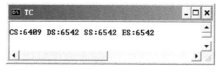

图 16.34　获取寄存器信息

实现过程

（1）在 TC 中创建一个 C 文件。

Note

（2）引用头文件，代码如下：

```
#include<stdio.h>
#include<dos.h>
```

（3）程序主要代码如下：

```
main()
{
    struct SREGS    seg_stacks;                              //声明 SREGS 结构变量
    segread(&seg_stacks);                                   //获取寄存器信息
    printf("\nCS:%X\tDS:%X\tSS:%X\tES:%X",seg_stacks.cs,    //输出寄存器信息
    seg_stacks.ds,seg_stacks.ss,seg_stacks.es);
}
```

技术要点

获取寄存器信息通过使用 segread()函数来实现。该函数的原型在 dos.h 头文件中，其语法格式如下：

```
void segread(struct SREGS *segp);
```

该函数的作用是将段寄存器的当前值放进 segp 指向的 SREGS 结构中。

SREGS 结构如下：

```
struct     SREGS {
        unsigned int es;
        unsigned int cs;
        unsigned int ss;
        unsigned int ds;
};
```

第17章

图形图像处理

本章读者可以学到如下实例：

实例 264　绘制直线

（实例位置：配套资源\SL\17\264）

实例说明

在屏幕中分别绘制一条横线、一条竖线和一条斜线。运行结果如图 17.1 所示。

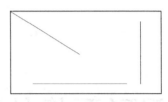

图 17.1　绘制直线

实现过程

（1）在 TC 中创建一个 C 文件。

（2）引用头文件，代码如下：

```
#include <graphics.h>
```

（3）使用 initgraph()函数初始化图形。

（4）用 line()函数画一条横线，使用 moveto()函数移动光标到(350,50)，使用 linerel()函数画一条竖线，使用 lineto()函数画一条斜线。注意画横线时纵坐标不变，画竖线时横坐标不变。

（5）退出图形状态。

（6）程序主要代码如下：

```
main()
{
    int gdriver = DETECT, gmode;
    initgraph(&gdriver, &gmode, "");        /*使用 initgraph()函数初始化图形*/
    line(150, 350, 350, 350);               /*使用 line()函数画横线*/
    line(370, 100, 370, 350);               /*使用 line()函数画直线*/
    lineto(250, 250);                       /*使用 lineto()函数画斜线*/
    getch();
    closegraph();                           /*退出图形状态*/
}
```

技术要点

1. 图形模式的初始化

不同的显示器适配器有不同的图形分辨率。即使是同一个显示器适配器，不同模式也有不同分辨率。因此，在作图之前，必须根据显示器适配器种类将显示器设置为某种图形模式，在未设置图形模式之前，计算机系统默认屏幕为文本模式，此时所有图形函数均不能工作。设置屏幕为图形模式可使用 initgraph()函数，其语法格式如下：

```
initgraph(int *gdriver, int *gmode, char *path);
```

gdriver 表示图形驱动器，它是一个整型值。常用的有 EGA、VGA、PC3270 等，有时编程者并不知道所用的图形显示器适配器种类，但 Turbo C 提供了一种简单的方法，即用 gdriver= DETECT 语句后再跟 initgraph()函数,就能自动检测显示器硬件,并初始化图形界面。

gmode 用来设置图形显示模式,不同的图形驱动程序有不同的图形显示模式,即使是在一个图形驱动程序下,也有几种图形显示模式。

path 是指图形驱动程序所在的目录路径。如果驱动程序在用户当前目录下,该参数可以为空。

2. 画线函数

line(int x0, int y0, int x1, int y1);

该函数的作用是画一条从点(x0, y0)到(x1, y1)的直线。

lineto(int x, int y);

该函数的作用是画一条从现行光标到点(x, y)的直线。

linerel(int dx, int dy);

该函数的作用是画一条从现行光标(x, y)到按相对增量确定的点(x+dx, y+dy)的直线。

3. moveto(int x,int y)函数

将当前位置移动到指定坐标的位置。

4. 退出图形状态函数

closegraph(void);

用该函数后可退出图形状态而进入文本状态,并释放用于保存图形驱动程序和字体的系统内存。

实例 265　绘制矩形

（实例位置：配套资源\SL\17\265）

实例说明

在屏幕中绘制矩形图案。运行结果如图 17.2 所示。

图 17.2　绘制矩形

实现过程

（1）在 TC 中创建一个 C 文件。

（2）引用头文件，代码如下：

```
#include <graphics.h>
```

（3）使用 initgraph()函数初始化图形。

（4）设置绘图颜色为红色，线型为点画线，线宽为三点宽。

（5）以(100,100)为左上角、(550,350)为右下角画矩形。

（6）程序主要代码如下：

```
main()
{
    int gdriver, gmode;
    gdriver = DETECT;
    initgraph(&gdriver, &gmode, "");              /*图形方式初始化*/
    setcolor(RED);                                /*设置绘图颜色*/
    setlinestyle(DASHED_LINE, 0, 3);              /*设置线宽和线型*/
    rectangle(100, 100, 550, 350);                /*画矩形*/
    getch();
    closegraph();                                 /*退出图形状态*/
}
```

技术要点

1. 设置绘图颜色函数

```
setcolor(int color)
```

该函数的作用是设置当前绘图颜色（或称作前景色）。参数 color 为选择的当前绘图颜色。在高分辨率显示模式下，选取的 color 是实际色彩值，也可以用颜色符号名表示。

2. 设定线型函数

```
setlinestyle(int linestyle, unsigned upattern, int thickness);
```

linestyle 是线型规定，线型如表 17.1 所示。

表 17.1　线的形状

符 号 常 数	数 值	含 义
SOLID_LINE	0	实线
DOTTED_LINE	1	点线
CENTER_LINE	2	中心线
DASHED_LINE	3	点画线
USERBIT_LINE	4	用户定义线

只有 linestyle 选 USERBIT_LINE 时 upattern 才有意义，选其他选项时 upattern 取 0 即可。

thickness 是线宽，有表 17.2 所示的两种形式。

表 17.2　线宽

符 号 常 数	数 值	含 义
NORM_WIDTH	1	一点宽
THIC_WIDTH	3	三点宽

3. 画矩形函数

rectangle(int x1, int y1, int x2, inty2);

该函数的作用是以(x1, y1)为左上角、(x2, y2)为右下角画一个矩形框。

实例 266　绘制表格

（实例位置：配套资源\SL\17\266）

实例说明

在屏幕中绘制表格图案。运行结果如图 17.3 所示。

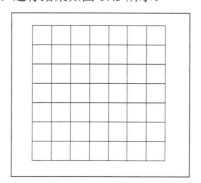

图 17.3　绘制表格

实现过程

（1）在 TC 中创建一个 C 文件。

（2）引用头文件，代码如下：

```
#include <graphics.h>
```

（3）使用 initgraph()函数初始化图形。

（4）清屏，画一个起始点为 120、终止点为 400、每格宽度为 40 的表格。

（5）退出图形状态。

（6）程序主要代码如下：

```
main()
{
    int gdriver, gmode, i, j;
    gdriver = DETECT;
    initgraph(&gdriver, &gmode, "");          /*初始化图形界面*/
    cleardevice();                            /*清屏*/
```

```
        for (i = 120; i <= 400; i = i + 40)    /*设置起始点为120、终止点为400、表格宽度为40*/
        for (j = 120; j <= 400; j++)
        {
            putpixel(i, j, YELLOW);            /*画点*/
            putpixel(j, i, YELLOW);
        }
        getch();
        closegraph();                          /*退出图形界面*/
    }
```

技术要点

1. 清屏函数

cleardevice();

该函数的作用是全屏。

2. 画点函数

putpixel(int x, int y, int color);

该函数的作用是在指定的坐标画一个 color 颜色的点。本实例在表示 color 值时用了符号常量，当然也可以用数值来表示，例如：

putpixel(i,j,14);

颜色的值如表 17.3 所示。

表 17.3　颜色值

符 号 常 数	数　　值	含　　义	符 号 常 数	数　　值	含　　义
BLACK	0	黑色	DARKGRAY	8	深灰
BLUE	1	蓝色	LIGHTBLUE	9	深蓝
GREEN	2	绿色	LIGHTGREEN	10	淡绿
CYAN	3	青色	LIGHTCYAN	11	淡青
RED	4	红色	LIGHTRED	12	淡红
MAGENTA	5	洋红	LIGHTMAGENTA	13	淡洋红
BROWN	6	棕色	YELLOW	14	黄色
LIGHTGRAY	7	淡灰	WHITE	15	白色

实例 267　绘制立体窗口

（实例位置：配套资源\SL\17\267）

实例说明

有时，为了程序的美观，需设计立体投影窗口。设计立体投影窗口是通过设定指定窗口区域内的投影色，并在原窗口上错位实现的。运行本实例编译后的可执行文件，运行结果如图 17.4 所示。

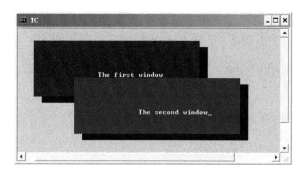

图 17.4　立体窗口

实现过程

（1）在 TC 中创建一个 C 文件。

（2）引用头文件，代码如下：

```
#include <conio.h>
```

（3）创建绘制窗口投影函数 window_3d()。在 window_3d()函数中使用 textbackground()
函数设置文字的背景色；使用 textcolor()函数设置文字颜色。代码如下：

```
void window_3d(int x1, int y1, int x2, int y2, int bk_color, int fo_color)
{
    textbackground(BLACK);                              //设置文字的背景色
    window(x1, y1,x2, y2);                              //绘制矩形
    clrscr();                                           //清屏
    textbackground(bk_color);                           //设置文字的背景色
    textcolor(fo_color);                                //设置文字颜色
    window(x1-2, y1-1, x2-2, y2-1);                     //绘制矩形
    clrscr();                                           //清屏
}
```

（4）绘制窗口并调用自定义函数 window_3d()，实现立体窗口的绘制。窗口中的光标
通过使用 gotoxy()函数指定坐标。代码如下：

```
void window_3d(int, int, int, int, int, int );
int main(void)
{
    directvideo = 0;
    textmode(3);                                        //设置文本模式
    textbackground( WHITE );                            //设置文字背景色
    textcolor( BLACK );                                 //设置文字颜色
    clrscr();                                           //清屏
    window_3d(10,4,50,12, BLUE, WHITE );                //绘制窗口投影
    gotoxy( 17,6);                                      //指定坐标
    cputs("The first window");                          //输出字符串
    window_3d(20,10,60,18,RED, WHITE );                 //绘制窗口投影
    gotoxy(17,6);                                       //指定坐标
    cputs("The second window");                         //输出字符串到控制台
    getch();
    return 0;
```

Note

```
}
void window_3d( int x1, int y1, int x2, int y2, int bk_color, int fo_color)
{
        textbackground(BLACK);                          //设置文字背景颜色
        window(x1, y1,x2, y2);                           //绘制矩形
        clrscr();                                        //清屏
        textbackground(bk_color);                        //设置文字背景颜色
        textcolor(fo_color);                             //设置文字颜色
        window(x1-2, y1-1, x2-2, y2-1);                  //绘制矩形
        clrscr();                                        //清屏
}
```

技术要点

1. 绘制矩形

绘制矩形通过使用 window()函数来实现。该函数的原型在 conio.h 头文件中，其语法
格式如下：

```
void window(int left, int top, int right, int bottom);
```

函数中形式参数 left 和 top 是窗口左上角的坐标，right 和 bottom 是窗口右下角的坐标，
其中(left,top)和(right,bottom)是相对于整个屏幕而言的。

注意：若 window()函数中的坐标超过了屏幕坐标的界限，则窗口的定义就失去了意义，
也就是说定义将不起作用。

2. 写字符到屏幕

写字符通过使用 cputs()函数来实现。该函数的原型在 conio.h 头文件中，其语法格式
如下：

```
void cputs(const char *string);
```

其中，参数 string 为字符地址。

实例 268 绘制椭圆

（实例位置：配套资源\SL\17\268）

实例说明

在屏幕中绘制椭圆形图案。运行结果如图 17.5 所示。

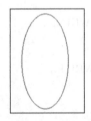

图 17.5 绘制椭圆

实现过程

（1）在 TC 中创建一个 C 文件。

（2）引用头文件，代码如下：

```
#include <graphics.h>
```

（3）使用 initgraph()函数初始化图形。

（4）以(200,200)为中心，x 轴和 y 轴半径分别为 50 和 100，画一个完整的椭圆。

（5）程序主要代码如下：

```
main()
{
    int gdriver, gmode;
    gdriver = DETECT;
    initgraph(&gdriver, &gmode, "");          /*图形方式初始化*/
    ellipse(200, 200, 0, 360, 50, 100);       /*以(200,200)为中心的椭圆*/
    getch();
    closegraph();                             /*退出图形状态*/
}
```

技术要点

ellipse()为画椭圆函数，其语法格式如下：

```
ellipse(int x, int y, int stangle, int endangle, int xradius,int yradius);
```

该函数的作用是以(x, y)为中心、xradius 和 yradius 分别为 x 轴和 y 轴半径，从角 stangle 开始到 endangle 结束画一段椭圆线，当 stangle=0、endangle=360 时，画出一个完整的椭圆。

实例 269 绘制圆弧线

（实例位置：配套资源\SL\17\269）

实例说明

在屏幕中绘制一条圆弧线。运行结果如图 17.6 所示。

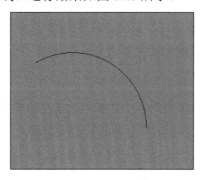

图 17.6 绘制圆弧线

实现过程

（1）在 TC 中创建一个 C 文件。

（2）引用头文件，代码如下：

```
#include <graphics.h>
```

（3）使用 initgraph()函数初始化图形。

（4）以当前图形模式下的中心为圆心，以 100 为半径，从 0°开始到 120°结束画一条圆弧线。

（5）程序代码如下：

```
main()
{
    int gdriver, gmode;
    gdriver = DETECT;
    initgraph(&gdriver, &gmode, "");              /*图形方式初始化*/
    setbkcolor(GREEN);                            /*设置背景色为绿色*/
    setcolor(RED);                                /*设置绘图颜色为红色*/
    arc(getmaxx() / 2, getmaxy() / 2, 0, 120, 100);   /*画圆弧*/
    getch();
    closegraph();                                 /*退出图形状态*/
}
```

技术要点

1. 画圆弧线函数

```
arc(int x, int y, int stangle, int endangle, int radius);
```

该函数的作用是以(x,y)为圆心、radius 为半径，从角 stangle 开始到 endangle 结束画一段圆弧线。从 x 轴正向开始逆时针旋转一周为 0～360°。

2. 设置背景色

```
setbkcolor(int color);
```

该函数的作用是设置屏幕背景色，用法与 setcolor 相同。

3. 坐标位置函数

```
getmaxx(void);
```

该函数的作用是返回当前图形模式下的最大 x 坐标，即最大横向坐标。

```
getmaxy(void);
```

该函数的作用是返回当前图形模式下的最大 y 坐标，即最大纵向坐标。

```
getx(void);
```

该函数的作用是返回当前图形模式下当前位置的 x 坐标（水平像素坐标）。

```
gety(void);
```

该函数的作用是返回图形模式下当前位置的 y 坐标（垂直像素坐标）。

    moveto(int x, int y);

和

    moverel(int dx, int dy);

moverel()函数用于从当前位置(x,y)移动到(x+dx,y+dy)的位置。

实例 270 绘制扇区

（实例位置：配套资源\SL\17\270）

实例说明

在屏幕中绘制一个扇区。运行结果如图 17.7 所示。

图 17.7 绘制扇区

实现过程

（1）在 TC 中创建一个 C 文件。

（2）引用头文件，代码如下：

    #include <graphics.h>

（3）使用 initgraph()函数初始化图形。

（4）使用 pieslice()函数画一个以(260,200)为圆心，以 100 为半径，从 0°开始到 120°结束的扇区。

（5）程序主要代码如下：

```
main()
{
    int gdriver, gmode;
    gdriver = DETECT;
    initgraph(&gdriver, &gmode, "");          /*图形方式初始化*/
    pieslice(260, 200, 0, 120, 100);          /*画扇区*/
    getch();
    closegraph();                             /*退出图形状态*/
}
```

技术要点

1. 绘制扇区函数 pieslice()

    pieslice(int x,int y,int startangle,int endangle,int radius);

该函数的作用是使用当前绘图色画一圆弧，并把弧两端与圆心分别连一直线段，即得扇区。参数的使用与前面讲过的 arc()函数的参数使用方法一样。

2．绘制椭圆扇区函数 sector()

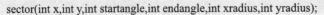

```
sector(int x,int y,int startangle,int endangle,int xradius,int yradius);
```

该函数的作用是以(x, y)为中心、xradius 和 yradius 分别为 x 轴和 y 轴半径，从角 startangle 开始到 endangle 结束画一段椭圆线，并把弧两端与圆心分别连一直线段，调用此函数可绘制一个椭圆扇区。

本实例是使用 pieslice()函数来绘制椭圆扇区，当然用 sector()函数也同样可以实现该图形。

实例 271　绘制空心圆

（实例位置：配套资源\SL\17\271）

实例说明

在屏幕中绘制一个空心圆，要求该空心圆绘制在屏幕中心位置，半径为 100，背景色为白色，图形色为红色。运行结果如图 17.8 所示。

图 17.8　绘制空心圆

实现过程

（1）在 TC 中创建一个 C 文件。

（2）引用头文件，代码如下：

```
#include <graphics.h>
```

（3）使用 initgraph()函数进行图形初始化。

（4）使用 circle()函数画一个以当前图形模式下的中心为圆心，100 为半径的圆。

（5）程序主要代码如下：

```
main()
{
    int gdriver, gmode;
    gdriver = DETECT;
    initgraph(&gdriver, &gmode, "");            /*图形方式初始化*/
    setbkcolor(WHITE);                          /*设置背景色为白色*/
    setcolor(RED);                              /*设置绘图色为红色*/
    circle(getmaxx() / 2, getmaxy() / 2, 100);  /*画圆*/
    getch();
```

```
        closegraph();                                    /*退出图形状态*/
    }
```

技术要点

本实例使用 circle()函数来画空心圆，其语法格式如下：

```
circle(int x, int y, int radius);
```

该函数的作用是以(x,y)为圆心、radius 为半径，画一个圆。

其实绘制空心圆的方法很多，但常用的还是 circle()函数，所以 circle()函数绘圆方法要留心掌握。

实例 272　绘制箭头

（实例位置：配套资源\SL\17\272）

实例说明

在屏幕中画一个箭头，要求背景色为蓝色，绘图颜色为白色，箭头指向右侧。运行结果如图 17.9 所示。

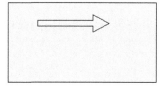

图 17.9　箭头

实现过程

（1）在 TC 中创建一个 C 文件。

（2）引用头文件，代码如下：

```
#include <graphics.h>
```

（3）使用 initgraph()函数初始化图形。

（4）使用 drawpoly()函数画一个箭头。

（5）程序主要代码如下：

```
int main()
{
    int gdriver, gmode, i;
    int point[16] =
    {
        200, 100, 300, 100, 300, 110, 330, 95, 300, 80, 300, 90, 200, 90, 200, 100
    };                                          /*将各顶点坐标存放在数组 point 中*/
    gdriver = DETECT;
    initgraph(&gdriver, &gmode, "");            /*图形方式初始化*/
    setbkcolor(BLUE);                           /*设置背景色为蓝色*/
    cleardevice();                              /*清屏*/
    setcolor(WHITE);                            /*设置作图颜色*/
    drawpoly(8, point);                         /*画一箭头*/
    getch();
    closegraph();
    return 0;
}
```

技术要点

本实例主要用 drawpoly()函数来绘制箭头，其语法格式如下：

```
void far drawpoly(int numpoints, int far *polypoints);
```

该函数的作用是画一个顶点数为 numpoints，各顶点坐标由 polypoints 给出的多边形。参数 polypoints 整型数组元素的个数必须不少于 2 倍顶点数。每一个顶点的坐标都定义为 (x,y)，并且 x 在前。值得注意的是，当画一个封闭的多边形时，numpoints 的值取实际多边形的顶点数加 1，并且数组 polypoints 中第一个和最后一个点的坐标相同，这样便可画出一个封闭的完整图形。

实例 273　绘制正弦曲线

（实例位置：配套资源\SL\17\273）

实例说明

在屏幕中绘制出正弦曲线。运行结果如图 17.10 所示。

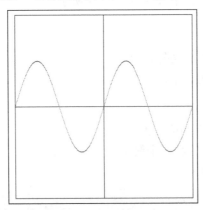

图 17.10　绘制正弦曲线

实现过程

（1）在 TC 中创建一个 C 文件。

（2）引用头文件，代码如下：

```
#include <conio.h>
#include <math.h>
#include <graphics.h>
```

（3）使用 initgraph()函数初始化图形。

（4）设定图形窗口区域，设置绘图颜色为黄色，用黄色边框画出图形窗口边界并使用 line()函数画出坐标轴，用 for 循环求出横坐标上每个像素点所对应的正弦值，并进一步求出其相对于这个图形窗口的纵坐标，利用画点函数 putpixel()将其画出。

（5）程序主要代码如下：

```
main()
{
    int y = 200,i,h;
    float m;
    int gdriver, gmode;
    gdriver = DETECT;
    initgraph(&gdriver, &gmode, "");        /*图形方式初始化*/
    setviewport(50, 50, 450, 450, 1);       /*设定图形窗口*/
    setcolor(14);                           /*设置绘图颜色为黄色*/
    rectangle(0, 0, 400, 400);              /*画矩形框*/
    line(200, 0, 200, 400);                 /*画纵坐标轴*/
    line(0, 200, 400, 200);                 /*画横坐标轴*/
    for (i = 0; i < 400; i++)
    {
        m = 100 * sin(i / 31.83);           /*求每个像素对应的正弦值*/
        h = y - (int)m;                     /*求出每个像素点的相对坐标轴的纵坐标的位置*/
        putpixel(i, h, 15);                 /*画点*/
        delay(10000);                       /*延迟 10 秒*/
    }
    getch();
    closegraph();                           /*退出图形状态*/
}
```

技术要点

设置图形窗口函数 setviewport() 的作用是以 (x1,y1) 象元点为左上角，(x2,y2) 象元为右下角的图形窗口，其中 x1，y1，x2，y2 是相对于整个屏幕的坐标。如果 clip 为 1，则超出窗口的输出图形自动被裁剪掉，即所有作图限制于当前图形窗口之内，如果 clip 为 0，则不做裁剪，即所有作图将无限制地扩展于窗口范围之外，直到屏幕边界。

实例 274　绘制彩带

（实例位置：配套资源\SL\17\274）

实例说明

在屏幕中绘出彩带，要求采用正弦及余弦函数绘出两条相互交错的彩带，在绘出的过程中彩带颜色要求不断变化。运行结果如图 17.11 所示。

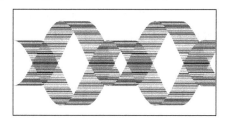

图 17.11　绘制彩带

实现过程

（1）在 TC 中创建一个 C 文件。

（2）引用头文件，并进行宏定义，代码如下：

```
#include <graphics.h>
#include <math.h>
#define PI 3.1415926
```

（3）使用 initgraph()函数初始化图形。

（4）分别用正弦、余弦函数确定点的纵坐标，使用 line()函数连接相同纵坐标的两点，横坐标采用屏幕中的像素点来确定。

（5）程序主要代码如下：

```
main()
{
    double a;                                        /*定义变量*/
    int x1, x2, j = 1, color = 1;                    /*对变量进行初始化*/
    int gdriver = DETECT, gmode;
    initgraph(&gdriver, &gmode, "");                 /*对图形进行初始化*/
    cleardevice();
    for (a = 1; a <= 600; a +=1)                     /*使用循环绘制图形*/
    {
        setcolor(color);
        x1 = 220+100 * cos(a / 47.75);               /*坐标位置*/
        x2 = 280+100 * sin(a / 47.75 - PI / 2);      /*坐标位置*/
        line(a, x1, a + 80, x1);                     /*画直线*/
        line(a, x2, a + 80, x2);                     /*画直线*/
        delay(10000);                                /*延迟 10 秒*/
        color++;
        if (color > 15                               /*判断颜色变量*/
            color = 1;
    }
    getch();                                         /*获取的字条*/
    closegraph();                                    /*退出图形状态*/
}
```

技术要点

本实例是在实例 273 的基础上进一步的扩展，关键是使用正弦、余弦函数来确定每个点的纵坐标。颜色的变化可以像实例中那样写，也可以直接利用 for 语句中的变量 a 写成如下形式：

```
for (a = 0; a <= 600; a +=1)
    color=a%16;
    setcolor(color);
```

实例 275 绘制黄色网格填充的椭圆

（实例位置：配套资源\SL\17\275）

实例说明

在屏幕中绘制一个椭圆，其内部用黄色网格来填充。运行结果如图 17.12 所示。

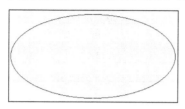

图 17.12 黄色网格填充的椭圆

实现过程

（1）在 TC 中创建一个 C 文件。

（2）引用头文件，代码如下：

```
#include <graphics.h>
```

（3）使用 initgraph()函数初始化图形。

（4）设置绘图颜色为红色，以(320,240)为中心，x 和 y 坐标分别为 160 和 80 画一个完整的椭圆形，使用 setfillstyle()函数设置以黄色的网格形式填充，用 floodfill()函数填充指定的椭圆区域。注意，此时 floodfill()函数中指定的颜色应与椭圆边界颜色一致。

（5）退出图形状态。

（6）程序主要代码如下：

```
main()
{
    int gdriver, gmode;
    gdriver = DETECT;
    initgraph(&gdriver, &gmode, "");           /*图形方式初始化*/
    setcolor(RED);                             /*设置绘图颜色为红色*/
    ellipse(320, 240, 0, 360, 160, 80);        /*在屏幕中心绘制一个椭圆*/
    setfillstyle(7, 14);                       /*设置填充类型及颜色*/
    floodfill(320, 240, RED);                  /*对椭圆进行填充*/
    getch();
    closegraph();                              /*退出图形状态*/
}
```

技术要点

本实例的重点是使用图形填充函数。下面介绍程序中出现的与图形填充相关的函数。

Note

1. 设置填充图样和颜色函数 setfillstyle()

setfillstyle(int pattern,int color);

该函数的作用是设置填充图样和颜色，参数 pattern 的值为填充图样，参数 color 的值是填充色，它必须为当前显示模式所支持的有效值。填充图样与填充色是独立的。参数 pattern 值的规定如表 17.4 所示。

表 17.4　参数 pattern 的值

符 号 常 数	数 值	含 义
EMPTY_FILL	0	以背景色填充
SOLID_FILL	1	以实填充
LINE_FILL	2	以直线填充
LTSLASH_FILL	3	以斜线填充（阴影线）
SLASH_FILL	4	以粗斜线填充（粗阴影线）
BKSLASH_FILL	5	以粗反斜线填充（粗阴影线）
LTBKSLASH_FILL	6	以反斜线填充（阴影线）
HATCH_FILL	7	以直方网格填充
XHATCH_FILL	8	以斜网格填充
INTTERLEAVE_FILL	9	以间隔点填充
WIDE_DOT_FILL	10	以稀疏点填充
CLOSE_DOS_FILL	11	以密集点填充
USER_FILL	12	以用户定义样式填充

2. 填充封闭区域函数 floodfill()

floodfill(int x,int y,int bordercolor);

该函数的作用是用当前填充图样和填充色填充一个由特定边界颜色定义的有界封闭区域。参数(x,y)为指定填充区域中的某点，如果点(x,y)在该填充区域之外，则将填充外部区域；参数 bordercolor 为封闭区域边界颜色。

实例 276　绘制红色间隔点填充的多边形

（实例位置：配套资源\SL\17\276）

实例说明

在屏幕中绘制一个以红色间隔点填充的多边形。
运行结果如图 17.13 所示。

实现过程

（1）在 TC 中创建一个 C 文件。

（2）应用头文件，代码如下：

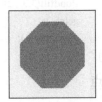

图 17.13　红色间隔点填充多边形

```
#include <graphics.h>
```

（3）定义数组 points，并将所有给定点的坐标存到该数组中，使用 initgraph()函数初始化图形。

（4）使用 setfillstyle()函数以红色间隔点形式填充，用 fillpoly()函数填充多边形区域。

（5）退出图形状态。

（6）程序主要代码如下：

```
main()
{
    int gdriver, gmode, n;
    int points[] =
    {
        200, 200, 150, 250, 150, 300, 200, 350, 250, 350, 300, 300, 300, 250,250, 200
    };                                          /*定义数组存放顶点坐标*/
    gdriver = DETECT;
    initgraph(&gdriver, &gmode, "");            /*图形方式初始化*/
    setfillstyle(INTERLEAVE_FILL, RED);         /*设置填充方式*/
    n = sizeof(points) / (2 *sizeof(int));      /*计算给定点个数*/
    fillpoly(n, points);                        /*填充多边形*/
    getch();
    closegraph();                               /*退出图形状态*/
}
```

技术要点

本实例使用了另一个填充函数 fillpoly()来填充多边形，其语法格式如下：

```
fillpoly(int pointnum,int *points);
```

该函数的作用是用当前绘图颜色、线型及线宽画出给定点的多边形，然后用当前填充图样和填充色填充这个多边形。参数 pointnum 为所填充多边形的顶点数，points 指向存放所有顶点坐标的整型数组。

脚下留神：

求顶点数通常可用 sizeof(整型数组名)除以两倍的 sizeof(int)的方法，最终得到的结果便是顶点的数目。

实例 277　绘制五角星

（实例位置：配套资源\SL\17\277）

实例说明

在屏幕中绘制一个红色五角星。运行结果如图 17.14 所示。

图 17.14 绘制五角星

实现过程

（1）在 TC 中创建一个 C 文件。

（2）引用头文件，代码如下：

```
#include <graphics.h>
#include <math.h>
```

（3）定义变量为基本整型，使用 initgraph()函数进行图形初始化。

（4）设置绘图颜色为黄色，线型为实线一点宽，使用 for 循环将外圈顶点及内圈顶点的坐标依次存入数组 points 中。设置红色实填充。

（5）退出图形状态。

（6）程序主要代码如下：

```
main()
{
    int i, j = 0, gdriver, gmode, points[20];
    gdriver = DETECT;
    initgraph(&gdriver, &gmode, "");                    /*图形方式初始化*/
    setcolor(YELLOW);                                    /*设置绘图颜色*/
    setlinestyle(0, 0, 1);                               /*设置线型*/
    for (i = 0; i < 5; i++)
    {
        points[j++] = (int)(320+150 * cos(0.4 *3.1415926 * i));/*五角星外圈点的横坐标存入数组中*/
        points[j++] = (int)(240-150 * sin(0.4 *3.1415926 * i)); /*五角星外圈点的纵坐标存入数组中*/
        points[j++] = (int)(320+50 * cos(0.4 *3.1415926 * i + 0.6283));    /*五角星内圈点的横坐标
存入数组中*/
        points[j++] = (int)(240-50 * sin(0.4 *3.1415926 * i + 0.6283));    /*五角星内圈点的纵坐标
存入数组中*/
    }
    setfillstyle(1, RED);                                /*设置填充方式*/
    fillpoly(10, points);                                /*对五角星进行填充*/
    getch();
    closegraph();                                        /*退出图形状态*/
}
```

技术要点

解决本实例有两个技术要点：第一个是填充函数 fillpoly()的使用，该函数的具体用法前面都已介绍过，这里不再强调；第二个是如何求出五角星的 10 个顶点。编程过程中求五角星的方法有好多种，这里先介绍例题中的方法。

因为五角星外圈每两个顶点之间夹角是 72°，每个外圈顶点与它临近的内圈顶点夹角是 36°，又因为在编程过程中角度要用弧度表示，所以 72° 也就等于 0.4*3.1415926。

实例 278　颜色变换

（实例位置：配套资源\SL\17\278）

实例说明

通过按键改变屏幕背景色。运行结果如图 17.15 所示。

图 17.15　颜色变换

实现过程

（1）在 TC 中创建一个 C 文件。

（2）引用头文件，代码如下：

```
#include <graphics.h>
```

（3）定义变量为基本整型，使用 initgraph() 函数初始化图形。

（4）使用 for 循环，当按键时改变背景色，背景色的相应数值实现从 0～14 的变化。

（5）退出图形状态。

（6）程序主要代码如下：

```
void main(void)
{
    int color;                          /*定义变量 color 为基本整型*/
    int gdriver, gmode;
    gdriver = DETECT;
    initgraph(&gdriver, &gmode, "");    /*图形方式初始化*/
    for (color = 0; color <= 14; color++)
    {
        setbkcolor(color);              /*设置背景色*/
        getch();
    }
    closegraph();
}
```

技术要点

本实例主要通过使用设置背景色函数 setbkcolor(color) 来实现，有一点需明确，就是 color 参数可为符号常量也可为数值，本实例就是利用数值变化实现的。

实例 279 彩色扇形

（实例位置：配套资源\SL\17\279）

实例说明

在屏幕中绘制出由彩色扇形组成的圆。运行结果如图 17.16 所示。

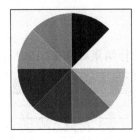

图 17.16 彩色扇形

实现过程

（1）在 TC 中创建一个 C 文件。

（2）引用头文件，代码如下：

```
#include <graphics.h>
```

（3）定义变量为基本整型，使用 initgraph()函数初始化图形。

（4）使用 for 循环，用 setfillstyle()函数设置实填充，填充颜色随着 for 循环中变量 i 的变化而变化，用 pieslice()函数在屏幕中心按指定角度开始画扇形。起始角度 start 和终止角度 end 每次循环都在原有基础上增加 45°。

（5）退出图形状态。

（6）程序主要代码如下：

```
main()
{
    int gdriver, gmode;
    int i, start, end;                                      /*设置变量为基本整型*/
    gdriver = DETECT;
    initgraph(&gdriver, gmode, "");                         /*图形方式初始化*/
    start = 0;                                              /*start 赋初值为 0°*/
    end = 45;                                               /*end 赋初值为 45°*/
    for (i = 0; i < 8; i++)
    {
        setfillstyle(SOLID_FILL, i);                        /*设置填充方式*/
        pieslice(getmaxx() / 2, getmaxy() / 2, start, end, 200);  /*画扇形*/
        start += 45;                                        /*起始角度数每次增加45°*/
        end += 45;                                          /*终止角度数每次增加45°*/
    }
    getch();
```

```
        closegraph();                                           /*退出图形状态*/
    }
```

技术要点

本实例中使用了 pieslice()函数来绘制扇形，其语法格式如下：

```
pieslice(int x,int y,int stangle,int endangle,int radius);
```

该函数的作用是画一个以(x, y)为圆心、radius 为半径、stangle 为起始角度、endangle 为终止角度的扇形，再按规定方式填充。当 stangle=0、endangle=360 时变成一个实心圆，并在圆内从圆心沿 x 轴正向画一条半径。

实例 280 输出不同字体

(实例位置：配套资源\SL\17\280)

实例说明

在指定的窗口内输出不同字体。运行结果如图 17.17 所示。

图 17.17 输出不同字体

实现过程

（1）在 TC 中创建一个 C 文件。

（2）引用头文件，代码如下：

```
#include <stdio.h>
#include <graphics.h>
#include <time.h>
```

（3）定义变量为基本整型和 time_t 结构体类型，使用 initgraph()函数初始化图形。

（4）首先设置屏幕背景色为蓝色，其次设定图形窗口，然后以不同的颜色、字型、方向及大小输出文本。

（5）退出图形状态。

（6）程序主要代码如下：

```
main()
{
    int i, gdriver, gmode;                                      /*定义变量*/
    time_t curtime;
```

Note

```
    char s[30];
    gdriver = DETECT;                        /*自动获取图形驱动器*/
    time(&curtime);                          /*获取系统时间*/
    initgraph(&gdriver, &gmode, "");         /*图形方式初始化*/
    setbkcolor(BLUE);                        /*设置屏幕背景色为蓝色*/
    cleardevice();                           /*清屏*/
    setviewport(100, 100, 580, 380, 1);      /*设置图形窗口*/
    setfillstyle(1, 2);                      /*设置填充类型及颜色*/
    setcolor(15);                            /*设置绘图颜色为白色*/
    rectangle(0, 0, 480, 280);               /*画矩形框*/
    floodfill(50, 50, 15);                   /*对指定区域进行填充*/
    setcolor(12);                            /*设置绘图颜色为淡红色*/
    settextstyle(1, 0, 7);                   /*设置输出字符字型、方向及大小*/
    outtextxy(20, 20, "Hello China");        /*在规定位置输出字符串*/
    setcolor(15);                            /*设置绘图颜色为白色*/
    settextstyle(3, 0, 6);                   /*设置输出字符字型、方向及大小*/
    outtextxy(120, 85, "Hello China");       /*在规定位置输出字符串*/
    setcolor(14);                            /*设置绘图颜色为黄色*/
    settextstyle(2, 0, 8);
    sprintf(s, "Now is %s", ctime(&curtime));/*使用格式化输出函数*/
    outtextxy(20, 150, s);                   /*在指定位置将 s 所对应的函数输出*/
    setcolor(1);                             /*设置颜色为蓝色*/
    settextstyle(4, 0, 3);                   /*设置输出字符字型、方向及大小*/
    outtextxy(50, 220, s);                   /*在规定位置输出字符串*/
    getch();
    exit(0);
}
```

技术要点

本实例的关键技术是合理恰当地使用与文本相关的几个函数。

1. 文本输出函数 outtextxy()

```
outtextxy(int x, int y, char*string);
```

该函数的作用是在图形模式下屏幕坐标像素点(x,y)处显示一个字符串。参数(x,y)给定要显示字符串的屏幕位置，string 指向该字符串。要注意，当输出的不是字符串，而是要输出数值或其他类型的数据时，要用到格式化输出函数 sprintf()，其语法格式如下：

```
int sprintf(char *str, char *format, variable-list);
```

在绘图方式下输出数字时可调用 sprintf()函数将所要输出的格式送到第一个参数，然后显示输出。

2. 设计文本形式函数 settextstyle()

```
settextstyle(int font,int direction,int charsize)
```

该函数的作用是设置图形文本当前字体、文本显示方向（水平或垂直）以及字符大小。其中 font 为文本字体参数，direction 为文本显示方向，charsize 为字符大小参数。

font 的取值如表 17.5 所示。

表 17.5　font 的取值

符 号 常 数	数 值	含 义
DEFAULT_FONT	0	8×8 点阵字（默认值）
TRIPLEX_FONT	1	三倍笔划字体
SMALL_FONT	2	小号笔划字体
SANSSERIF_FONT	3	无衬线笔划字体
GOTHIC_FONT	4	黑体笔划字

direction 的取值如表 17.6 所示

表 17.6　direction 的取值

符 号 常 数	数 值	含 义
HORIZ_DIR	0	从左到右
VERT_DIR	1	从底到顶

charsize 的取值如表 17.7 所示。

表 17.7　charsize 的取值

符号常数或数值	含 义	符号常数或数值	含 义
1	8×8 点阵	7	56×56 点阵
2	16×16 点阵	8	64×64 点阵
3	24×24 点阵	9	72×72 点阵
4	32×32 点阵	10	80×80 点阵
5	40×40 点阵	USER_CHAR_SIZE=0	用户定义的字符大小
6	48×48 点阵		

实例 281　相同图案的输出

（实例位置：配套资源\SL\17\281）

实例说明

在屏幕中绘制一个矩形图案并画出其对角线，然后按任意键输出 3 个相同图案。运行结果如图 17.18 所示。

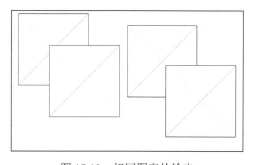

图 17.18　相同图案的输出

实现过程

（1）在 TC 中创建一个 C 文件。

（2）引用头文件，代码如下：

```
#include <graphics.h>
#include <stdlib.h>
#include <conio.h>
```

（3）使用 initgraph()函数初始化图形。

（4）用 rectangle()和 line()函数画图，用 imagesize()函数返回图像存储所需字节数，使用 malloc()函数为其分配内存空间，用 getimage()函数保存所画图像，用 3 个 putimage()函数在不同位置输出刚才保存在内存中的图像。

（5）退出图形状态。

（6）程序主要代码如下：

```
main()
{
    int gdriver, gmode;                              /*定义变量*/
    unsigned size;
    void *buf;
    gdriver = DETECT;                                /*自动获取图形驱动器*/
    initgraph(&gdriver, &gmode, "");                 /*图形界面初始化*/
    setcolor(15);                                    /*设置绘图颜色为白色*/
    rectangle(20, 20, 200, 200);                     /*画正方形*/
    setcolor(RED);                                   /*设置绘图颜色为红色*/
    line(20, 20, 200, 200);                          /*画对角线*/
    setcolor(GREEN);                                 /*设置绘图颜色为绿色*/
    line(20, 200, 200, 20);
    outtext("press any key,you can see the same image!!");
    getch();
    size = imagesize(20, 20, 200, 200);              /*返回图像存储所需字节数*/
    if (size !=  - 1)
    {
        buf = malloc(size);                          /*buf 指向在内存中分配的空间*/
        if (buf)
        {
            getimage(20, 20, 200, 200, buf);         /*保存图像到 buf 指向的内存空间*/
            putimage(100, 100, buf, COPY_PUT);       /*将保存的图像输出到指定位置*/
            putimage(300, 50, buf, COPY_PUT);
            putimage(400, 150, buf, COPY_PUT);
        }
    }
    getch();
    closegraph();                                    /*退出图形状态*/
}
```

技术要点

本实例的关键技术要点是灵活运用屏幕操作函数，下面对本实例中出现的屏幕操作函数进行介绍。

1. 图像存储大小函数 imagesize()

unsigned imagesize(int xl,int yl,int x2,int y2);

作用是返回存储一块屏幕图像所需的内存大小（用字节数表示）。参数(x1,y1)为图像左上角坐标，参数(x2,y2)为图像右下角坐标。

2. 保存图像函数 getimage()

void getimage(int xl,int yl, int x2,int y2, void *buf);

该函数的作用是保存左上角与右下角所定义的屏幕上的图像到指定的内存空间中。参数(x1,y1)为图像左上角坐标，参数(x2,y2)为图像右下角坐标，参数 buf 指向保存图像的内存地址。

3. 输出图像函数 putimage()

void putimge(int x,int,y,void *buf, int op);

该函数的作用是将一个以前已经保存在内存中的图像输出到屏幕的指定位置，参数 buf 指向保存图像的内存地址，参数 op 规定如何释放内存中图像，op 的值如表 17.8 所示。

表 17.8　op 的值

符 号 常 数	数　值	含　义
COPY_PUT	0	复制
XOR_PUT	1	与屏幕图像异或的复制
OR_PUT	2	与屏幕图像或后复制
AND_PUT	3	与屏幕图像与后复制
NOT_PUT	4	复制反像的图形

实例 282　设置文本及背景颜色

（实例位置：配套资源\SL\17\282）

实例说明

在屏幕中输出字符串 hello world 及 hello computer，要求 hello computer 在 hello world 后而且在其下一行输出，利用屏幕操作函数在屏幕任意位置输出相同文本。再在屏幕中输出字符串 Mingri，要求文本颜色为红色且闪烁，背景色为绿色。运行结果如图 17.19 所示。

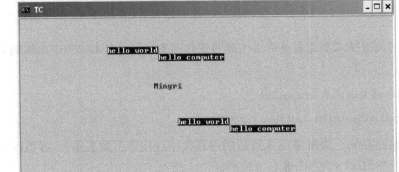

图 17.19　设置文本及背景色

实现过程

（1）在 TC 中创建一个 C 文件。

（2）引用头文件，代码如下：

```
#include <conio.h>
```

（3）清屏，将光标定位到(35,15)设置文本颜色为黄色，背景色为蓝色，输出字符串。将左上角坐标为(35,15)、右下角坐标为(60,16)区域内的文本用 gettext()函数保存到内存中，然后再用 puttext()函数将刚才保存的文件输出到左上角坐标为(20,5)、右下角坐标为(45,6)的矩形区域内。

（4）将光标定位到(30,10)，用 textattr()函数设置文本属性，即背景色为绿色，字符串颜色为红色且闪烁。

（5）程序主要代码如下：

```
main()
{
    void *buf;
    clrscr();                                /*清除字符屏幕*/
    gotoxy(35,15);                           /*光标定位到(35,15)*/
    textcolor(YELLOW);                       /*设置文本颜色为黄色*/
    textbackground(BLUE);                    /*设置背景色为蓝色*/
    cprintf("hello world\n");                /*输出字符串 hello world*/
    cprintf("hello computer\n");             /*输出字符串 hello computer*/
    buf=(char *)malloc(2*11*2);              /*buf 指向分配的内存空间*/
    gettext(35,15,60,16,buf);               /*保存指定范围内的文本到内存中*/
    puttext(20,5,45,6,buf);                 /*将在内存中保存的文本输出到指定位置*/
    gotoxy(30,10);                           /*光标定位到(30,10)*/
    textattr(RED|128|GREEN*16);              /*用 textattr 设置文本属性*/
    cprintf("Mingri");                       /*输出字符串 Mingri*/
}
```

技术要点

本实例中使用到了一些屏幕操作函数及字符属性函数，下面详细介绍这些函数。

1. 清除字符窗口函数 clrscr()

        void clrscr()

该函数的作用是清除整个当前字符窗口，并把光标定位于左上角(1,1)处。

2. 光标定位函数 gotoxy()

        void gotoxy(int x,int y);

该函数的作用是将光标移到当前窗口的指定位置上。参数(x,y)是光标定位的坐标，如果其中一个坐标值无效，那么光标便不会移动。

3. 文本颜色函数 textcolor()

        void textcolor(int color);

该函数的作用是设置字符屏幕中的文本颜色。

4. 文本背景颜色函数 textbackground()

        void textbackground(int color);

该函数的作用是设置字符屏幕中的文本背景色。

5. 保存文本函数 gettext()

        int gettext(int x1,int y1,int x2,int y2,void *buf);

该函数的作用是将屏幕中指定的矩形范围内的文本保存到内存中。参数(x1,y1)为矩形的左上角坐标，参数(x2,y2)为矩形的右下角坐标，buf 指向保存该文本的内存空间。

6. 拷出文本函数 puttext()

        int puttext(int x1,int y1,int x2,int y2,void *buf);

该函数的作用是把先前保存的 buf 指向的内存中的文本输出到指定矩形。参数(x1,y1)为矩形的左上角坐标，参数(x2,y2)为矩形的右下角坐标，buf 指向内存中保存的文本。

7. 文本属性函数 textattr()

        void textattr(int attribute);

该函数的作用是设置字符背景色、字符颜色和字符闪烁与否。例如要设置背景色为白色，字符为蓝色不闪烁，则参数 attribute 应写成 BLUE|WHITE*16；若字符为蓝色闪烁，则应写成 BLUE|128|WHITE*16。

以上介绍的函数的原型都在头文件 conio.h 中。